住房和城乡建设部“十四五”规划教材
高等学校系列教材

城市开发与投融资

汪　涛　主　编
吴光东　王　歌　赵新博　副主编

中国建筑工业出版社

图书在版编目（CIP）数据

城市开发与投融资 / 江涛主编 ；吴光东，王歌，赵新博副主编. — 北京 ：中国建筑工业出版社，2024.2

住房和城乡建设部“十四五”规划教材　高等学校系列教材

ISBN 978-7-112-29388-9

Ⅰ. ①城…　Ⅱ. ①江…　②吴…　③王…　④赵…　Ⅲ. ①城市规划-中国-高等学校-教材②城市建设-投资-中国-高等学校-教材③城市建设-融资-中国-高等学校-教材　Ⅳ. ①TU984.2②F299.23

中国国家版本馆 CIP 数据核字（2023）第 236828 号

本教材包括理论篇、实践篇、案例篇三部分。理论篇包括第 1 章概述、第 2 章城市开发的理论与方法、第 3 章城市开发投资和第 4 章城市开发融资；实践篇包括第 5 章城市土地开发、第 6 章城市基础设施开发、第 7 章城市功能区开发和第 8 章城市更新；案例篇包括第 9 章城市土地开发典型案例、第 10 章城市基础设施开发投融资模式典型案例、第 11 章城市功能区开发投融资典型案例和第 12 章城市更新投融资典型案例。

本教材适用于高等学校城市管理、工程管理、房地产开发与管理等相关专业师生，也可供城市开发投融资相关行业的工作人员参考。

为方便教师授课，本教材作者自制免费课件，请扫描右侧二维码下载。

责任编辑：李天虹
责任校对：芦欣甜
校对整理：张惠雯

住房和城乡建设部“十四五”规划教材
高等学校系列教材
城市开发与投融资
汪　涛　主　编
吴光东　王　歌　赵新博　副主编
*
中国建筑工业出版社出版、发行（北京海淀三里河路 9 号）
各地新华书店、建筑书店经销
北京鸿文瀚海文化传媒有限公司制版
天津画中画印刷有限公司印刷
*
开本：787 毫米×1092 毫米　1/16　印张：12½　字数：310 千字
2024 年 1 月第一版　2024 年 1 月第一次印刷
定价：**42.00** 元（赠教师课件）
ISBN 978-7-112-29388-9
（42148）

本书编写委员会

主　编： 汪　涛

副主编： 吴光东、王　歌、赵新博

编写组（按照姓氏笔画顺序）：

王　丹、王　歌、李慧敏、吴　凡、吴光东、
汪　涛、赵新博、崔　鹏、简迎辉

出版说明

党和国家高度重视教材建设。2016 年，中办国办印发了《关于加强和改进新形势下大中小学教材建设的意见》，提出要健全国家教材制度。2019 年 12 月，教育部牵头制定了《普通高等学校教材管理办法》和《职业院校教材管理办法》，旨在全面加强党的领导，切实提高教材建设的科学化水平，打造精品教材。住房和城乡建设部历来重视土建类学科专业教材建设，从"九五"开始组织部级规划教材立项工作，经过近 30 年的不断建设，规划教材提升了住房和城乡建设行业教材质量和认可度，出版了一系列精品教材，有效促进了行业部门引导专业教育，推动了行业高质量发展。

为进一步加强高等教育、职业教育住房和城乡建设领域学科专业教材建设工作，提高住房和城乡建设行业人才培养质量，2020 年 12 月，住房和城乡建设部办公厅印发《关于申报高等教育职业教育住房和城乡建设领域学科专业"十四五"规划教材的通知》（建办人函〔2020〕656 号），开展了住房和城乡建设部"十四五"规划教材选题的申报工作。经过专家评审和部人事司审核，512 项选题列入住房和城乡建设领域学科专业"十四五"规划教材（简称规划教材）。2021 年 9 月，住房和城乡建设部印发了《高等教育职业教育住房和城乡建设领域学科专业"十四五"规划教材选题的通知》（建人函〔2021〕36 号）。为做好"十四五"规划教材的编写、审核、出版等工作，《通知》要求：（1）规划教材的编著者应依据《住房和城乡建设领域学科专业"十四五"规划教材申请书》（简称《申请书》）中的立项目标、申报依据、工作安排及进度，按时编写出高质量的教材；（2）规划教材编著者所在单位应履行《申请书》中的学校保证计划实施的主要条件，支持编著者按计划完成书稿编写工作；（3）高等学校土建类专业课程教材与教学资源专家委员会、全国住房和城乡建设职业教育教学指导委员会、住房和城乡建设部中等职业教育专业指导委员会应做好规划教材的指导、协调和审稿等工作，保证编写质量；（4）规划教材出版单位应积极配合，做好编辑、出版、发行等工作；（5）规划教材封面和书脊应标注"住房和城乡建设部'十四五'规划教材"字样和统一标识；（6）规划教材应在"十四五"期间完成出版，逾期不能完成的，不再作为《住房和城乡建设领域学科专业"十四五"规划教材》。

住房和城乡建设领域学科专业"十四五"规划教材的特点，一是重点以修订教育部、住房和城乡建设部"十二五""十三五"规划教材为主；二是严格按照专业标准规范要求编写，体现新发展理念；三是系列教材具有明显特点，满足不同层次和类型的学校专业教学要求；四是配备了数字资源，适应现代化教学的要求。规划教材的出版凝聚了作者、主审及编辑的心血，得到了有关院校、出版单位的大力支持，教材建设管理过程有严格保障。希望广大院校及各专业师生在选用、使用过程中，对规划教材的编写、出版质量进行反馈，以促进规划教材建设质量不断提高。

住房和城乡建设部"十四五"规划教材办公室

2021 年 11 月

前　　言

党的十九届五中全会通过的《中共中央关于制定国民经济和社会发展第十四个五年规划和二〇三五年远景目标的建议》指出，在推进以人为核心的新型城镇化方面，要实施城市更新行动，推进城市生态修复、功能完善工程，统筹城市规划、建设、管理，合理确定城市规模、人口密度、空间结构，促进大中小城市和小城镇协调发展；在拓展投资空间方面，要优化投资结构、加快补齐基础设施领域短板。党的二十大报告也提出，坚持人民城市人民建、人民城市为人民，提高城市规划、建设、治理水平，加快转变超大特大城市发展方式，实施城市更新行动，加强城市基础设施建设，打造宜居、韧性、智慧城市。而城市开发建设则是贯彻落实上述新发展理念、推动高质量发展的重要载体。

随着我国经济发展由高速增长阶段转向高质量发展阶段，我国的城市开发已经从粗放型外延式发展逐步转向集约型内涵式发展，城市管理、工程管理、房地产开发与管理等专业的人才培养理念和核心知识内容需要紧随时代需求进行更新和提升。城市更新与旧城改造、城市新型基础设施开发建设、城市地下空间开发建设等是我国新型城镇化发展进程中涌现出来的新内容和新重点。投融资是城市开发建设的源头活水，如何统筹科学安排财政资金，积极引导社会资金参与，借助多种融资工具募集资金用于城市开发建设，是城市管理、工程管理、房地产开发与管理等专业的人才应该了解和掌握的基本专业知识。

为满足城市高质量发展的新思路、新内容、新重点和新需求，培养适应城市开发与融资管理的复合型专业人才，我们组织编写了《城市开发与投融资》这本教材。本教材以多所高校在城市管理、工程管理、房地产开发与管理等专业学生培养的教学经验和相关课程讲义为基础，融入城市更新与旧城改造、城市新型基础设施开发建设、城市地下空间开发建设等其他教材鲜有介绍的新内容，兼备大量实例和复习思考题，旨在对城市开发与融资不同侧面的内容形成整体性、与时俱进的把握，以期为提升相关专业学生的高质量培养做出贡献。

在篇章结构上，本教材包括理论篇、实践篇、案例篇三部分。理论篇包括第 1 章概述、第 2 章城市开发的理论与方法、第 3 章城市开发投资、第 4 章城市开发融资，主要介绍城市开发的概念、范围、内容、理论、方法以及开发相关投融资的典型模式。实践篇包括第 5 章城市土地开发、第 6 章城市基础设施开发、第 7 章城市功能区开发、第 8 章城市更新，主要介绍城市开发典型场景的投入产出、流程和投融资模式。案例篇包括第 9 章城市土地开发典型案例、第 10 章城市基础设施开发投融资模式典型案例、第 11 章城市功能区开发投融资典型案例、第 12 章城市更新投融资典型案例，主要介绍城市开发典型场景中投融资方案的典型实例。

在编写组的构成上，本教材组织了来自多所高校开设相关课程的专业教师团队，同时邀请光大银行等金融机构具有多年城市开发投融资管理经验的高级管理人员共同参与编写。各章的分工为：第 1 章由重庆大学的吴光东、汪涛编写；第 2 章由南京林业大学的崔鹏编写；第3章由重庆大学的王丹、汪涛编写；第4章由光大银行北京分行的赵新博编写；第5章和第9章由华中农业大学的王歌编写；第6章和第10章由河海大学的简迎辉编写；第7章和第11章由华北水利水电大学的李慧敏编写；第8章和第12章由华南理工大学的吴凡编写。全书由汪涛和王歌进行统一修改和定稿。

期望教材紧密联系实际，做到理论结合实践，不仅能够作为高等学校城市管理、工程管理、房地产开发与管理等相关专业本科生的学习教材，也可以为业界相关管理人员提供理论与实践的指导。由于时间较紧，水平有限，本书定然存在疏谬之处，敬请广大读者批评指正。

目　录

理论篇

实践篇

案例篇

理论篇

第1章　概　　述

1.1　城市开发的概念和范围

1.1.1　城市开发的概念

城市的出现，是人类文明走向成熟的标志，也是人类群居生活的高级形式。城市的起源从根本上来说，有因“城”而“市”和因“市”而“城”两种类型。因“城”而“市”是指城市的形成先有城池后有市场，市是在城的基础上发展起来的，这种类型的城市多见于战略要地和边防要塞；而因“市”而“城”则是由于集市的兴起而逐渐形成的城市，即是先有市场后有城市的形成，这类城市比较多见，是人类经济发展到一定阶段的产物，本质上是人类的交易中心和聚集中心。

一般而言，城市是以非农业活动和非农业人口为主的聚落。在中国，通常把设市建制的地方称作城市，人口一般在10万人以上。城市地区的人口和生产力集中，大多是某个区域的工业、商业、交通运输业及文化教育、信息、行政的中心。城市一般包括住宅区、工业区和商业区并且具备行政管辖功能，并包括街道、医院、学校、公共绿地、广场、公园等公共设施。

城市开发是以城市土地使用为核心的一种经济性活动，主要以城市物业、市政基础设施为对象，通过资金和劳动的投入，形成与城市功能相适应的城市物质空间品质，并通过直接提供服务，或经过交换、分配、消费等环节，实现一定的经济效益、社会效益或环境效益的目标。一般包括：土地开发，房地产开发，供水、供电、供热、供气和道路交通、旅游、医疗、教育等开发，目的是通过开发来满足城市人口的生活和生产需要。城市开发、城市规划和城市建设彼此紧密相连，同时又呈现出明显的区别。城市开发在概念上更为广泛，强调城市在各个方面的综合发展；城市规划扮演着城市发展的战略性策划者的角色，而城市建设则是这一策划的具体付诸实践的阶段。

1.1.2　城市开发的范围

城市开发的范围又称为城市开发边界，是指根据地形地貌、自然生态、环境容量和基本农田等因素划定的，可进行城市开发建设和禁止进行城市开发建设的区域之间的空间界线，是允许城市建设用地拓展的最大限度。城市开发建设用地与非开发建设用地的分界线，是控制城市无序蔓延而采取的一种技术手段和政策措施。城市开发范围的雏形可以追溯到19世纪英国的绿带政策，在国际上通常又称为城市空间增长边界（Urban Growth Boundary，简称“UGB”），这是城市增长管理最有效的手段和方法之一。其基本功能是控制城市规模的无节制扩张。

从政府管理角度出发，城市开发范围是被政府所采用，并在地图上标示，以区分城市化地区与周边生态开敞空间的重要界限。从保留地形、地貌的角度出发，城市开发范围应该是具有地理界限的有限空间，这些地理界限的来源包括地形、农田、分水岭、河流、海岸线和区域公园等。从城乡关系的角度出发，城市开发范围是城市与乡村的分界线，是城市空间控制和管理的手段，也是城市的预期扩展边界，其范围之内是当前城市与满足城市未来增长需求而预留的土地。

设立城市开发范围具有重要意义。第一，能够限制城市无序蔓延，圈定明确的城市边界；第二，能够保护城市外部开放空间；第三，能够保护乡村与基本农田；第四，能够实现高密度、更加紧凑的发展模式。明确城市开发范围以后，地方政府就能够目标清晰地尽最大努力，在合理城市空间内满足规划期末居住、工业、商业、娱乐及其他建设用地的需要。

目前国际上划定城市开发范围的探索实践一般可总结为四类。第一，城市建设范围。划定城市建设开发活动的绝对禁建区域，如深圳基本生态控制线、北京限建区规划的禁建区等。第二，城市（镇/乡）地域分界。划定城市区域与城镇、城乡区域的边界，如美国城市增长边界、日本城市化地区边界等。第三，城市形态控制线。划定城市建设空间集中开发区域范围，如英国伦敦绿带、中国城乡规划建设用地边界、中国土地利用总体规划规模边界。第四，城市发展弹性边界。划定城市未来一定年限潜在发展空间边界，如中国土地利用总体规划扩展边界。

在城市开发过程中，政府空间治理“底线思维”可概括为规划“三区”，即禁建区、限建区和适建区，设立“四线”，即绿线、蓝线、紫线和黄线。

（1）禁建区：基本农田、行洪河道、水源地一级保护区、风景名胜区核心区、自然保护区核心区和缓冲区、森林湿地公园生态保育区和恢复重建区、地质公园核心区、道路红线、区域性市政走廊用地范围内、城市绿地、地质灾害易发区、矿产采空区、文物保护单位保护范围等，禁止城市建设开发活动。

（2）限建区：水源地二级保护区、地下水防护区、风景名胜区非核心区、自然保护区非核心区和缓冲区、森林公园非生态保育区、湿地公园非保育区和恢复重建区、地质公园非核心区、海陆交界生态敏感区和灾害易发区、文物保护单位建设控制地带、文物地下埋藏区、机场噪声控制区、市政走廊预留和道路红线外控制区、矿产采空区外围、地质灾害低易发区、蓄涝洪区、行洪河道外围一定范围等，限制城市建设开发活动。

（3）适建区：在已经划定为城市建设用地的区域，合理安排生产用地、生活用地和生态用地，合理确定开发时序、开发模式和开发强度。

（4）绿线：划定城市各类绿地范围的控制线，规定保护要求和控制指标。

（5）蓝线：划定在城市规划中确定的江、河、湖、库、渠和湿地等城市地表水体保护和控制的地域界线，规定保护要求和控制指标。

（6）紫线：划定国家历史文化名城内的历史文化街区和省、自治区、直辖市人民政府公布的历史文化街区的保护范围界线，以及城市历史文化街区外经县级以上人民政府公布保护的历史建筑的保护范围界线。

（7）黄线：划定对城市发展全局有影响、必须控制的城市基础设施用地的控制界线，规定保护要求和控制指标。

1.2 城市开发的目标、对象、任务和原则

1.2.1 城市开发的目标

城市开发的目标是指在一定时期内城市经济、社会、环境等方面的发展所应达到的目的和指标。通过对各类城市用地、综合交通、公共设施与基础设施的数量、布局与重大项目作出安排，促进地区的经济合作和协调发展，保持和加强充满发展生机、人们乐于居住的美好城市形象。

城市开发的目标是多元化的，通过加快城市建设的现代化进程，保障市民的生活、生产的活动需求，并同时保障城市生态环境的可持续发展。总体可归纳为三点：

(1) 从经济发展方面，调整城市空间布局结构，对土地使用进行合理盘整，优化产业发展的空间组合，促进区域经济中心城市的形成；提高连通区域和国际的综合交通能力，提供一个多选择、大容量、安全、便捷的城市客货运输交通体系，以促进城市整体经济的动作效率，方便广大市民出行。

(2) 从社会发展方面，确定人口分布和居住形态，提供充足的土地供应，适应市民对住宅充分选择的需求，并配备满足未来生活需要的公共安全、教育、医疗卫生、文化娱乐、体育健身和交往设施；超前规划设计通信网络，保证供水、电力、燃气等能源供应，提供防洪、防震、核事故防灾设施，以提高城市的安全性。

(3) 从环境发展方面，充分发挥资源优势，建立和谐的绿化与生态系统，营造优美的城市环境，为市民为国内外游客提供充足的休闲及旅游活动空间；加强空气、水资源、噪声、固体废物处理等环保措施，改善现有的环境问题，提高环境质量。

1.2.2 城市开发的对象

城市开发的对象是以土地使用为核心内容的城市空间系统。城市空间体系是城市社会、经济、政治、文化等要素的运行载体。各类城市活动所形成的功能区构成了城市空间结构的基本框架。它们伴随着经济的发展，交通运输条件的改善，不断地改变各自的结构形态和相互位置关系，并以用地形态来表现着城市空间结构的演变过程和演变特征。

城市空间不同于乡村空间，它比乡村空间更复杂，包含的要素更多，空间要素之间的联系也更密切，这些社会、经济、政治、文化等要素共同支撑着城市正常协调地运行。城市空间开发的目的是创造一个更合理的土地利用和功能关系的领土组织，平衡保护环境和发展两个需求，以达成社会和经济发展的总目标。

1.2.3 城市开发的任务

城市开发的任务是在特定时期、特定地区条件下，对土地资源的开发、利用和管理，城市土地在城市不同经济部门、不同项目之间的合理配置并通过组织，协调人地关系以及人与资源、环境的关系，使经济效益、社会效益、生态效益达到最佳。

城市开发的任务主要内容包括：根据城市经济社会发展需求和人口、资源情况及环境承载能力，合理确定城市的性质、规模；综合确定土地、水、能源等各类资源的使用标准和控制指标，节约和集约利用资源；划定禁止建设区、限制建设区和适宜建设区，统筹安排城乡各类建设用地；合理配置城乡各项基础设施和公共服务设施，完善城市功能；贯彻公交优先原则，提升城市综合交通服务水平；健全城市综合防灾体系，保证城市安全；保

护自然生态环境和整体景观风貌，突出城市特色；根据城市经济社会发展需求和人口、资源情况及环境承载能力，合理确定城市的性质、规模；保护历史文化资源，延续城市历史文脉；合理确定分阶段发展方向、目标、重点和时序，促进城市健康有序发展等。

1.2.4 城市开发的原则

城市开发需要根据土地经济的规律和土地本身的自然规律，有效地对土地进行开发、利用、整治和保护，提高土地利用效率，使土地生态效益、经济效益和社会效益得到有机的统一。城市开发的原则包括：

（1）生态先行原则

生态环境是人类生存、生产与生活的基本条件。长期以来，党和政府十分重视生态建设与环境保护，将其作为一项基本国策。“绿水青山就是金山银山”是城市开发中生态先行原则的集中表达，包括了三层含义：一是“宁要绿水青山，不要金山银山”，当城市开发与环保红线存在冲突时，宁可坚守环保底线，待环保条件充分具备之后再进行开发。二是“既要绿水青山，也要金山银山”，既不能唯环保，也不能唯发展，在城市开发中谋求绿色低碳发展的路径。三是“绿水青山就是金山银山”，强调了生态产品服务或生态系统对城市可持续发展的重要价值。

（2）规划先行原则

城市规划是规范城市发展建设，研究城市的未来发展、城市的合理布局和综合安排城市各项工程建设的综合部署，是一定时期内城市发展的蓝图，是城市管理的重要组成部分，是城市建设和管理的依据，也是城市规划、城市建设、城市运行三个阶段中的前提。城市规划必须以发展眼光、科学论证为前提，对城市经济结构、空间结构、社会结构发展进行规划，常常包括城市片区规划。城市规划具有指导和规范城市建设的重要作用，是城市综合管理的前期工作，是城市管理的龙头。城市的复杂系统特性决定了城市规划是随城市发展与运行状况长期调整、不断修订，持续改进和完善的复杂的连续决策过程。

（3）立体开发原则

立体开发是指在一定地段上，通过对垂直空间的充分利用，以求取得更大效益的土地开发方式。在单位面积土地上，或某一特定区域不同高度的地段上，从时间上、空间上充分利用光、热、水、土资源，因地制宜、因时制宜布局城市，综合开发利用地上和地下空间，求取土地更多产出的高效开发方式。根据土地的类型、所处位置进行合理的开发利用。

（4）整体统筹原则

城市开发的整体统筹是为了实现一定时期内城市的经济、社会和环境发展目标，推进城市的可持续发展，确定一个城市的性质、规模、发展方向，合理利用城市土地，协调城市空间和进行各项建设的综合布局和全面安排，还包括选定规划定额指标，制订该市目标及其实施步骤和措施等工作。

1.3 城市开发的主体和参与方

城市开发的参与方主要包括政府、企业和公民社会三方，其中政府在城市开发中起着主导作用，而企业则是重要的参与者与建设者，公民社会是城市开发的亲历者和直接受影响者。

（1）政府

在城市开发中，政府部门起着主导作用。政府并不只是单纯的行政机构，而是指拥有立法、行政、司法权力的各种机关的总和。城市开发在目前的城市中已经形成中层制度，介于根本制度和具体制度中间，政府就是制度的主要制定者，包括国家政治制度、土地制度、户籍制度等根本政治制度和土地租让法规、动迁政策等具体制度。而这些制度在根本程度上形塑了城市开发的原则和过程。

除了制定规则外，因其广泛的公信力和强大的背书能力，政府同时也是城市开发的发动者。例如，如今广泛采用的 PPP 模式（Public-Private Partnership，政府与社会资本合作模式），在项目初期，是由政府部门来规划制定项目实施方案，直到项目通过上级部门可行性审核，才能有政府以外的机构参与。无论是在项目建设的任何时期，包括项目建设完成投入运营后，政府也都承担着监管者的责任。一方面作为项目的发动者要监督项目建设是否按照规划方案实施，另一方面，作为社会秩序的建立者则要监督在项目的建设阶段和运营阶段是否违反了相关的制度法规。

在城市开发中，存在着中央政府和地方政府两级权力拉扯。地方政府通过出售土地获得财政收入，出于牟利的动机，倾向于提高地价，但这也引起了由高地价带来的高房价问题，严重影响了居民的生活质量。为了解决这一问题，中央政府采用宏观调控和非市场的方式来调控房价。

（2）企业

企业是指在社会再生产过程中专门从事商品生产和商品交换的、以营利为目的的经济组织。在城市开发过程中，城市开发建设的工程量仅仅依靠政府是不可能完成的，而其中参与到城市开发的企业包括投资商、金融机构、建造商和建筑事务所等，为城市开发提供了坚实的财政支持。PPP 模式之所以在近年来被广泛应用在城市开发与城市更新中，就是因其吸引了大量社会资本加入，减轻了政府的财政负担。金融机构可大致分为国家政策导向下的不以营利为目的的金融机构，例如国家开发银行和中国农业发展银行，以及以营利为目的的商业银行。国家投资类金融机构具有大额、低息、长期的优点，但审核手续繁琐；而商业银行则贷款时间较短，过程快速灵活，相应利息也会较高。建造商是基建的实际建造者，而建筑事务所一般承担基建的设计任务，他们的工作往往对城市面貌的形成和改造有着深远的影响。

（3）公民社会

公民社会包含了当地居民、产权所有者、商会、环保组织等利益相关组织。居民是城市开发成果的主要使用者，在城市开发过程中，应该充分考虑到使用者的需求和利益。但是，不同使用者的利益是不同的，例如，居民和商店经营者的需求和利益就是不同的，现在使用者的利益和将来使用者的利益也是不同的。例如，在建设地下管廊时，就需要为以后几十年的需求预留空间。如果当地居民的需求没有得到满足，则可能影响到城市开发建设。环保组织在初期可能会延缓城市开发的进度，但从长期来看，环保组织更多体现为城市开发的合作者，特别是当这些城市秉承可持续发展的理念实施开发时。而在城市开发过程中，最大的问题就是协调各方参与者的利益。

1.4 城市开发模式的演变和趋势

1.4.1 城市开发模式参与主体的演变

随着我国市场经济的逐步发展成熟，城市开发的参与主体范围经历了从政府主导到政府-市场合作的演变。这一演变可体现在城市开发的四个阶段中：前期计划规划阶段、拆迁安置补偿阶段、土地出让阶段和开发建设阶段。

（1）政府主导型城市开发模式

中国城市在发展初期主要采取的是政府主导型城市开发，其中在前期计划规划阶段，只有政府主体参与，企业和公民社会无法表达其利益诉求，被动且缺乏话语权；在拆迁安置阶段，也是由政府直接面对权利人（有产权登记记录的土地、房屋以证载人为权利人；无产权登记记录的土地、房屋进行权利人认定核查工作后确定权利人），这个阶段中的资金、人力压力以及和权利人的博弈压力都由政府承担；在土地出让和开发建设阶段，政府将之前征收、征用的土地净地收储后，再通过招拍挂的形式将土地出让给市场，并由市场按照规划建设，企业和公民社会实际上并没有直接参与到城市开发中。

该模式下参与主体单一，公民诉求无法得到很好的满足，政府也承担了较大的财政风险和社会风险。该模式如图 1-1 所示。

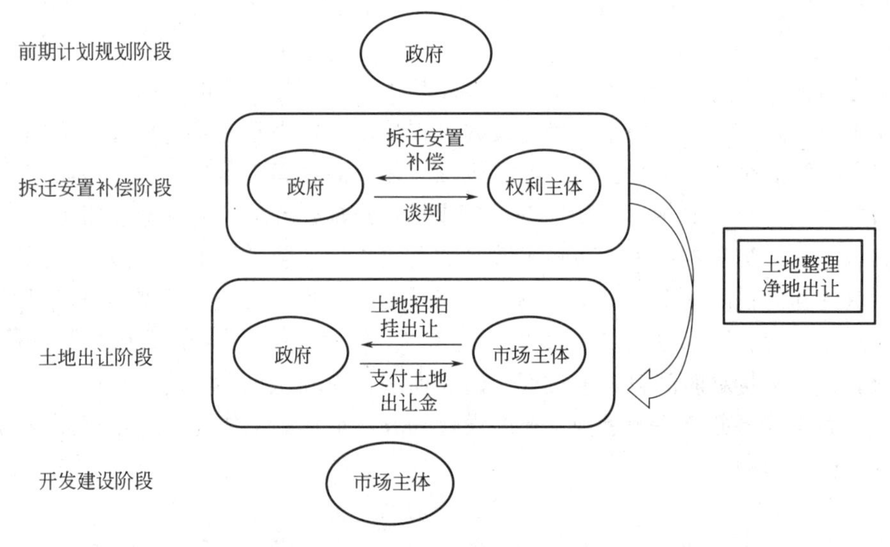

图 1-1 政府主导型城市开发模式图

（2）政府-市场合作型城市开发模式

从 20 世纪 80 年代到 21 世纪初，部分城市开发项目通过“毛地批租”方式将土地出让给企业，由其进行拆迁安置和开发建设。这种模式减轻了政府工作负担和财政压力，同时，市场也能以更低的价格获得土地，从而激发了市场参与的活力。但是这种模式也有其弊端：一方面，市场仍没有参与到前期的计划规划阶段，将有可能面临规划要点与实施合理性脱节的问题；另一方面，市场在拆迁安置之前，就要支付土地出让金，但是在拆迁阶段存在极大的不确定性，市场主体面临着极大的先期资金投入和时间利息成本，因此企业在拆迁阶段力图压低成本、加快拆迁进度，也导致了一些恶性拆迁事件的发生，引发社会矛盾。该模式如图 1-2 所示。

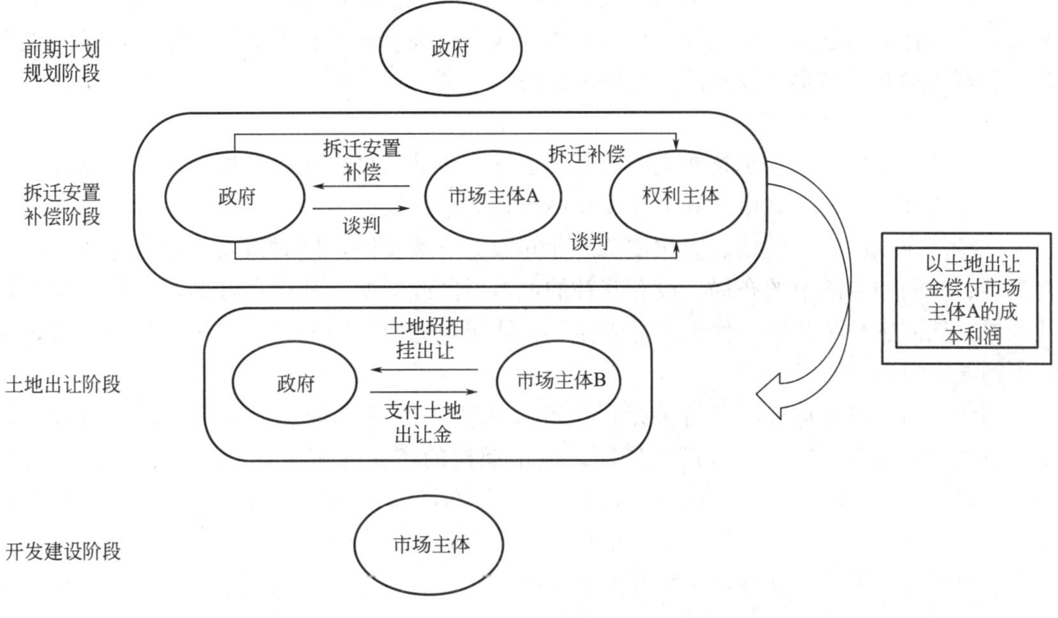

图 1-2 政府-市场合作型城市开发模式图

1.4.2 城市开发形态的演变

(1) 集约开发型城市

集约开发型城市是指按照建设资源节约型社会的要求，把提高空间利用效率作为国土空间开发的重要任务，引导人口相对集中分布、经济相对集中布局，走空间集约利用的发展道路。集约开发型城市的各类开发活动都要充分利用现有建设空间，尽可能利用闲置地、空闲地和废弃地，严格控制开发强度，把握开发时序，使绝大部分国土空间成为保障生态安全和农产品供给安全的空间。同时，有利于工业项目建设按照发展循环经济和污染集中治理的原则集中布局。

针对不同规模的城市，集约开发型城市也存在不同的应用形式。资源环境承载能力较强、人口密度较高的城市化地区，要把城市群作为推进城镇化的主体形态。其他城市化地区要依托现有城市集中布局、据点式开发，建设好县城和有发展潜力的小城镇，严格控制乡镇建设用地扩张。

(2) 生态开发型城市

生态开发型城市即生态健全的城市，是低碳、节能、紧凑、充满活力并与自然和谐共存的聚居地。在生态型城市发展模式中，公交网络的出行策略和绿色规划材料与技术对城市和社区的开发规划起到积极推动和引导的作用；高新科技、文化创意等绿色低碳产业在城市 GDP 的比例也将成为生态型城市发展的关键因素。

生态开发型城市作为对传统的以工业文明为核心的城市化运动的反思和扬弃，体现了工业化、城市化与现代文明的交融与协调，是人类自觉克服“城市病”、从灰色文明走向绿色文明的伟大创新。它在本质上适应了城市可持续发展的内在要求，标志着城市由传统的唯经济增长模式向经济、社会、生态有机融合的复合发展模式的转变。同时，它体现了城市发展理念中传统的人本主义向理性的人本主义的转变，反映出城市发展在认识与处理人与自然、人与人关系上取得新的突破，使城市发展不仅仅追求物质形态的发展，更追求文化上、精神上的进步，即更加注重人与人、人与社会、人与自然之间的紧密联系。生态开发型城市模式使城市开发向高价值层面发展。

（3）和谐开发型城市

生态开发型城市在生态物质文明的基础上进一步推动城市精神和城市可持续发展品牌建设，形成和谐开发型城市。和谐开发型城市是城市开发的最高级目标。在和谐开发型城市中，经济应该由高新科技、文化创意产业和服务业来支撑，同时需要有效实施新兴产业在类型、时间和空间上的布局，设有互补的城市新区或新城，获得良好的社区居民评判和社区居民认同感与荣誉感，使出行低碳便利，让居民养成文明的出行习惯，从而形成普遍认可的城市口碑。

构建和谐开发型城市需坚持关爱民生和以人为本的发展理念，城市交通的高效、安全、节能成为城市宜居的先行解决问题。城市规模的扩张带来有形和无形城市资源的稀缺，可以通过建设城市与郊区的30分钟出行工作圈，以和谐规划城市居民的吃住行游购娱、建设和谐的生活工作环境，对城市化进程产生积极的影响。

城市开发的趋势是逐渐从集约开发型城市模式，向生态开发型城市模式发展，并最终过渡到和谐开发型城市模式。

1.4.3 城市开发模式的趋势变化

（1）信息化

伴随着互联网和物联网的快速发展，信息技术使人类跨越时空，在很大程度上拉近了人们的距离，逐步降低沟通成本。信息生产与交换从服务生产、贸易等领域，逐渐演变成为独立且重要的行业，并成为世界性城市向信息社会转型的基础。同时信息化增强了人口、资源、生产与交换在全球的流动，从而把世界性城市联结在一起，突显其世界性特质。此外，新兴技术，如数字化、大数据和人工智能为城市开发带来了更多可能性，使城市更加智能、高效、可持续。

（2）区域化城市群发展

在强有力的财政支持力度下，我国大城市、特大城市发展迅速显示出越来越强大的集聚能力，形成了长江三角洲、粤港澳大湾区、京津冀城市群、成渝双城经济圈等城市群。城市区域化使城市群每个城市朝不同领域专业化发展，并形成区域产业链合力，可充分提高单个城市的运转效率及服务质量，增加土地利用率，减少资源的分布不均和浪费，使城市多元化发展。

（3）以公共交通为导向

以公共交通为导向的城市发展模式是一种讲究集约高效的城市发展模式，往往以地铁、轻轨、城际列车等轨道交通站点为核心，以5～10分钟的步行距离，大概500～1000米为半径，进行高强度、高密度的城市开发模式。它可以优化城市空间形态，轨道交通核心站点附近往往是高强度集约式开发区域，鼓励更多高层地标建筑物诞生，一定程度上避免“千城一面”的城市问题。

1.5 城市开发投融资的需求

在城市化进程中，投融资问题是影响城市开发的一个主要因素。随着城市开发脚步的不断加快，对资金的需求也在不断增长，而单纯依靠政府建设资金是无法满足城市开发需要的，因此多方面拓宽投融资渠道，不断完善投融资体制是实现城市开发的重要问题。改革开放前，我国城市开发中基础设施类项目的投融资体制是政府完全主导的投融资体制。政府既是基础设施投资主体，又是投资活动的管理者，对基础设施实行传统的计划调控和行政管理，而开发性金融和商业性金融在城市发展领域的作用微乎其微。但这种模式导致政府财政负担很重，投资的产出经常达不到预期，阻碍了城市开发和发展的进程。改革开放以来，城市开发开始逐步引入市场机制，逐渐形成了以市场为导向、多主体参与的城市投融资体系，开发性金融和商业性金融逐渐进入城市开发领域。

从城市建设的流程角度看，城市开发建设资金需求主要包括三个方面：一是土地一级开发过程中的基础设施建设所需资金。城市在生地变熟地的一级开发过程中，基础设施资金规模大、周期长、周期性风险大。二是城市二级开发过程中的产业项目所需资金。产业项目投资周期相对较短，可能在短时间内实现资金的回笼甚至盈利，如各类商业性开发项目（如加工制造业、居住地产、商业地产等），正是基于这些二级开发项目的快速盈利特征，为开发性金融与商业性金融的结合创造了条件。三是二级开发过程中政府为提升城市公共服务水平的公共服务设施项目建设所需资金，这类资金基本上属于公共投入性资金，并不直接产生效益回报，需要在系统性融资体系下，统筹该部分的资金需求。

1.6 我国城市开发投融资演变历程

我国城市开发以基础设施的投资建设为主要体现，其投融资政策的演变与中国财政政策变化密不可分，大致可以划分为五个阶段。

第一个阶段：1993年之前，我国城市开发投融资体制以中央和各地方财政以及政府作为主导，以发行国债及银行贷款进行融资，集中计划投资。在该阶段，中国存在外汇与储蓄双缺口，既缺资金又缺技术，于是开始引进外资试点BOT（Build-Operation-Transfer，建造-运行-移交）模式，以期解决国民经济发展中的瓶颈问题。该阶段BOT模式普遍应用于基础设施建设方面，外商在中国投资承包若干重大工程，项目建成后，15年左右的承包期内由外商管理和经营，中方收税；承包经营期满后整个项目归还中方。根据这项新政策，外国资本可以进入电厂、铁路、公路、港口、邮政等领域，不但可以承建工程，还可以提供技术、设备和管理人员。该阶段意味着我国让出部分过去高度垄断的市场，并保证外资的合法权益。

第二个阶段：1994—2002年，以分税制改革为节点，地方政府财权上移事权下移，同时限制地方政府直接举债，地方融资平台开始萌芽，这一阶段的地方投融资平台的数量和规模均偏小，平台职能相对单一，主要是以公司法人代替政府，从外部筹集资金，投资于城市基础设施建设，为地方政府基础设施建设融通资金；同时，面对公路、码头和电厂等基础设施的严重滞后，这一阶段中，中国政府颁布了外商投资条例等法规政策，从国家层面开始有计划地推动BOT项目实施。

第三个阶段：2003—2008年，随着中国经济的持续高速发展，基础设施对经济的瓶颈再次凸显，一些部委和地方政府出台了政策法规打破基础设施领域的进入壁垒。2005年2月，新华社授权全文播发的《国务院关于鼓励支持和引导个体私营等非公有制经济发展的若干意见》（国三十六条）强调允许非公有资本进入电力、电信、铁路、民航、石油等垄断行业。在政策利好的刺激下，政府通过发行长期建设国债，扩大财政投入的方式刺激经济发展，其中基础设施建设成为主要内容，国内一些城市开始掀起市政公用行业运作的浪潮。由于不同地方发展需求各异，导致融资平台形式和运作模式的多样化。总体而言，该时期内地方融资平台虽然规模扩张得较快，但发展趋势仍然较为平缓。

第四个阶段：2009—2013年，这一阶段全球主要经济体陷入经济危机的下行阶段，中国政府出台了"四万亿计划"政策，以土地经济为主导的城投模式和房地产经济得到飞速发展。2009年3月，央行和银监会联合提出："支持有条件的地方政府组建投融资平台，发行企业债、中期票据等融资工具，拓宽中央政府投资项目的配套资金融资渠道。"同年，城投债发行数量也从11支增加至119支，发行量达到1896.3亿元，总发行量较2008年激增1155.83%。GDP在实现V形反弹的同时，也为今后的地方债务埋下伏笔。2009年底银监会开始向各商业银行提示地方平台企业贷款风险，国务院常务会议和经济工作会议等都明确提出当前贷款结构不合理，要规范地方政府担保行为。2010年初，国务院开始出"重拳"治理地方投融资平台风险问题。

第五个阶段：2014年至今，《国务院关于加强地方政府性债务管理的意见》（国发〔2014〕43号）的出台，重新修订了《预算法》，赋予地方政府举债的职能，将PPP推到前沿，传统的政府融资平台模式开始后退，PPP成为一种社会经济热潮。自2020年以来，PPP模式已成为政府投融资的传统手段，用于稳定政府方固定资产投资。与此同时，PPP模式也出现了诸多问题，如融资困难、投资变化、进度缓慢、政府付费困难等，加剧了地方政府谨慎心理。同时，融资性贸易和"空转""走单"等虚假贸易业务，使得我国开始重视PPP模式带来的风险，各个部委相继出台政策文件（如国资委于2021年印发《关于加强地方国有企业债务风险管控工作的指导意见》）来严控高风险PPP业务。

1.7 国外城市开发投融资体制概述

1.7.1 城市开发投融资模式的阶段性变化

（1）美国：从政府主导到政府引导企业参与到政府与社会资本合作

第一阶段：第二次世界大战后—1953年的政府主导模式。从1949年新的《国家住宅法案》启动到1953年，美国城市开发与更新改造的资金主要来源于联邦和地方政府，以内城贫民窟清理和改善为目标。国会基于各年的开发与更新计划确定联邦政府的拨款额。政府资金以财政补助和贷款式投入，可以直接向借款人贷款或为其提供担保，贷款利息一般低于市场利息。

第二阶段：1954—1971年的政府主导、鼓励企业参与模式。1954年，新《住房法》颁布，突出强调要逐步减少联邦政府投入，加强企业的作用。但是从具体的执行来看，1954年《住房法》却并没有达到预期的效果，没有从根本上改变原有的城市开发与更新政策。一方面，由于住房政策中内城贫民窟清理和改善项目的利润较低，社会资本的参与度并不高。另一方面，内城修复带来的城市中心区居民的强制性搬迁迫使城市社区空间发生了重组，从而引发了许多社会问题。

第三阶段：1972年以来的政府与社会资本合作模式。1972年，受全球经济衰退和中产阶级郊区化现象加剧的影响，尼克松总统颁布“岁入分享”法案，规定联邦政府不再负责全国的城市开发与更新，转由地方政府负责，并取消或减少对此的资助。地方政府主要通过设立借贷工具、发债、减税、补贴等政策措施来提高社会资本参与的积极性和更新项目的可行性，政府与社会资本合作关系作为促进经济发展的公共政策正式出现。为了保证社会投资者可以至少获得平均水平的回报，1977年颁布的《住房和社区开发法》提出采用城市开发活动补贴的方式为政府与社会资本合作的开发与更新计划提供资助，政府与社会资本合作随之从政府直接提供资助的“赠予型”发展到合资入股以回收投资的“入股型”。

(2) 英国：从政府主导到市场主导到三向合作伙伴关系

第一阶段：第二次世界大战后—1979年的政府主导模式。在此阶段英国城市开发及更新以房屋重建和贫民窟清理为主，主要由公共部门投资和规制。同期，由中央政府启动、地方政府实施的“城市计划”是这一时期最重要的城市开发项目。1978年英国政府颁布《内城地区法》，旨在利用“内城伙伴关系计划”缓解衰落的内城地区，但其所推行的伙伴关系更多地表现为公-公伙伴关系，在促进公私合作方面的收效并不大。

第二阶段：1980—1989年的市场主导模式。进入20世纪80年代，受全球经济衰退及保守党政府大规模私有化改革的影响，英国的城市开发与更新政策发生了显著变化，之前以政府为主导、以政府投资为基础的政策框架逐渐演进为以市场为主导、以撬动社会投资为目标、旨在促进经济增长的新框架。公共部门逐渐退居幕后，由原来的直接投资转为通过设立基金、发放补贴、减免税收以及放松规划管制等手段为企业营造良好和宽松的投资环境，鼓励企业进行城市开发与更新。

第三阶段：1990年后的公、私、社区三向伙伴关系模式。由于市场机制主导下的城市开发与更新不能有效解决旧城区的根本问题，除了继续鼓励社会投资，三向伙伴关系模式更强调将本地社区组织或人员也视为城市开发及更新决策环节中的重要一环，同时强调城市开发与更新的内涵不应局限于房地产等商业性开发，而应是经济、社会和环境等多目标的综合性开发与更新，从而增加了开发及更新目标的社会性。

(3) 日本：从政府主导到政府引导企业参与到政府与社会资本合作

第一阶段：第二次世界大战后—1969年的政府主导模式。这一阶段日本城市以预防自然灾害、改善基础设施和实现经济复苏为目标，主要表现为住宅区更新，被称为“市街地再开发事业”，主导主体为政府部门。1950年以来日本确立了公团住宅制度，该制度以政府为主导，资金主要来源于公库，由公团基于住宅规划进行具体建设，有力地推动了公共住宅的建设、基础设施的完善和城市开发与更新项目的推进。

第二阶段：1970—1979年的政府主导、企业参与模式。20世纪70年代，日本人口迅速向以东京为代表的大都市集中，大量城市开发与更新项目陆续启动。同时，日本城市发展过程中的民间力量兴起。1975年，政府逐步修订《都市再开发法》，允许个人及私营机构担任城市开发与更新的实施主体，政府角色则转为通过设置专门的开发及更新基金制度，为个人及私营机构提供融资、补助贷款等协助服务。

第三阶段：1980年以来的政府与社会资本合作模式。在这一阶段，企业开始广泛地参与城市更新项目。政府不断赋予市民在城市更新过程中的参与权和地方规划权，鼓励土地所有者、社区及企业参与甚至主导城市更新。而原本主导城市更新的政府部门的职责则开始转变为通过制定城市更新补助奖励政策、协助民间组织明确更新权益的分配以及完善公共设施建设等方式引导企业参与，从而促进了城市更新主体政府与社会资本合作模式的形成。

1.7.2 推动城市开发政府与社会资本合作模式的半公有化机构

美国、英国、日本在城市开发与更新的投融资实践中，均设立了政府出资、市场化运营的机构，负责城市开发与更新项目的具体实施，协调公共部门与企业间的利益关系，促成政府与社会资本合作的城市开发与更新投融资模式。具体包括美国的经济发展公司、英国的城市开发公司和日本的都市再生机构，其中前两者为半公有化的非营利性公司，后者为具有一定独立性的政府法定部门。

（1）美国的经济发展公司

20世纪70年代后期，美国地方政府成立了政府与社会资本合营发展机构以更好地汇集资源，实施开发及更新项目。政府与社会资本合营机构的成立反映了城市开发与更新中政府与社会资本合作关系的制度化过程。这些机构可以是通过联邦、州和地方政府提供的特殊财务工具行使公共权力的半公有化公司（Quasi-public Corporation），也可以是根据一般非营利公司法建立的、为公共目的服务、由公共部门和企业代表组成董事会的独立非营利性公司。经济发展公司（Economic Development Corporation）是半公有化公司的代表，作为开发项目的发起人和执行人，它们拥有专业的员工和单独的预算，可以在没有竞争性招标的情况下承包建设，运作灵活，相对独立于地方政府的监督，在地方政府授权下通常有着土地征收、税收减免等权限，通过提供融资、借贷、土地整理、物业租赁等服务，为私营开发提供了更多的公共资源和支持。

（2）英国的城市开发公司

英国政府于1980年设立了由中央政府拨款成立的半公有化的企业性质机构——城市开发公司（Urban Development Corporation，简称“UDC”），并赋予其原本在地方政府管理权限内的部分城市土地及规划许可权，以挖掘土地的最大潜力为目的，对这些地区的物质环境进行改造，进而吸引社会投资。城市开发公司的资金来源主要包括：中央政府的财政拨款和向社会投资者转让土地所获取的收益。城市开发公司具有协调区域经济发展的权力和区域管理权，尽管地方政府仍掌握着项目具体运作中制订规划的权力，但城市开发公司具有对开发商规划申请的审批权。由于城市开发公司的半公有化性质及其运作的相对独立性，地方政府无权干预其经营活动。城市开发公司的成立使得此时中央政府与企业之间的合作愈加紧密，而地方政府和社区组织则不在它们所形成的伙伴合作关系之中。

（3）日本的都市再生机构

随着日本都市再生策略的持续推进和深化，公共部门与企业在城市开发与更新过程中的利益矛盾不断激化，加之筹措的资金规模不足、沟通缺乏和协调效率低下等问题，日本政府2004年7月成立了介于政府与民间的独立行政法人——都市再生机构（Urban Renaissance，简称“UR”），以协调政府与社会资本部门之间的关系，更好地促进城市开发与更新项目的实施。都市再生机构的最高主管及预算均由政府分配，但其拥有独立的人事权，采取市场化运营、自负盈亏的模式。都市再生机构通过获得土地所有权、实施土地重划、协调民间都市再生中建筑物更新的方式，将取得的部分合署办公[①]旧址作为种子基地[②]，通过改善公共设施、规范民间参与都市再生的权利与义务等方式不断地支持“连锁型”更新改造，以保障都市再生项目的顺利实施。

1.7.3 城市开发的融资方式及特点

(1) 美国采取市场主导型的融资方式

1) 资金来源

在城市开发及更新早期，政府通过财政补助和贷款等形式直接投入，为项目融资提供了重要支持。之后随着项目权责的逐步下放，各地政府为了吸引投资展开竞争，创设了各种优惠措施吸引社会投资。由于美国具有发达的资本市场，城市建设资金主要来源于社会资本。政府开发与更新也随之转向通过设立借贷工具、发行债券、减税、资金补贴等政策工具提高市场中再开发项目的可行性。

2) 美国社区发展组团基金和都市发展行动补助基金

1974 年，美国国会通过《住宅与社区发展法》，设立社区发展组团基金（Community Development Block Grant，简称“CDBG”），将补助资金直接发放到地方，支持城市开发及更新工作。为了获得基金的支持，申请人必须确定社区的迫切需求，并向地方民众和组织征集项目构想和计划。社区发展组团基金采用了自下而上的申请程序，受联邦政府的监管较少，在很大程度上由州、地方政府及其下级政府自行决定使用。1977 年，美国政府又另外设立了由联邦政府、地方政府与企业三方组成合作关系的都市发展行动补助基金（Urban Development Action Grant，简称“UDAG”），主要针对企业主导的开发项目，目标是引导政府与社会资本部门合作，共同对经济贫困的地区给予联邦补助，促进市中心经济的复苏与再发展，补助形式以低于市场利率的过渡性贷款为主。与社区发展组团基金不同，都市发展行动补助基金仍采用自上而下的形式，由联邦政府规定如何以及在何处使用资金。

3) 创新性的税收融资模式

在美国城市开发与更新实践中，创新性的税收融资模式包括税收增额筹资（Tax Increment Financing，简称“TIF”）和商业改良区（Business Improvement Districts，简称“BIDs”）发挥了重要的作用。税收增额筹资是利用存量土地的增值收益来为公共项目提供融资支持，被视为推动城市开发与更新、促进地区经济发展的有效手段。税收增量融资的逻辑在于“政府-社会-市场”三者实现良性的有机运转，即政府通过公共投资改善社会发展环境，从而吸引更多社会资本参与，提升区域房地产价值，进而带来新增税收的增加以补偿初始的公共投资。商业改良区是一种基于业主利益共赢、地方和商业团体自愿联盟的自行征税机制，筹集资金的主要目的在于拓宽业务领域或改善基础设施以提升划定区域的居住及商业用地价值。其运作资金来自于商业区内各业主根据物业评估价值自愿负担的地方税（约占 80%以上）、地方政府拨款和公共资金筹集。

(2) 英国采取竞争性的资本分配方式

1) 资金来源

自 20 世纪 70 年代以来，英国城市开发与更新的主要资金来源是公共部门的拨款补

---

① 两个或两个以上的机构由于工作性质相近或联系密切而处于同一处所。

② 指“区域内一块公有地”，是日本城市开发与更新中创新的“种地交换”模式中的重要概念。

助。1977年之前，城市计划由内政部管理，其向许多地方当局以及一些志愿团体提供75%的赠款援助。20世纪90年代初开始，英国的城市开发与更新掀起了一股新的思潮，它更加强调本地社区的参与，突出公、私、社区三向合作的伙伴关系，融资方式从赠款逐步转移到竞争性招标、成立合资企业以及欧盟金融支持。

2）英国城市发展基金

英国城市发展基金（Urban Development Grant，简称"UDG"），是政府于1982年成立的旨在推动改善内城衰退的城市开发与更新运动的专项基金。城市发展基金的资金全部来源于政府财政拨款，采取无偿资助、利润分成和提供预付款项①三种方式发放。城市发展基金的资金补助被视为对社会资本的补贴，它弥补了社会投资实际投资收益与平均投资回报之间的差距，有效调动了社会资本投资的积极性。此后，为了辅助城市发展基金的执行，并给予企业更大的再开发权力，英国政府在1987年又成立了城市更新补助基金（Urban Regeneration Grant，简称"URG"），有力地促进了企业参与城市开发与更新。

3）竞争性的资本分配方式

在城市更新过程中，英国政府创新性地创立了一种竞争性的资本分配方式，以增加地方政府和社区的权力，大大提高了城市更新的社会性。"城市挑战"计划和综合更新预算是竞争性资本分配方式的典型代表。1991年，中央政府开始设立"城市挑战"计划，由各地方政府、企业、本地社区等联合组成地方伙伴团体开展竞争，胜者可以获得该计划的资金支持。这种竞争性的资金分配方式的最大特点在于，它试图通过中央权力的下放将城市更新的规划及决策权返还给地方政府和社区公众，并且在强调公共部门和企业开展合作的同时，将本地社区组织也作为重要的一环纳入城市更新规划及决策过程中，增强了更新目标的社会性。

（3）日本采取政府主导型的融资方式

1）资金来源

在日本，城市更新是中央政府的重要职责，出资比例占据绝对主导，早期的更新活动甚至全部由中央政府出资。在重要的土地重划项目中，一般30%的实施成本由中央财政补贴，30%由地方出资，另有30%取自保留地的销售收入，其余10%由社会资本承担。在日本城市更新的资金来源中，政府投入一直发挥着重要的作用，在企业成为城市更新的实施主体后，政府投入依然是企业投资的重要保证。1983年，日本政府颁布《城市开发方案》，设置了专款补助造街计划，并赋予地方发行公债和给予企业贷款及税费优惠的权力，以促进政府与社会资本合作。2002年，日本政府提出更新行动补助金制度，对各地制定的更新活动提供综合资助。

2）日本民间再开发促进基金

1979年，在政府补助及民间出资的基础上，日本政府成立了全国市街地再开发协会，并设置了民间再开发促进基金，通过提供债务保证来增强都市再开发事业实施者的贷款信用并促进再开发事业资金的顺利筹集。一般而言，日本金融公库对于非法人组织申贷者的审查非常严格，不易获得再开发所需资金，因此，债务保证制度对非法人组织申贷者的资

---

① 利润分成是指基金在更新工程占一定比例的股份，即进行股权投资；提供预付款项相当于以低利率贷款的方式支持更新工程，即进行债权投资。

金取得相当重要。日本《都市再生特别措施法》最终修正案（2003 年 5 月 16 日）规定：实施债务保证业务的基金以政府补助款为其主要资金来源；因运用基金所衍生的利息等其他收入充当为基金；民间都市机构结束债务保证业务时，剩余基金应缴回国库。该基金的设立极大地增强了社会主体的信用，促进了城市更新中企业资金的筹集和政府与社会资本合作伙伴关系的发展。

复习思考题

1. 现阶段，我国城市开发与更新主要存在哪些投融资模式？

2. 请讨论，改革开放以来，我国城市开发 BOT 融资方式的积极意义与其局限性。

3. 试找出一个我国近五年的城市开发/更新的案例，并结合本章知识，总结其中的主要参与方及其投融资模式。

4. 试讨论目前我国地方政府融资平台“四资联动”改革方案的具体运行机制，并总结实施该机制的保障措施。

5. 结合国外经验，及目前我国的城市开发实践经历，试指出目前我国城市开发与更新的薄弱环节。

第 2 章　城市开发的理论与方法

2.1　城市开发相关理论

城市开发常用到七个理论，包括平衡理论、动态发展理论、系统理论、控制理论、门槛理论、熵理论以及可持续发展理论。

2.1.1　平衡理论

基本论点：城市发展各个因素之间的关系应该达到一个相对稳定点。数学模型为：

$$\frac{\oint(B)}{\oint(A)}=\beta \tag{2-1}$$

式中：A、B——变量；

β——常量。

典型用途：①用地平衡，城市用地应有一个合理的比例结构，比例过高会增加投资，比例较低会影响交通。②投资与收益的平衡，城市开发的投资收益应该与城市其他收益类似，收益率太高，社会资本大量进入，造成开发量过大，形成房地产泡沫；反之，收益率太低，社会资本大量抽逃，会造成开发量过小，影响城市发展。③供给与需求的平衡，城市土地的供给应该与市场需求一致，供应量太小，地价上涨，造成房价过高，居民住房难以改善；土地供应量太大，地价太低，政府收益减少，进一步开发的后劲不足。

如图 2-1 所示，当土地供给量增加，土地供给由 Q_1 变化为 Q_2，相应的土地价格由 P_1 降为 P_2。

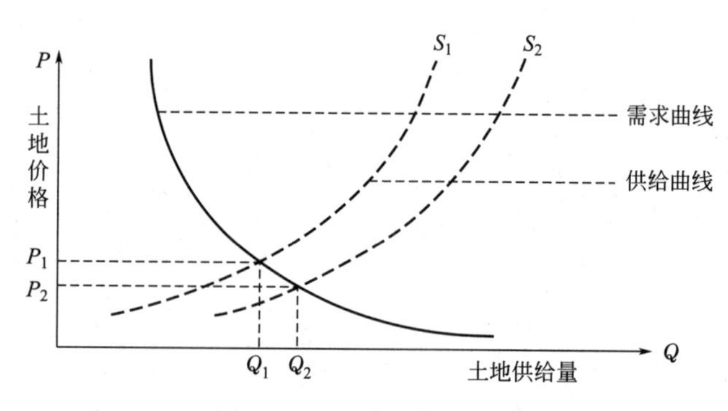

图 2-1　土地价格与供给量

2.1.2　动态发展理论

基本论点：城市各因素都是不断发展的，每一个发展时段都是前一时段发展的延续。城市空间是一个相对稳定、不易变化的因素。为了满足城市经济的不断发展，城市开发应该留有充分的余地和提前量，数学模型为：

$$A_n = A_{n-1} + B_n \tag{2-2}$$

$$A_n = A_0 \times (1 + a)^n \tag{2-3}$$

典型用途：①人口预测；②经济预测。

动态是指事物总是处在不断变化之中。城市的人口每时每刻都在变化，这种变化有生老病死的自然变化，也有迁徙（迁出、迁入）的机械变化。城市中的各个因素也在不停地发生变化：城市的建成区面积、产业运行、交通运输状态、信息传输，每时每刻都不是静止的。

城市是一个有机体，它从形成兴起至发展衰落有一个生命周期，其生命周期因工业化和现代化的发展而变化。在城市的发展过程中，城市功能会发生部分甚至根本性的变化，原有的发展模式和建筑、各类基础设施服务和生活设施会显得陈旧落伍或丧失效用；原有城市会因物质磨损、结构失调而使城市整体功能不能适应城市发展对空间提出的新需求，这在客观上要求对原有城市进行加速改造或重新开发，以保持和增强城市的生命力，延长城市的生命周期。因此，为城市多种经济活动得以开展，和对以城市基础设施为基础的城市土地开发和再开发，需要以土地为手段来改善城市的生产和生活环境，为城市改造提供必要的区位开发，促进城市的繁荣发展。

合理的城市土地开发和再开发，将直接影响并制约着整个城市的改造规模、速度和方式。而城市改造的结果，常常会使城市某些功能更新扩大，并推动城市土地的开发与再开发。在这一过程中我们必须要充分考虑各个城市相关因素之间的推动、制约关系，在城市发展过程中为城市开发、再开发留有充分的考虑余地，以促进城市的有序、健康发展。

2.1.3 系统理论

基本论点：从城市产生的第一天起，城市就形成一个系统，人类对城市系统的控制与反控制，始终贯穿于城市发展的过程中。在城市开发过程中，要以城市系统的整体最优为目标，对系统的各个主要方面进行定性和定量的分析，以便为决策者提供直接判断和决定最优方案所需要的信息和资料，使城市开发更有科学依据和实际意义。

系统理论认为系统是由相互联系、相互作用的若干要素结合而成的具有特定功能的有机整体。它不断地同外界进行物质和能量的交换，维持一种稳定的状态。城市是由各相关要素组成的，拥有组织社会生产、生活、经济活动的形式。

系统论把城市看成一个耗散结构。耗散结构理论是由比利时物理学家普利戈金提出来的。他认为，一个远离平衡的开放系统，在外界条件变化达到一定阈值时，量变可能引起质变，系统通过与外界不间断的交换能量与物质，就可以从原来的无序状态变为某种时间、空间和功能的有序状态，这种非平衡状态下的新的有序结构，就叫作耗散结构。一座城市就是一个耗散结构，它每天输入食品、燃料、日用品、工业原料、商品，同时输出产品和废料，才能保持稳定有序的状态。

城市系统是人工创造的，是一个超级系统。系统分为一般系统和控制系统。多个矛盾要素的统一体称为系统。这些要素称为系统成分、成员、元素或子系统。如果 $\{A\}$ 来表示组成系统 S 的要素全体，$\{R\}$ 代表各要素间的各种关系（矛盾），则

$$S = \{A, R\} \tag{2-4}$$

这是按系统定义列成的集合数式。从城市学的观点看，S 代表城市系统，而 A 是组成

城市系统的子系统，R 表示子系统之间的相互关系。物理、工程系统称为硬系统，如建筑物、道路等；而以人的主观意识为转移的系统是软系统，如城市管理、城市文化意识等。

现代化城市是一个以人为主体，以空间环境利用为特点，以聚集经济效应为目的，集约人口、经济、科学、文化的空间地域大系统。从生态经济学的角度看，城市是由人的社会经济活动与周围生态环境各因子交织而形成的复合系统——城市生态经济系统。城市生态经济系统是一个自然、经济和社会的复合人工生态系统。这三个系统互相依存，互相制约，互相影响，组成一个复杂的有机整体，并随着时代的进步而进行着不断的更新和改造。由于城市生态经济系统主要是在城市空间内，强调人与各种动植物、微生物及周围环境之间的关系，并通过人的生产和消费活动表现出来。所以，它是自然生态系统的物质、能量循环方式且具有不同的特征。

因此，作为城市经济发展重要组成的房地产开发投资活动，就需要充分认识和把握城市生态经济系统的特点，重视其各项要素的有机联系，依据生态经济规律，寻求适合城市房地产开发与城市经济增长、生态环境改善同步发展的有效途径，以促进房地产开发的环境效益、经济效益和社会效益的统一。

2.1.4　控制理论

基本论点：城市开发在一定条件下是可以控制的。一般表达式为：

$$\varphi=f(x,\ y) \tag{2-5}$$

式中：φ——目标函数；

x——可控变量；

y——不可控变量。

典型用途：①城市开发；②规划管理；③市场控制。

房地产业是国民经济中一个重要而活跃的产业，它的正反两方面作用都很突出。房地产业属于先导性和基础性产业，它的投资额和增加值都在国民经济中占有较大的比重，而且对国民经济的发展有较强的带动作用。如果调控得当，能够保持房地产业以较快速度可持续发展，能不断地对发展国民经济和提高人民生活水平做出巨大贡献。房地产业又是一个风险性产业，因其开发建设周期长，市场供给弹性弱，因而被一些专家称为泡沫经济多发产业。如果房地产业在较长的时间内发展失控，就可能产生泡沫经济，对国民经济造成重大危害。

（1）控制房地产业发展规模

房地产业的发展规模和速度必须与其他产业相协调，与国家的经济承受能力相适应，做到自觉地保持比例；开发投资的房地产产品的数量和质量，必须与市场的有效需求相适应；房地产业的发展，应能促进房地产资源的永续利用，确保生态平衡、环境清洁。

（2）控制人口——保持人口适度增长是房地产业可持续发展的关键

城市化因人口失控使土地人口承载量和人口环境容量改变的不合理，影响到城市经济和房地产业的发展。房地矛盾的实质是人地矛盾，改善生态环境、避免人口城市化导致耕地减少和城市荒漠化的关键在于控制人口。“适度”的人口，是指人口的增长不超过环境资源承载力和不降低原来的发展能力，并能推动社会经济等诸多方面的可持续发展。

（3）控制环境质量——环境是未来经济发展的支撑

一方面，环境是资源的载体，维护环境就是为持续发展提供了可持续利用资源的可能；另一方面，环境又是人们共同的居所，发展生产的根本目的是提高人民的生活水平，其中，环境质量是衡量现代社会经济发展和人们生活质量的关键性指标。因此，我们在加快城市经济发展，进行城市房地产开发和再开发的同时，必须注意保护治理好我们的环境，坚持走经济、社会、资源、环境相互协调的可持续发展之路。这是防止走“先污染，后治理”的老路，避免出现随着城市化的发展，而引起城市聚集经济效益功能衰退、生态失衡、环境恶化等不良社会后果的关键。建立适合现代化城市生态、经济协调发展的开发模式，才能求得生态效益、经济效益、社会效益的统一和最佳化，才能推动城市房地产开发的可持续发展。

2.1.5 门槛理论

城市发展阈限概念（即门槛理论）最早用于城市规划，特别是居民区的规划，是针对开发过程中受到的客观环境制约这一现象提出的。这些限制导致开发过程的间断，表现为开发速度的减慢，甚至停顿。完成这些制约需要额外的成本、即阈值成本，俗称“门槛费”。这些“门槛费”通常很高，它们不仅仅是一般的投资费用，同时也是社会和生态代价。

在某些地域内的一系列阈限中，有些关键阈限比其他给开发过程的限制要大得多。克服这些关键阈限异常的困难，需要异常高的额外成本，并有可能为开发战略的形成起关键作用。在现有技术条件下无法克服或只能通过换取地理环境的不可逆转的损失来克服的阈限，被称为顶级（或边界）阈限。这些阈限标志着城市发展和土地开发的“最终”位置、规模、类型和时间限制。

顶极环境阈限（Ultimate Environmental Thresholds，简称“UETs”）是城市与经济发展规划中的阈限分析方法的最新发展和延伸，用以讨论环境和生态系统的再生能力及其对发展的种种限制。顶极环境阈限的定义是“一种压力极限，超过这一极限，特定的生态系统将难以回复到原有的条件和平衡。某种旅游或其他开发活动一旦超越这种极限后，一系列的连锁反应导致整个生态系统或其重要局部的不可逆的破坏”。

顶极环境阈限是开发过程的最终环境边界，它们在为开发过程确定生态健康的“答案空间”（Solution Space）上有关键的意义，每一层次的规划都在这种“答案空间”中寻求开发的途径和方案。这种“答案空间”被认为是对定义“承载力”的一个贡献。规划应在保护自然的同时指导甚至促进社会经济的发展。这一矛盾可以通过把规划过程分解成两个相互独立的阶段来解决：即限制性的和促进性的。在限制阶段中，优先权应归于生态和资源的保护，而在促进阶段中，规划应注重在“答案空间”中探索各种开发的可能性方案，而这些可能性方案的边界是由规划的限制阶段所决定的。因此，阈限理论现已广泛地应用到城市规模控制和房地产开发的容积率控制中。

基本论点：城市的资源在一定的时期内是有限的，城市开发的强度是有限的。一般表达式为：

$$P_{\mathrm{MAX}} = \min\{Q_{1\mathrm{MAX}}, Q_{2\mathrm{MAX}}, Q_{3\mathrm{MAX}}, \cdots\} \tag{2-6}$$

典型用途：①城市规模控制。城市开发过程中如何确定开发区最大人口规模往往有很多因素：能源、水资源、食品、土地供应量等，其中负担人口最小的一种因素就是该开发区的人口极限。②容积率控制。容积率的影响因素主要由地块的基础设施、环境、交通等因素承受的最大容积率能力确定，其中负担容积率最小的一种因素就是该地块的容积率上限。

2.1.6 熵理论

一个孤立系统内部发生的任何过程，总是从几率小的状态向几率大的状态进行，总是从包含微观状态数目少的宏观状态向包含微观状态数目多的宏观状态进行。从城市开发的角度来看，城市居民就像热力学中分子活动规律一样，总是会不断向更好的状态努力，选择更好的工作，更好的居住，更方便的交通，更优美的环境。一旦获得较好的状态，就难以恢复到原始的较差状态。这就形成城市开发的原始推动力。

基本论点：城市人口众多，单个人活动偶然性强，利用统计的办法得到城市居民活动趋势，从而得到城市开发的目标。一般表达式为：

$$Q_i = q_i F(t_0, \cdots t_n) \tag{2-7}$$

式中：Q_i——事物发展趋势；

q_i——相关事物本身强度；

$F(t_0, \cdots t_n)$——事物出现概率。

典型用途：①城市开发时机选择。一般来讲可以认为城市的功能区是一个封闭区域。根据耗散结构的理论，发展到一定时期城市形态的作用相对稳定，活力降低，进入沉寂期，就需要改造，这往往是再开发的最佳时机。②城市设计。在城市设计过程中利用统计的方法研究城市空间中人们的活动趋势，设计合理的流线通道、活动空间。

2.1.7 可持续发展理论

基本论点：可持续发展的内涵要求首先是持续性，要求社会、经济、环境三者协调发展，有机协调统一；其次是公平性，既是代际之间的公平，也是区际之间的公平，更是人与自然之间的公平；最后是共同性原则，要求可持续发展的原则在各国各地区应是共同遵守的。

典型用途：可持续发展理论是当前城市开发和保护实践的理论基础，要求开发建设活动在不破坏自然生态环境的基础上，谋求科学合理的发展路径。例如，如今海绵城市的建设其根本就是通过增强城市韧性来谋求可持续发展，在顺应自然、利用自然的基础上，实现人与自然的和谐共生发展。再如，对城市开发中的雨洪管理来说，贯彻可持续发展的理论以实现雨洪管理的科学性、协调性和可持续性，即寻求城市建设发展的同时能够有效管理雨水、避免洪涝灾害加剧。将雨水削减在径流产生的源头，通过产流汇流过程的控制和末端的调蓄治理解决城市开发建设与雨洪灾害之间的矛盾是可持续发展理论的典型应用。

2.2 城市开发外部效应

生活中由于城市基础设施开发建设而带来的外部影响不胜枚举。任何开发，无论是建设阶段还是建成之后的外观以及用途，都影响着他人。在建设过程中邻居们会受到噪声、尘埃以及交通不方便的影响；建筑物竣工后在美感上将影响邻居和行人，可能令人赏心悦目，也可能使人望而生厌；建筑物的使用，又将在许多方面影响人们。例如一家新的商店开业，会由于增加了竞争而对邻近的其他商店产生消极影响；一座新的办公楼将产生新的交通需要，从而增加了这个地区的拥挤程度。这些都是由于外部效应的存在。本节的学习将加深对城市开发外部效应的理解。

2.2.1 外部效应概述

(1) 外部效应概念及其产生原因

外部效应一词出自于公共经济学术语，是指为了自身目标而努力的经济单位，在努力的过程中使其他经济单位获得了意外的收益或损害的现象。这种正的或负的效应一般不会计入前者的成本或收益，所以称为外部效应。

城市开发的外部效应的产生主要依赖于两个重要的经济前提：第一个前提是城市公用物品的消费是共有的而不是排他的，如果物业业主各行其是，很难建设并维持这些公共品的使用价值。在决定建造哪些公共品以及如何对其进行投资、建设、管理的问题上，需要协调性机构的介入。第二个前提是房地产的相互依赖性，即物业价值会在很大程度上受到周围物业情况的影响，与其他业主的行为有紧密的联系。房地产地块的相互依赖性引出了业主之间的基本协调问题。为了解决这些协调问题，地方政府建立了一些介入私人物业决策的机制，其中最常见的是运用区划法，我国主要是用控制性详细规划来进行城市开发。

(2) 外部正效应

外部正效应是指个体的经济单位在进行经济活动时给其他经济单位或个人带来了有利的影响或收益，但这种收益无法通过市场反映出来，即进行此项经济活动的单位无法得到任何报酬。如某单位投资改善其周围环境，不仅自己单位受益，其周围的邻居也随之受益，但没有一种市场机制使受益的邻居为此支付报酬。这就是外部正效应。由于这种正效应的存在，社会受益大于单位受益，这样的经济活动就应该得到鼓励。

与外部效应相近的一个概念是外部经济。外部经济实质是多个企业或多种经济活动在空间上集聚在一起所带来的成本下降或收益增加。它与外部正效应的差异在于其相互影响的结果可以在成本或收益中反映出来，而后者的结果无法反映出来，所以获得外部经济效益是企业追求的目标，而外部正效应则不在企业决策的考虑之中。

(3) 外部负效应

外部负效应是指个体的经济单位在进行经济活动时给其他经济单位或个人带来了不利的影响或收益。城市中环境污染问题就是十分典型的外部负效应。例如某些工厂“三废”排放不合标准，污染了大片区域及水体，这些工厂在获得生产性收益的同时，让社会为此付出了高昂的代价。

2.2.2 外部效应分类

城市开发是通过有组织的手段对城市资源进行大规模安排以获得城市发展效益的过程。就初衷而言，这种大规模开发活动对整个城市具有积极的外部效应，但由于具体开发条件、开发环境的不确定性，城市开发活动的外部效应也具有不确定性。下面通过开发过程中几个常见现象来分析城市开发的外部效应。

(1) 周边环境对城市开发的外部影响

在生活中业主们通常都很关心社区内其他业主的行为，当邻近物业无人管理不断恶化时，业主自然会担忧自己的物业价值降低。同理在城市开发之初，应充分评估周边环境的外部影响。这里指的周边环境不仅是绿化、公园等自然环境，还应包括建筑物、城市道路等建成环境。同样的周边环境对不同的开发内容具有不同的外部效应。比如，邻近工业区会降低住宅开发地块的价值，但又可能使周边工业区开发受益。所以，对于城市开发而言，要根据具体的开发内容、开发性质，利用积极的外部效应，合理进行开发选址。

（2）城市开发对周边环境的外部影响

周边环境对开发项目的外部影响比较容易看见，但开发商往往忽视自身开发的外部影响。举个例子，到达地块的容易程度是决定开发价值的重要指标，但是，如果开发后增加的交通量使到达的容易程度显著下降，那会怎么样呢？更重要的是，如果开发降低了该地区其他土地（已开发的或毗邻的将要开发的）容易到达的程度（造成更多的交通拥堵），那又会怎么样呢？这种开发还会在这个位置上进行吗？因而在城市开发之初，不仅要评价周边环境的外部影响，还要对开发结果的外部效应进行充分的考虑，对外部效应进行积极的评价与调控。

（3）房地产开发中的外部效应分析

外部效应分为外部正效应与外部负效应。其划分取决于个人或社会是否无偿地享有了额外收益，或是否承受了不是由他导致的额外成本。具有外部正效应的产品（诸如研究与开发）在市场上会供给不足，而具有外部负效应的产品，诸如空气及水污染，在市场上会供给过量。图 2-2 表示房地产的供给与需求曲线。市场均衡处于两条曲线的交点，这一点被标为 E 点，产量为 Q_p，价格为 P_p。价格反映了个人从额外一单位房地产所获得的边际收益（它度量对额外一单位房地产的边际支付意愿）；价格也反映了厂商生产额外一单位房地产的边际成本。在 E 点，边际收益等于边际成本。

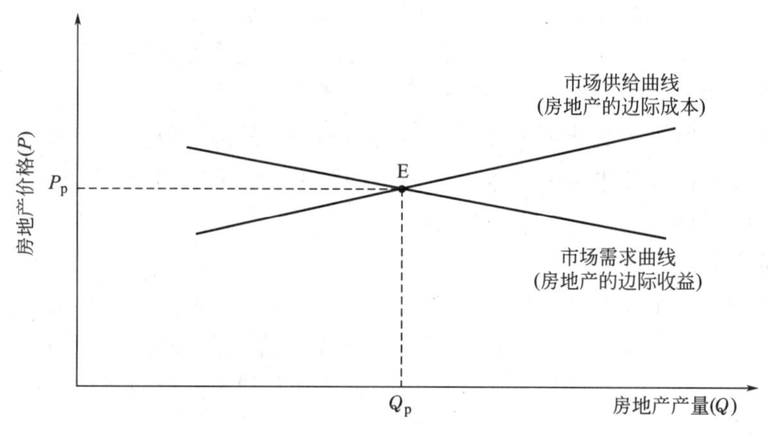

图 2-2　房地产的供给与需求

在一个完全竞争市场上，市场供给曲线是所有厂商的边际成本曲线（水平）相加之和，而市场需求曲线反映消费者愿意支付的数额。在图 2-3 中，交点 B 为均衡点，产量为 Q_s，价格为 P_s，对整个社会来说边际成本等于边际收益。私人边际成本包括的只是由生产厂商实际支付的成本。如果对于整个社会还存在范围更广的成本（如污染），那么社会成本将超过私人成本。如果不要求供给者考虑这些额外成本，那么生产将处于 Q_p，大于边际收益等于社会边际成本时的 Q_s。如果建造房地产时有外部负效应（生产者所造成的噪声、空气污染以及交通拥堵）未受到惩罚，那么社会边际成本，即由经济中所有个人所承担的边际成本将超过私人边际成本，即由私人单位所承担的边际成本。因此，在社会边际成本等于社会边际收益时，具有经济效率的房地产产量水平为 Q_s，它将低于只考虑私人成本时的产量水平 Q_p。以上分析说明，如果考虑建造所带来的外部负效应，在自由市场上的房地产建造水平太高。

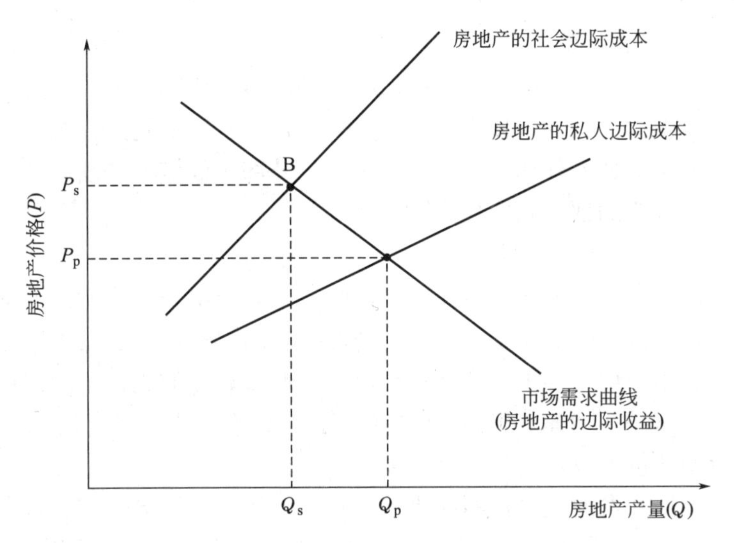

图 2-3 外部负效应引起供给过量

同时，减少污染或交通拥堵的开支，以及这些开支为其他人带来的外部正效应，即新设备或交通优化带来的收益，都值得进一步分析。图 2-4 显示了一个开发商对减少污染的设备的需求曲线。这条需求曲线特别低，反映出厂商从购买减少污染的设备的开支中获得的私人边际收益是很小的这一事实（假设政府没有对污染进行管理）。厂商使它的私人边际收益等于减少污染的边际成本，结果是减少污染的开支水平处于 E 点。图中也描绘了减少污染的社会边际收益，它远远大于私人边际收益。效率要求社会边际收益等于边际成本，即 E′点。因此，经济效率要求在减少污染上做出比自由市场上所达到的更大的支出。

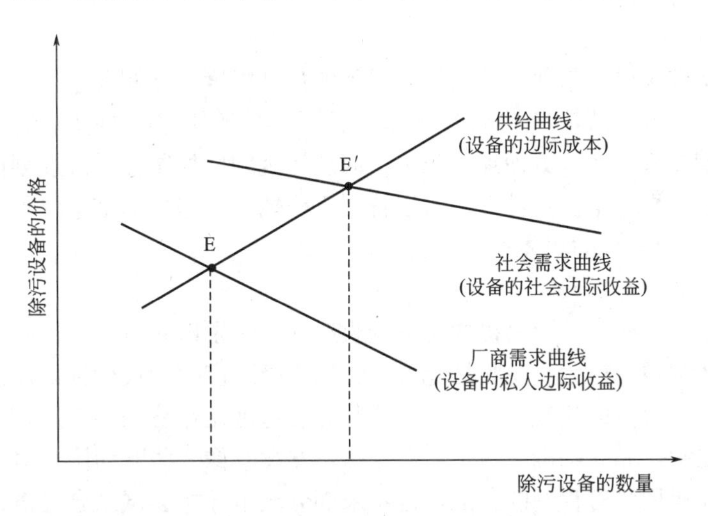

图 2-4 外部正效应引起供给不足

政府的主要经济职能之一就是纠正外部效应所导致的低效率。外部负效应的种类很多，但最为明显的要数损害环境以及导致自然资源损失过快的外部负效应。私人边际收益仅仅包括厂商所获得的收益，但是由于减少污染的设备提供了外部正效应，社会的边际收益将更高。如果厂商仅仅考虑它的私人收益，它的操作将位于 E 点，此时所使用的设备数量少于就整个社会而言的边际收益等于边际成本时的设备使用量 E′。

2.2.3　外部效应的评价与调控

在城市开发中，作为开发商要考虑如何减少外部负效应的影响，利用外部正效应；作为城市政府，则要发挥积极的调控作用，建立一个行之有效的约束机制，减少因开发商追求自身效益而给城市带来的外部负效应，鼓励带来外部正效应的开发活动。这些问题的解答都会涉及对外部效应的评价和调控。

（1）城市开发中外部效应的评价

外部效应难以量化，它无法直接在成本或收益中表现出来。这就给外部效应的评价带来了难度，而且，评价所处的角度不同，对外部效应的评价结果也会不同。比如站在开发商的角度，希望利用一切外部正效应给自己带来无形或有形的收益，而往往忽略自身可能对社会带来的不利影响，而站在政府的角度，还需要考虑开发带来的社会效益和环境效益。对外部效应的评价可以定性和定量两种方法进行：

定性分析。根据开发的主要目的和要求，对周边环境的外部效应和自身产生的外部效应进行分析，区分轻重缓急，对外部正效应和外部负效应做对比研究，找到最佳的平衡点。

定量分析。借鉴社会学的一些调查分析方法，列出相关因素，制定各因素相对合理的权重，专家、群众共同评分，量化外部效应。这种方法的合理性建立在权重的分配上，制定科学合理的权重比例，需要广泛征询专家和群众的意见。

（2）城市开发中外部效应的调控

一般而言，外部效应的调控主体应该是政府。政府需要尽量控制城市开发产生的外部负效应，奖励正外部效应，这需要对外部效应有一个约束机制，将外部效应内部化。具体而言，有如下两种方法：

1）政府管制

政府法规文件可以用来保证公共设施水平的最低限度，强制要求个人业主或开发者的行为从集体利益出发，解决公共品外部效应问题。对于住宅区的管制就是对基础设施水平、景观、密度、容积率等方面加以限定，而总体规划和控制性详细规划则限制物业最初使用范围和日后变更范围。这种方法假定管制机构拥有足够多的信息（如个人和市场的定价），从而能够取得合理的集体解决办法。

2）经济诱导

政府可以设立一些公共权力机构对不受欢迎的行为予以收费，并奖励或在资金上帮助那些有助于集体利益的行为。税收抵免被广泛用于鼓励产生积极外部效应的开发行为，例如恢复有重要历史价值的建筑。在美国，管制方法远远比经济诱导普遍，但这种调节主要局限在“用途限制”和“基础设施水平”方面，并没有像一些欧洲国家对公共设计进行监管。我国也主要运用政府管制的方法，近年来部分城市开始尝试结合经济诱导的方式，例如深圳等城市在城市规划中引入了一些经济激励措施以鼓励开发商在项目中考虑生态环境、绿色建筑和社区服务设施。

（3）外部负效应的分区规划调控

城市分区规划从理论上讲是为了提高公众健康、安全和福利水平，从而降低由于城市土地开发所带来的外部负效应，达到这些目的的基本手段是将不相容的土地分离开来。公害分区是城市分区规划的一种，常见情形如下：

1）工业公害分区

工业企业产生各种类型的外部负效应，包括噪声、强光、灰尘、臭气、振动等。分区制将住宅用地和工业用地隔离开，减少人们暴露于污染气体和噪声的机会，因而减少了外部负效应。分区制作为环境政策操作简便，但不能减少污染总量，只能使污染源迁移，是一种简单的外部负效应转嫁过程，而且没有给厂商提供降低污染的激励因素与强制性因素，所以与其他的环境政策相比缺乏效率。

工业分区的另一种方案是立体排污费。排污费是一种针对污染征收的税收，通过征收排污费将污染的外部效应“内部化”，迫使污染者为污染付费，他们就有动机减少污染。在立体排污费制度下，厂商以排污费为基础，决定其产量和厂址。

目前大量的城市运用分区制政策取代排污费来控制工业污染，其根本原因在于：第一，相对于立体排污费制度来说，工业分区制简单易行。为了设定排污费，政府不得不评估城市内部不同地区的污染边际外部成本；为了收取排污费，政府不得不对污染厂商进行监管。而把所有的污染者集中到一个工业区的做法要容易得多。第二，由分区制转向排污费制度会加重某些邻近地区的污染。虽然在排污费政策下厂商产生的污染少一些，但是厂商的位置可能离住宅区更近，可能加重其邻近地区的污染。用排污费作为补偿大体上是可行的，但实际上厂商很少尝试去补偿这些人，因此仍有当地居民对排污费持异议。

2）零售商业公害分区

零售商业产生大量的外部效应对附近的居民造成影响。传统的分区法通过设立商业区以减少负面影响。按照性能分区制，只要零售商符合有关停车场、交通状况和噪声的性能标准，政府就允许他们在特定地区存在。这些性能标准迫使商业开发提供路外停车场以解决停车问题，同时提供交通信号设施，改善路况以解决交通问题，提供护道、优美景观以控制噪声问题。因为零售商采取行动，保护居民免受商业开发带来的不良影响，所以性能分区法允许商业用地和居住用地混合使用。

3）住宅公害分区

大部分住宅外部效应产生于高密度住宅和高层住宅。按照传统分区制，将高密度住宅排斥在单户住宅之外，来保护其居民免受高密度住宅产生的外部效应的影响。传统分区制的一种替代方案是性能分区制。性能分区制是以对邻居产生的实际影响为基础，而不在于它是高密度住宅这样一个简单事实。在以性能为基础的分区政策下，如果开发商采取相应措施，例如提供足够的路边停车场、自费改善道路状况、充分进行建筑设计、利用绿化缓冲等，将允许其建造公寓楼。

2.3 城市开发的内容

2.3.1 城市开发总体策划

（1）城市开发策划的概念及相关理论

由于市场资源的有限性和发展机会稍纵即逝，城市规划工作者既需要面对城市政府领导者、参与激烈市场竞争的开发商，又要努力维护社会资源与发展机会的公正性；既要追求经济的发展，又要实现可持续发展的战略。因此，在城市规划工作中必然涉及市场因素、政治因素、社会因素以及环境因素，以及这些因素的相互作用关系和规律。我国城市规划工作者曾经进行了艰苦的努力，引入了相关领域的理论与方法，以完善城市规划、城市规划设计及城市规划管理工作，并取得了很大的成就，如城市规划系统工程学、广义建筑学和人类聚居等学说。

但是，面对市场环境的复杂化，城市建设投资主体的多元化，城市规划工作再也不能回避市场的供求关系，不能回避各市场参与者的需求，因此必须尽快了解城市开发与建设市场的变化规律，了解城市中土地、劳动力、生产资料、资本等要素市场的规律。除了继续加强过去注重的物质性规划、设计外，还需要特别重视对宏观经济、市场供求、规划实施以及项目建设的研究。

另一方面，确定的规划将对城市发展与建设格局产生决定性的影响，并改变城市内居民的居住与每日出行的方式，作为公共服务行为的城市规划以及从事城市规划的人员完全有必要充分了解用户的需求。

因此，城市开发策划的理论架构应该是：以用户的根本需求为中心，以市场营销理论为核心，以系统分析与评价理论和方法为基本工作思路，以经济分析和项目评估理论（可行性研究）为基本工作方法，以行政管理和项目管理理论为实施的指南，见图 2-5。

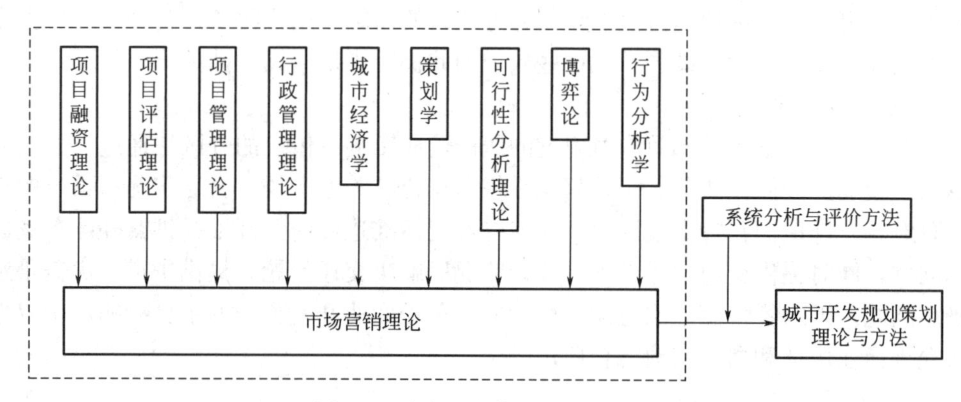

图 2-5　城市开发策划的理论架构

（2）城市开发策划的内容

城市开发的策划主要包括的内容有市场分析、功能策划、文化策划、空间策划等。

1）市场分析

市场分析是整个城市开发策划的灵魂，主要涉及项目定位，其完整含义可以表示为，通过市场调查及研究，确定项目所面向的市场范围，并围绕这一市场而将项目的功能、形象作特别的有针对性的规定。项目定位通常包括三方面内容，即市场定位、功能定位和身份定位。市场定位实际上就是确定目标购买者和目标使用者。功能定位则是在市场定位的基础上，对目标人群的要求进行细分，在功能上予以满足。身份定位是为了使目标客户群能从项目上找到归属感、自豪感、荣誉感，使项目本身具有符合目标人群的“身份”，体现出一定的个性特征。身份定位策划的技巧性很强，需要策划人员对社会生活和经济生活有敏锐的洞察力，并非常熟悉目标客户群的活动规律和价值取向。

2）功能策划

功能策划主要是侧重于城市土地的使用和布局结构，对城市土地的利用方式进行概念性构思。从政府经营城市的角度，充分发挥城市有限土地资源的经济潜力，考虑多种用地的使用功能组合方案，对其进行技术经济比较，取得最优的方案。功能策划，可应用于城市规划的不同层面。事实上，我们在每一层面的规划上，在规划编制之前，都有一个策划的过程，即方案的构思。概念性规划，虽然还没有规范的编制标准，但大都是对特定地区使用功能的一种策划。

3）文化策划

文化策划是对城市开发项目的一种文化内涵的挖掘。中国拥有悠久的历史和优秀的文化，中国人具有尊重历史、继承优秀文化传统的良好品质。中国城市大都历史悠久，有各自独特的文脉特征，是形成城市特色的宝贵素材。对开发项目的文化策划，是从文化方面形成项目特色，使人们对项目形成认同感、归属感。文化策划在风景旅游区的策划中应用最多，利用文物古迹、名人遗踪，形成文化主题，例如孔子故乡——曲阜的旅游策划，就着重于文化策划。

4）空间策划

城市的空间从根本上可分为建筑空间和开放空间。同时由于用地性质的不同，形成的城市空间也不同。即使是同一性质的用地，如居住用地，也可创造出低密度、中密度和高层高密度等不同的空间。空间通常与其区位有关，基本是由市中心至边缘区，建筑由高至低。空间策划也可以在建筑规划及设计上做文章，尽量采用目标客户群所熟悉和认同的建筑语言，在功能和布局上体现出他们的物质追求。

（3）城市开发策划的步骤

1）城市整体形象策划

近来，城市整体形象策划也越来越多地被人谈起，但还缺乏一个统一的认识，其应用领域集中于城市设计和城市政策等方面，与城市开发并无直接关系，城市的整体形象策划是使城市的名牌企业成为城市的标志；从城市设计角度的策划有温州中心城区整体城市设计、温州城市总体形象特征策划，内容包括“山水温州”“文化温州”“活力温州”等几个方面。策划的思想和手法在不同规模层次的城市开发和建设中的发展情况可简单总结，见表 2-1。

策划思想与手法在不同层次城市开发中的发展情况　　表 2-1

建设层次	策划内容	策划主体	发展现状	作用层次
城市总体	以形象定位、塑造为主	城市政府	概念不统一，应用范围也不尽相同	宏观层次
较大功能片区	开发策略、功能结构	城市政府有关部门或代理政府职能的开发公司	策划思想有所涉及，概念不明确，手段不系统	中观层次
居住小区或小规模开发	包括项目定位、管理及经营构思等	按市场规律运作的开发公司	概念明确，理论完备，手段丰富、系统，实践中广泛应用	中观微观层次
建筑策划	包括目标确立、建设项目条件研究、具体构思等	受业主委托的建筑师	理论探索已有初步成果，实践中很少运用	微观层次

2）房地产营销策划

我国现阶段的房地产开发项目，由于市场机制的不断完善，房地产开发中的高利润带来的激烈竞争，和房地产开发固有的高风险，使得房地产开发营销策划倍受重视。房地产开发营销策划促进了房地产开发过程中市场机制的完善，也促进了包括城市土地在内的各种资源的有效配置。应用到住宅项目的开发中，也为市民住宅环境的改善、居住生活水平的提高起到了积极的作用。

目前，国内的房地产开发策划只是作为房地产营销的一个关键环节和核心步骤而出现，其准则是以市场为导向，以赚取最大利润为目标，其服务的对象是按市场规律运作的开发公司，其中不可避免地带有一定的局限性和片面性。

由于城市土地成片开发的运作主体是政府或政府组建的企业，开发前期的准备工作多是可行性研究报告、开发策略研究、城市规划图纸及文本等，开发过程中也多是行政管理为主，策划的手法和思想虽有所涉及，但缺乏较完整的操作步骤和系统的技巧方法，理论方面的研究成果也较少。可喜的是，策划思想在城市建设和开发中的运用还向更宏观和更微观的层次发展，出现了建筑策划和城市整体形象策划。

3）建筑策划

建筑策划是在建筑学领域内，由建筑师根据城市规划的目标设定，从建筑学的学科角度出发，不仅依赖于经验和规范，更以实态调查为基础，通过运用计算机等现代科技手段对研究目标进行客观的分析，最终定量地得出实现既定目标所应遵循的方法及程序的研究工作。它为建筑设计能够最充分地实现城市规划的目标，保证项目在设计完成之后有较高的经济效益、环境效益和社会效益而提供科学的依据，将人和建筑环境的客观信息建立起综合分析评价系统，将城市规划设定的定性信息转化为对建筑设计的定量的指令性信息，其中对人在建筑中的活动及使用实态调查是它的关键依据。

2.3.2　城市开发空间规划

(1) 城市开发空间需求与供给

1）城市开发空间需求

城市是第二、三产业集中分布的地域。人们从事各种产业活动和生活活动的空间扩展范围，即形成了形形色色的城市空间。城市空间是城市一切社会、经济要素的物质载体，也是物质规划关注的最终成果。城市空间需求的影响因素主要是城市经济发展的中长期速度。简而言之，主要包括以下三个因素：

① 消费

如果经济发展快，生活水平提高快，需求量就会迅速增加，用于购物等的商业、服务业建筑需求量迅速增加。相对于居民住宅消费，由于住宅价格远高于一般居民的实际消费能力，居民的潜在需求只有在资金积累到一定的数量后才会转化为实际消费，所以，城市空间需求往往相对滞后于消费水平的增长。

② 生产

经济发展往往需要吸引大量投资，需要扩大再生产，为此就需要增加生产与管理用房，扩大生产场地，由此产生了对城市空间的需求。

③ 城市基础设施的改造

随着城市经济的发展和社会服务功能的日益完善，原有的城市基础设施不能满足需求，需要改造。例如，道路的扩建，城市快速交通（地铁、轻轨、高架路等）的建设，桥梁、隧道的建设等等。另外，还有城市环境的改善，例如公园绿地、市政设施的建设与改造都有可能因改造而需要动迁。

2）城市开发空间供给

城市空间有市场化和非市场化两类，为了论述方便，本章主要研究市场化的空间供给。市场化的城市空间供给的含义应从微观和宏观经济两个层面去把握。从微观经济角度来看，所谓城市空间供给是指生产者在某一特定时期内，按各种价格在市场上提供的数量单（或表）。从宏观经济角度来看，城市空间供给就是城市空间总供给，这是指在某一时期内全社会城市空间供给的总量，包括实物总量和价值总量。

城市空间供给与一般商品供给基本上是相同的，因此经济学中所描述的供给曲线、供给函数、供给定理等一般原理对城市空间供给也是适用的。同时应该看到，城市空间商品是一种特殊商品，所以城市空间供给具有自身的一些显著特点，即城市土地供给的刚性和一级市场的垄断性。

简而言之，我国城市空间供给具有以下三个特点：

① 城市空间供给的层次性

城市空间供给一般分为三个层次。一是现实供给层次，这是指城市空间产品已经进入流通领域，可以随时出售或出租的城市空间，通常称为房地产上市量，其主要部分是现房，也包括已经上市的期房；二是储备供给层次，这是指城市空间生产者出于某种考虑将一部分可以进入市场的城市空间商品暂时储备起来不上市，这部分城市空间商品构成储备供给层次；三是潜在的供给层次，这是指已经开工和正在建造的，以及已竣工而未交付使用等尚未上市的城市空间数量，还包括一部分过去属于非商品城市空间，但在未来可能改变其属性而进入市场的城市空间数量。城市空间的三个供给层次是动态变化和不断转换的。

② 城市空间供给的滞后性和风险性

城市空间商品价值大，而且生产周期长。较长的生产周期决定了城市空间供给的滞后性，这种滞后性又导致了城市空间投资和供给的风险性。如果城市空间生产者依据现时的城市空间市场状况确定的开发计划，在目前是可行的，但当数年后房屋建成投入市场时，市场就有可能发生变化，造成积压和滞销。

③ 城市空间供给的时期性

城市空间供给具有明显的时期性。所谓时期性是指从不同的长短时期来考察，城市空间供给呈现出一些不同的特征和规律。根据经济学的一般原理，长短期的划分不是以时间的长短为标准的，而是根据要素投入或产品的可变程度大小作出的区分。根据这种概念，城市空间供给的时期一般可分为特短期、短期和长期三种。特短期又称市场期，是指市场上资源、产品等供给量固定不变的一段时间。

（2）城市空间需求的预测

1）四象限模型

在房地产使用市场或空间市场上需求来源于物业的使用者。这些使用者既可以是租客或业主，也可以是企业或家庭。对于企业或家庭来说，使用物业的成本就是为了获得房屋的使用权所需的年度支出额，即租金。对承租人来讲，租金是在租约中明确指定的。对业主来说，租金被定义为与物业所有权相联系的年度成本。租金是根据物业市场上的空间使用供求情况而定的，而不是根据资产市场上的所有权价值确定的。在物业市场上，使用空间的供给量是一定的（来源于房地产资产市场）。

在资产市场和物业市场之间有两个接合处：第一，物业市场上形成的租金水平决定房地产资产需求的关键因素，物业市场上的租金变化会立即影响到资产市场房地产所有权需求。第二，两个市场在开发或者建设部分也有接合点。这两个市场之间的连接可以通过图 2-6 所示的四象限分析模型来说明。

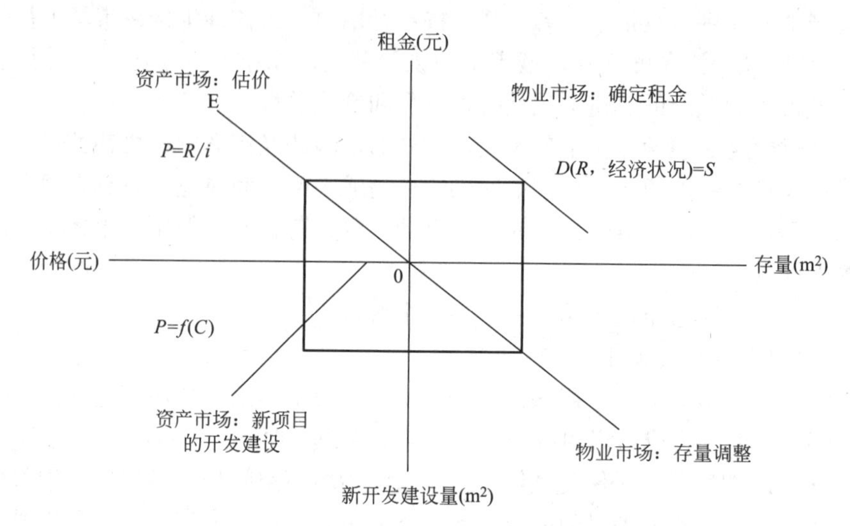

图 2-6　房地产：物业和资产市场

图 2-6 中，右侧的两个象限（第Ⅰ和第Ⅳ）代表空间市场，左侧的两个象限（第Ⅱ和第Ⅲ）则是对资产市场上的房地产所有权进行研究。从揭示短期租金形成机理的第Ⅰ象限开始分析。

第Ⅰ象限有租金和存量两个坐标轴：租金（每单位空间）和物业存量（以每单位空间进行衡量）。曲线表明在国家特定的经济条件下，对物业的需求数量怎样取决于租金。该曲线向右下方倾斜。从纵轴上可以看出，租金变化时所对应的物业需求量。为了使物业需求量 D 和物业存量 S 达到平衡，必须确定适当的租金水平 R，使需求量等于存量。需求是租金 R 和经济状况的函数：

$$D(R，\text{经济状况})=S \tag{2-8}$$

如前所述，物业市场上的存量供给是由资产市场给定的，因此，在图 2-6 中，对于横轴上的某一数量的物业存量，向上画一条垂直线与需求曲线相交，从而从交点再画一条水平线与纵轴相交，按照这种方法可以找出与之对应的租金标准。在使用物业的这种租金标准下，我们考虑第Ⅱ象限的情况。

第Ⅱ象限代表了资产市场的第一部分，有租金和价格（每单位空间）两个坐标轴。以原点作为起点的这条射线，其斜率代表了房地产资产的资本化率，即租金和价格的比值。一般说来，确定资本化率需要考虑四个方面的因素：经济活动中的长期利率、预期的租金上涨率、与租金收入流量相关的风险和政府对房地产的税收政策。当 E 射线以顺时针方向转动时，资本化率提高，表明收益率提高；E 射线以逆时针方向转动时，资本化率下降。在这个象限中，资本化率被看作一种外生变量，它是根据利率和资本市场上各种资产的投资收益率并考虑房地产市场的特有风险而定的。因此，该象限的目的是对于租金水平 R 利用资本化率 i 来确定房地产资产的价格 P：

$$P=\frac{R}{i} \tag{2-9}$$

房地产资产的价格也可以通过以下方式得出，对于第Ⅰ象限中的某种租金水平，画出一条垂直于纵轴的直线直到它与第Ⅱ象限的射线相交，从交点再向下画出一条垂直于横轴的直线，该直线与横轴的交点便是该租金水平下的房地产资产（空间）对应价格。

第Ⅲ象限是房地产资产市场（空间市场）的一部分。在这个象限中，可以解释房地产资产的形成原因。这里的曲线 $f(C)$ 代表房地产的重置成本。如图 2-6 所示这种情况的假设条件是，新项目开发建设的重置成本是随着房地产开发活动（C）的增多而增加，所以这条曲线向左下方延伸。它在价格横轴的截距是保持一定规模的新开发量所要求的最低单位价格（每单位空间）。如果开发成本几乎不受开发数量的影响，则这条射线会接近于垂直。如果建设过程中的瓶颈因素、稀缺的土地和其他一些影响开发的因素致使开发成本迅速上升，则这条射线将会变得较为水平。从第Ⅱ象限某个给定的房地产资产价格，向下垂直画出的一条直线再从该直线与开发成本相交的这一点画出一条水平线与纵轴相交，由纵轴交点便可以确定在此价格水平下的市场期望的新开发建设量。此时，开发成本等于资产的价格。如果房地产新的开发建设量低于这种平衡数量，则会导致开发商获取超额利润；反之，如果开发数量大于这个平衡数量，则开发商会无利可图。所以，新的房地产开发建设量 C，应该保持在使物业价格 P，等于房地产开发成本 $f(C)$ 的水平上，即：

$$P=f(C) \tag{2-10}$$

此时该市场达到平衡。

在第Ⅳ象限，年度新开发建设量（增量）C，被转换成为房地产物业的长期存量。在一定时期间内，存量变化 ΔS，等于新建房地产数量减去由于房屋拆除（折旧）导致的存量损失。如果折旧率以 δ 表示，则

$$\Delta S=C-\delta S \tag{2-11}$$

以原点作为起点的这条射线代表了使每年的建设量正好等于纵轴上某一个存量水平（在水平轴上）。在这种存量水平和相应的建设量上，由于折旧等于新竣工物业存量将不随时间发生变化。因此，$\Delta S=0$，$S=C/\delta$。第Ⅳ象限假定某个给定数量的开发建设量，同时确定了在开发建设继续的情况下导致的存量。

从某个存量值开始，在物业市场确定租金，这个租金可以通过资产市场转换成为物业价格。接着这些资产价格可以形成新的开发建设量；再转回到物业市场，这些新的开发建设量最终会形成新的存量水平。当存量的开始水平和结束水平之间有差异，那么图 2-6 中 4 个变量（租金、价格、新开发建设量和存量）的值将并不处于完全的均衡状态。假如，开始时的数值超过结束时的数值，租金、价格和新开发建设量必须增长以达到均衡。假如初始存量低于结束时的存量，租金、价格和新开发建设量必使之达到均衡。对四象限模型环顾一圈的考察，对我们就式（2-9）～式（2-11）的联立求解给出了简单的、直观的解释。

下面我们针对四象限模型具体阐述城市空间的需求预测。

2）城市空间需求预测的影响因子

利用图 2-6，我们就能够追踪宏观经济和消费需求对房地产市场的各种影响。宏观经济可能增长也可能紧缩，长期利率或者其他因素能够导致房地产资供给的成本。每种因素对房地产市场变化的影响是不同的，同时，这些影响可以很容易地借助于四象限分析模型

来进行分析。在任何一种情况下，我们都可以确定是哪一个象限首先受到影响，然后通过对其他象限内这些影响的追踪分析，达到一种新的长期平衡状态。模型中，不同的长期解决方案（市场均衡）的比较被称为“静态比较”分析。城市空间需求预测的影响因子主要包括以下几个方面：经济发展水平、经济发展速度、城市空间价格（价格和租金）、消费观念（偏好）、长期利率（通货膨胀速度）、政府发展目标、管理政策的变化。

① 经济发展水平和经济发展速度对城市空间需求的影响

当经济发展水平提高速度加快时，第Ⅰ象限内的需求曲线将向右上方移动这表明在当前（或某个时点）的租金水平有较为强劲的物业使用需求。在可供使用的物业数量保持一定的情况下，如果物业的使用需求与能够用于使用的物业相等，租金就必须相应地提高。这种较高的租金又会导致第Ⅱ象限内物业资产价格的相应提高，又会依次促使第Ⅲ象限内新开发建设量增加，最后导致第Ⅳ象限内物业存量增加。如图 2-7 所示，新的市场平衡为虚线所示的矩形，在各个象限，均位于原市场均衡线（实线所示矩形）的外侧。

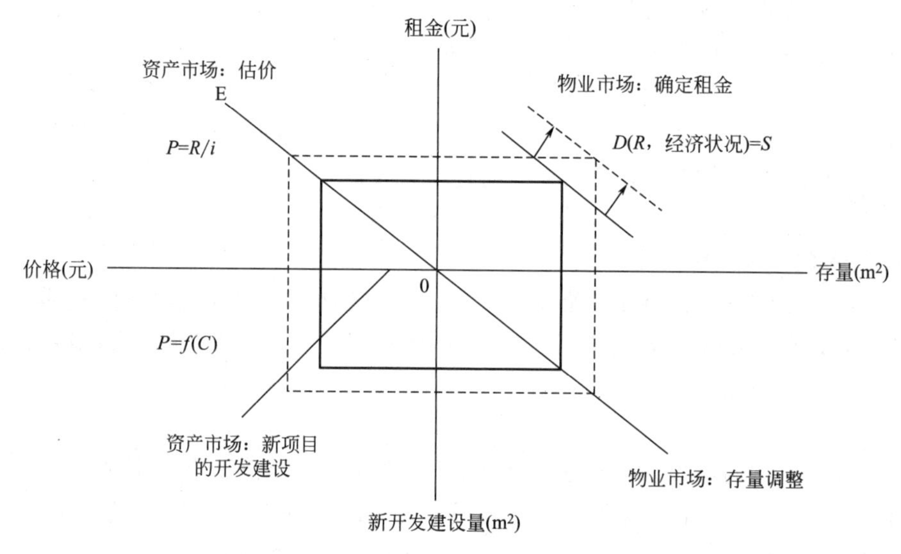

图 2-7　物业和资产市场：物业需求发生变化

② 长期利率（通货膨胀速度）对城市空间需求的影响

一般而论，即期市场中的长期利率水平反映了长期的通货膨胀预期和再投资风险，通货膨胀速度一般与长期利率呈正相关关系。假如，拥有房地产的需求发生变化，其对两个市场的影响与使用房地产的需求发生变化时对市场的影响有着显著的不同。许多因素均可能导致拥有房地产资产的需求发生变化，假如，经济领域其他部门的利率上升（或下降），那么，相对于具有固定收入的债券投资来说，房地产投资的当前收益就会降低（提高），投资者就会将资金撤出（投入）房地产领域。类似地，如果预计房地产的风险特性将会变坏（变好），对投资者来讲，相对于购买其他资产，购买房地产资产的当前收益就可能变得不足以（足以）补偿其投资房地产所承担的风险。最后，政府对房地产投资收入的政策调整，也会对房地产的投资需求产生较大的影响。

假设，资本市场能够有效地对各种资产的价格进行调节，以便各种投资在进行了风险调整之后，能够获得社会平均的税后投资回报。这样，如上所述的资产需求变化将会改变投资者愿意持有房地产的资本化率。长期利率的下调、房地产预期投资风险的降低和折旧政策或其他类似的政府房地产税收优惠，都会降低投资者对于房地产投资的收益要求。如图 2-8 中的第Ⅱ象限所示，这种情况将使以原点作为起点、反映资本化率的射线沿着逆时针方向旋转，导致资产价格上升。较高的利率、较大的预期风险和相反的税收政策变化都会使这条射线沿着顺时针方向旋转，导致资产价格的降低。对物业市场上的某一相对固定的租金水平房地产当前收益或资本化率的降低，会提高资产价格，从而导致第Ⅲ象限中新开发建设量的增加。最终，这种情况会导致物业存量的增加（第Ⅳ象限）和物业市场上的租金下调（第Ⅰ象限）。只有在初始租金水平与结束时的租金水平相等时才会达到新的平衡。在图 2-8 中，这种新均衡状态形成的矩形比初始均衡矩形位置靠下，也要比初始矩形更大一些。

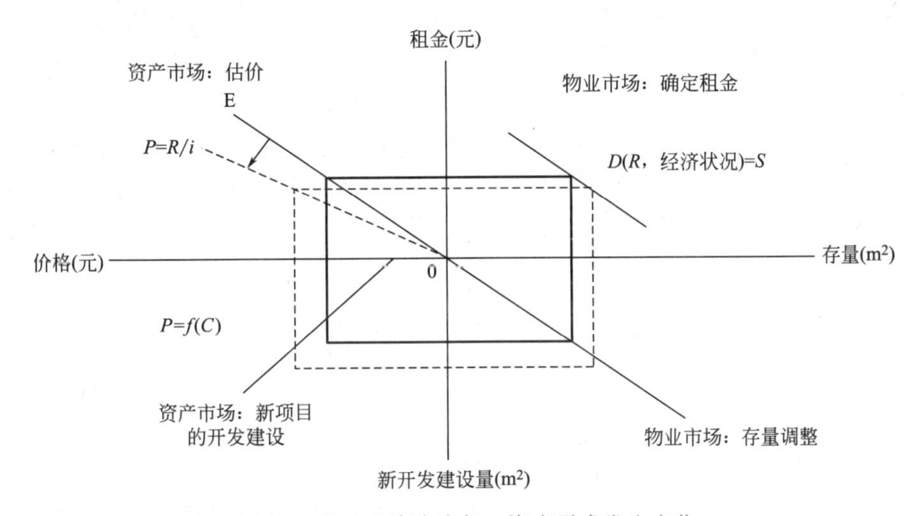

图 2-8 物业和资产市场：资产需求发生变化

确认新平衡状态的矩形是如图 2-8 所示的这一点很重要。当长期存量和要保持这种存量规模的新开发建设量都比较高的时候，资产价格会更高，租金要更低。假如租金不能比较低的话，存量就只能保持在相同的规模（或较低的规模），这也不能与较高的资产价格和较大规模的新开发建设量保持一致。假如资产价格较低，租金也会比较低，这与较低的资产价格形成的较小存量（和较低的建设规模）不一致。与物业需求的正向移动一样的资产需求的正向移动，将会提高价格、增加新开发建设量和存量。然而，最终它将降低而不是提高租金水平。

③ 物业成本变化对房地产市场（城市空间）的影响

这种变化可能来源于几个方面，较高的短期利率和开发项目融资难度的增加都会导致提供新建物业的成本加大，并导致新开发建设量的减少。同样，较为严格的区域规划或其他的建筑法规，也可能增加开发成本（对于相对固定的资产价格）和降低新项目开发建设的获利水平。这些涉及供应因素的负面变化，会使第Ⅰ象限内的成本曲线向左上方移动。在资产价格保持不变的情况下，新项目的开发建设将会减少。如果有正面因素对供应环节起到影响，如新项目的开发融资渠道较多或者政府相关的开发管制条例比较宽松，那么则会使这条曲线向右移动，也就是在资产价格保持不变的情况下，增加新项目的开发建设。

最后，图 2-9 追踪分析了诸如较高的短期利率这种涉及供应因素负面变化的长期影响问题。在资产价格保持相对固定的情况下，新物业供应曲线的上移（第Ⅲ象限）将会降低新项目开发建设的数量，并最终降低物业的存量（第Ⅳ象限）。

随着第Ⅰ象限中物业数量的减少，租金水平将不得不提升，进而在第Ⅱ象限中形成较高的资产价格。当资产的初始价格和结束价格相等时，就达到了新的均衡，此时的均衡矩形将严格位于原矩形的左上方。租金和资产价格将会上升，同时新项目的开发建设规模和存量水平将会减少。当然，这些变化程度的大小依赖于不同曲线的斜率（或者弹性）。例如，假设物业需求相对于租金非常有弹性（第Ⅰ象限中的曲线几乎为一条水平线），那么，租金的上涨幅度将会非常小。一条非弹性（几乎垂直）的需求曲线将使租金有较大的上涨空间。应该说明的是，如果这些变量中的任何一个变量向不同的方向移动，这种解决方案将会不一致，也就是不只一种均衡状态。

有时，图 2-7～图 2-9 中描绘的这些单一的、独立的变化会单独发生。以美国为例：在 20 世纪 80 年代，美国社会大量商业建筑物的繁荣和写字楼租金及其资产价格的最终下调，很大程度上是政府对信贷（储蓄和借贷协会，S&L）行业取消管制的结果。管制取消被认为导致商业房地产开发信贷大幅度增加。当如上所述的这种情况出现时，将导致建设成本曲线的单独移动（向右），整个矩形倾向右下方。

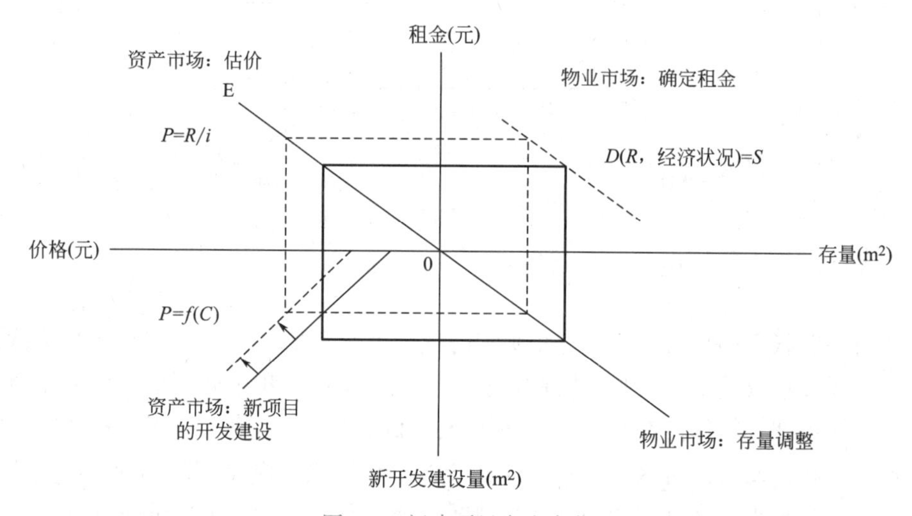

图 2-9　新建项目发生变化

更有可能出现的一种情况是，一些经济事件使几种变化同时出现。在国家宏观经济运行过程中，这种波动状况尤其真实。当国家的总体经济状况进入衰退期时，不仅产出和就业出现紧缩现象（第Ⅰ象限），通常也会出现短期利率的上升（第Ⅲ象限）。当经济处于扩张状态时，会同时出现与上述相反的情况。这些同时发生的变动能够形成介于图 2-7～图 2-9 所示之间状况的新均衡矩形模式。虽然这种多因素的同时变动分析变得比较复杂，但是最终结果依然会是各种因素独自变化所带来的影响的叠加。

四象限模型揭示的这种简单架构关系，在用于解释由外部环境变化引起的新均衡状态时是非常有效的。但是，这种分析方法的一个重要缺陷是，在市场达到新平衡的过程中追踪分析其变化过程的中间步骤是不容易的。

2.3.3 城市开发时序规划

城市空间开发的一个重要依据是城市规划（总体规划、分区规划、控制性详细规划、修建性详细规划）。但是，法定规划主要是三维的静态规划，不能完全解决空间开发的动态变化问题，因此就需要开展时序规划。时序规划就是在空间轴上进行城市要素科学安排的同时，在时间轴上也进行相应要素安排的一种城市空间开发规划。

（1）时序规划的概念

城市空间开发的时序规划是一种动态的规划手段，是把空间开发的诸多因素：开发面积、高度、现金流量和时间序列有机结合起来，在综合评价城市的历史发展进程，正视城市的现实状况和科学预测未来城市发展规模和定位等的基础上，按照时间轴的形式，确定不同历史时期所对应的城市空间立体（面积与高度）开发和资金投入的规划。它是对空间和现金流量按照时间序列所做出的城市空间全面开发规划。

时序规划是对三维规划的补充和发展。城市随着时间的演进而不断发展，时序规划从时间的角度来综合衡量城市空间的开发，是城市可持续发展的有力保证，有利于城市生产力、人口、基础设施等的协调布局和发展。

（2）城市开发资金的时序规划概述

项目经过时序规划，确定了土地开发的规模和先后次序，在未来的开发过程中贯彻时序规划，必将要求开发主体对项日的投入规模和金额做出决策，而项目的预期产出与现实投入之间的比较结果，则是衡量相应时序规划效益与可行性的最直接标准。

1）资金的时间价值感

之所以考察项目投入与产出的资金在时间上体现出来的价值，是因为任何开发项目的建设与运行，任何技术方案的实施，都有一个时间上的延续过程。

对于投资者来说，资金的投入与收益的获取往往构成一个时间上有先有后的现金流量序列。要客观地评价一个建设项目或技术方案的经济效果，不仅要考虑现金流出与现金流入的数额，还必须考虑每笔现金流量发生的时间，如图 2-10 所示。

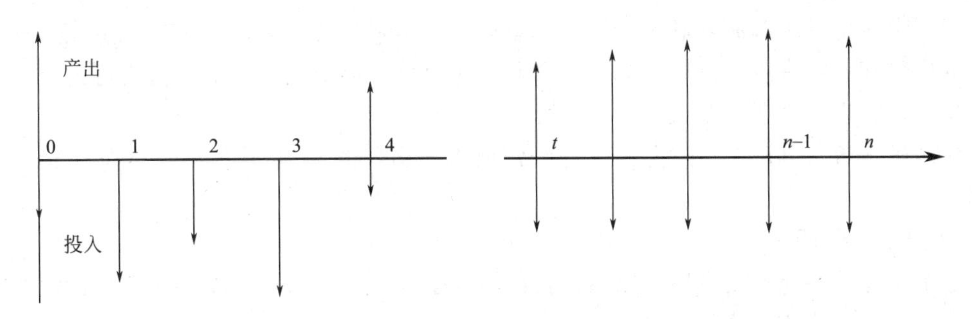

图 2-10　现金流量图

注：横轴为时间轴，表示一个从 0 开始到 n 的时间序列，每个刻度表示一个计息期，一般为年；箭头向上表示现金流入，箭头向下表示现金流出，箭头的长度与出入金额成正比。

在不同的时间付出或得到的同样数额的资金在价值上是不等的。不同时间发生的等额资金在价值上的差别称为资金的时间价值。对于资金的时间价值，可以从两个方面理解。

首先，资金随着时间的推移，其价值会增加，这种现象叫资金增值。资金是属于商品经济范畴的概念，在商品经济条件下，资金是不断运动着的。资金运动伴随着生产与交换的进行，生产与交换活动会给投资者带来利润，表现为资金的增值。资金增值的实质是劳动者在生产过程中创造了剩余价值。从投资者的角度来看，资金的增值特性使资金具有时间价值。

其次，资金一旦用于投资，就不能用于现期消费。牺牲现期消费是为了能在将来得到更多的消费，个人储蓄的动机和国家积累的目的都是如此。从消费者的角度来看，资金的时间价值体现为对放弃现期消费的损失所应作的必要补偿。

资金时间价值的大小取决于多方面的因素，从投资的角度来看主要有：

① 投资收益率，即单位投资所能取得的收益。

② 风险因素，即对因风险的存在可能带来的损失所应做的补偿。

③ 通货膨胀因素，即对因货币贬值造成的损失所应做的补偿。

在项目投资经济效益分析中，资金的利息和资金的利润是具体体现资金时间价值的两个方面，是衡量资金时间价值的绝对尺度，利率和投资收益率是衡量资金时间价值的相对尺度。事实上利率也是一种投资收益率，可认为是较稳定的风险较小的投资收益率。资金时间价值的计算方法与利息的计算方法相同。

2）项目经济效益动态评价的基本概念与指标

时序规划针对项目的经济效益，采用动态评价的方法，不仅计入资金的时间价值，而且考察项目在整个寿命期内收入与支出的全部经济数据，所以它较传统的三维静态指标更全面、更科学。

① 项目投入成本

一般来说，土地开发项目的投入成本由以下几项构成：拆迁费用、土地使用费用、土地使用税、房屋建设费、市政公用设施配套费、勘察设计费、管理费用等。

② 项目产出收益

一般包括：项目直接产出、项目补贴、折旧费用。

③ 年净现金流量

净现金流量是现金流入和现金流出之差额，年净现金流量就是一年内现金流入和现金流出的代数和。销售收入是现金流入，企业从建设总投资中提取的折旧费用可由企业用于偿还贷款，故也是企业现金流入的一部分。

年净现金流量（F）＝销售收入－经营成本－各类税＋年折旧费＝年净利润＋年折旧费

④ 投资偿还期

这个指标是指项目投产后，以项目获得的年净现金流量来回收项目建设总投资所需的年限。可用下列公式计算：

$$N=\frac{I}{F} \tag{2-12}$$

式中：N——投资偿还期；

I——总投资费用；

F——年净现金流量。

⑤ 净现值

净现值是指在项目经济寿命期内（或折旧年限内）将每年的净现金流量按规定的贴现

率折现到计算期初的基年（一般为投资期初）现值之和。可用下列公式计算：

$$NPV=\sum_{t=0}^{n}(CI_t-CO_t)(1+i_0)^{-n} \quad (2\text{-}13)$$

式中：NPV——净现值；

CI_t——第 t 年的现金流入额；

CO_t——第 t 年的现金流出额；

n——项目寿命年限；

i_0——折现率。

⑥ 净现值率

净现值率为单位投资额所得到的净收益现值。如果两个项目投资方案的净现值相同，而投资额不同时，则应以单位投资能得到的净现值进行比较，即以净现值率进行选择。其计算公式是：

$$NPVR=\frac{NPV}{I}\times100\% \quad (2\text{-}14)$$

式中：NPVR——净现值率；

I——总投资费用。

⑦ 费用现值

费用现值是指项目总投资折现的金额。表达式为：

$$PC=\sum_{t=0}^{n}CO_t(P/F,\ i_0,\ t) \quad (2\text{-}15)$$

式中：　PC——费用现值；

$(P/F,\ i_0,\ t)$——等额分付现值系数，等于 $\frac{(1+i_0)^n-1}{i_0(1+i_0)^n}$。

⑧ 内部收益率

项目的内部收益率是在整个经济寿命期内（或折旧年限内）累计逐年现金流入的总额等于现金流出的总额，即投资项目在计算期内，使净现值为零的贴现率。

3）项目经济动态评估准则

① 投资偿还期（N）应小于定额投资偿还期（视项目不同而定）。定额投资偿还期一般是由各个工业部门结合企业生产特点，在总结过去建设经验统计资料的基础上，统一确定的回收期限，有的也是根据贷款条件而定。一般来说，

中费项目　$N<2\sim3$ 年；

较高费项目　$N<5$ 年；

高费项目　$N<10$ 年。

投资偿还期小于定额投资偿还期，项目投资方案可接受。

② 净现值为非负值：NPV≥0。当项目的净现值大于或等于零时则认为此项目投资可行；如净现值为负值，就说明该项目投资收益率低于贴现率，则应放弃此项目投资。在两个以上投资方案进行选择时，则应选择净现值为最大的方案。

③ 净现值率最大。在比较两个以上投资方案时，不仅要考虑项目的净现值大小，而且要求选择净现值率为最大的方案。

④ 费用现值最小。用于多个方案的比较，如果诸方案产出价值相同，或者诸方案能够满足同样需要但其产出效益难以用价值形态（货币）计量（如环保、教育、国防）时，可以通过对各方案费用现值的比较进行选择，费用现值最小的方案为最优。

⑤ 内部收益率（IRR）应不小于基准收益率或银行贷款利率：IRR$>i_0$。内部收益率是项目投资的最高盈利率，也是项目投资所能支付贷款的最高临界利率，如果贷款利率高于内部收益率，则项目投资就会造成亏损。因此，内部收益率反映了实际投资效益，可用以确定接受投资方案的最低条件。

4）可实施方案比较

汇总列表比较各时序规划的投入产出结果，从而确定最佳可行的城市开发资金的时序规划推荐方案。

① 投入产出汇总列表

根据来源资金的比例和贷款偿还的方式，各种税金的不同交纳方式，确定出贷款偿还额和税金交纳额，同时考虑项目的各项投入与产出值，进行汇总制表。

② 可实施方案比较

将时序规划方案对应的各自投入产出汇总表进行比较，确定最佳可行方案。

2.4　城市开发组织管理与调控

2.4.1　城市开发组织管理

开发组织管理体系是指在城市开发过程中有内在联系和相互协调的组织系统，是贯穿于城市开发全过程的系统。科学的开发组织体系模式，才能促使城市开发的高效运作，是实现城市永续发展的必备条件之一。我国城市开发经过一段时间的探索，在借鉴国外管理经验的基础上，初步形成了具有中国特色的开发组织管理体系模式，由于我国开发区类型、层次不尽相同，因此在组织管理体系的模式方面也并不完全一致。下面通过城市开发区的开发组织管理体系来论述一般意义上的城市开发组织管理体系。我国的城市开发区组织管理模式大致可分为行政主导型、公司制以及混合型三大类。

（1）行政主导型管理模式

所谓行政主导型管理模式，也就是在开发区的管理过程中，突出强调政府行政部门的主导作用，行政主导型管理模式根据开发区管理委员会（简称“管委会”）的职能强弱又可分为“纵向协调型”管理模式和“集中管理型”管理模式两种。

1）“纵向协调型”管理模式

“纵向协调型”管理模式强调由所在城市的政府全面领导开发区的建设与管理。所在城市的人民政府设置开发区管理委员会（办公室），成员由原政府行业或主管部门的主要负责人组成，开发区各类企业的行业管理和日常管理仍由原行业主管部门履行。开发区管委会只负责在各部门之间进行协调，不直接参与开发区的日常建设管理和经营管理，直接参与管理的有市土地管理、科委、计划经贸、规划建设、环境保护、海关商检以及财政税务等部门。而所在的区县政府主要负责开发区的行政管理、公安、消防等工作（图 2-11）。

采用“纵向协调型”管理模式的优点是：有利于城市政府的宏观调控，开发区能在城

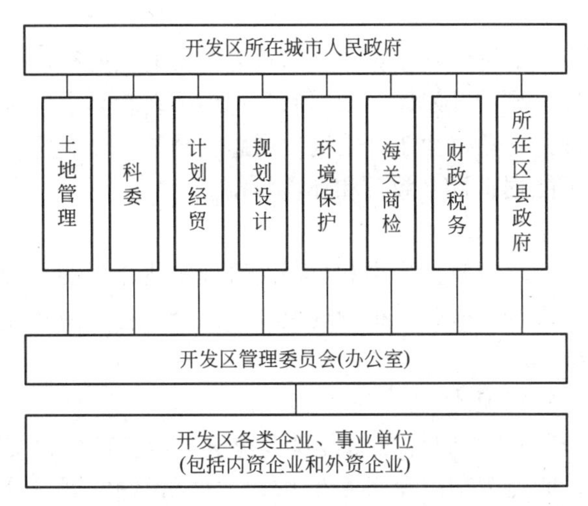

图 2-11 “纵向协调型”管理模式

市政府以及有关职能部门统一协调下，比较准确完整地执行方针政策，使开发区的发展格局不会脱离城市的整体规划道路。采用“纵向协调型”管理模式的弊端主要是：这种管理模式基本上还是原来政府组织管理体系中的条块管理模式，开发区管理委员会权限很小，不利于开发区的大胆创新和试验。同时许多职能部门的多重管理会发生相互推诿和扯皮，造成管理工作效率的低下。

2）“集中管理型”管理模式

“集中管理型”管理模式是我国大多数开发区所采用的管理模式。这种管理模式一般由市政府在开发区设立专门的派出机构——开发区管理委员会来全面管理开发区的建设和发展。与“纵向协调型”管理模式相比，这种管理模式中的开发区管理委员会具有较大的经济管理权限和相应的行政职能，可自行设置土地规划、项目审批、财政税务等部门，这些部门可享受城市的各级管理部门的权限，全面实施对开发区的管理。“集中管理型”管理模式按照封闭程度又可以分为全封闭型和半封闭型两种。全封闭型主要是在保税区中使用，保税区按照国际惯例进行运行管理，与所在城市完全隔离。半封闭型主要是在经济技术开发区、高新技术产业开发区、旅游度假区以及边境经济合作区中采用。苏州高新技术产业开发区就是实行的“集中管理型”管理模式，由市政府的派出机构——新区管理委员会统一领导，下设办公室、规划局、招商局等职能部门，职能机构具有较强的综合性，在管委会统一领导下合理分工，各司其职。管委会下的职能机构之间实行重大问题追究制度；对于涉及若干部门的工作，管委会实行“专题班子工作制”，确定分管领导与部门，减少了部门之间的摩擦。

（2）公司制管理模式

公司制管理模式又称为企业型管理模式或无管委会管理模式，主要是以企业作为开发区的开发者与管理者，目前在县、乡（镇）级的开发区建设中使用较多。一般是由县、乡（镇）政府划出一块区域设立开发区，政府不设立管理委员会，由经济贸易发展开发总公司作为经济法人实行承包经营，直接向县、乡（镇）政府负责，担负土地开发、项目招标、建设管理、企业管理、行业管理和规划管理六种职能，而开发区的其他管理事务，如劳动人事、财务税收、工商行政、公共安全等，主要还是依靠政府的相关职能部门。

采用公司制管理模式的弊端在于：总公司缺乏必要的政府行政权力，协调能力和权威性不强，只能适用于较小型的开发区；公司制管理模式在管理手段和方法上容易僵化，往往会造成社会事务管理的死角；由于开发区发展总公司是一个企业，其一切经营活动是为了追求效益最大化，可能损害社会效益和环境效益。

（3）混合型管理模式

混合型管理模式是介于行政主导型和公司制管理模式之间的一种管理模式，或者是采用两者结合的方式来管理开发区的一种管理模式。混合型管理模式在我国又有政企合一和政企分开两种具体的模式。

1）“政企合一型”管理模式

“政企合一型”管理模式类似地方的行政管理模式，它是在管委会下设一个发展总公司。管委会负责决策、职能管理以及服务性工作，而下设的发展总公司一般是负责开发区内的基础设施建设，这种发展总公司虽然有经济实体，但管理行为很大程度上仍然是行政性的。管委会和总公司在人员设置上相互混合，管委会主任和发展总公司总经理通常是互相兼任。在这种管理模式之下，政府的管理具有双重性质，不仅行使审批、规划、协调等行政职权，同时还负责资金筹集，开发建设等具体经营，而开发区的总公司和专业公司基本上没有自我决策权。我国南通开发区就是采用的“政企合一型”管理模式。

采用“政企合一型”管理模式的开发区，在建设初期具有一定的推动作用，有利于管委会和总公司各司其职，既发挥政府的行政职能，同时又发挥总公司的经济杠杆功能。但随着开发区的进一步发展，其弊端主要在于：开发区管委会同时负责宏观决策和微观管理，权力过分集中容易导致精力分散，降低管理的效率；总公司的作用不能充分发挥，公司缺乏活力，形同虚设；由于受自身利益驱动，很难对所有企业一视同仁，实行国民待遇。

2）“政企分开型”管理模式

在“政企分开型”管理模式下，管委会作为地方政府的派出机构行使政府管理职权，不直接运用行政权力干预企业的经营活动，只起监督协调作用，而开发区的所有公司（包括总公司和专业公司）作为独立的经济法人自我管理，从而实现政府的行政权与企业的经营权相分离。“政企分开型”管理模式目前为我国大多数开发区所采用，根据具体情况不同，又可以分为四种类别。

① 管委会与总公司并存

开发区既设有管委会，又设有开发区总公司，管委会主要负责宏观决策，监督、协调和项目审批，总公司负责开发区项目引进，经营各种基础设施。广州开发区、天津开发区、常州开发区等均属这一类别。总公司的主要职能是招商、引资、合资合作和负责项目实施，管委会行使对区内土地统筹规划、审批进区企业、企业登记管理等职能。

② 管委会与专业公司并存

开发区在设立管委会的同时，又设立各种专业公司，由专业公司负责各项基础设施的开发经营和项目引进。如福州马尾开发区、昆山开发区等。苏州昆山技术开发区是靠自费开发取得显著成功的典型，开发区采用“小政府，多专业公司”的管理模式。在管委会下设了办公室、项目开发部、规划部、动迁部、建设科、劳动人事科、财务科等机构。各类专业公司如中国江苏国际经济技术合作公司昆山分公司、工业开发投资总公司、经营开发公司、物资公司、建设事业公司、工贸实业公司等有各自的服务领域，都是自主经营、自我开发、自我约束、自我发展的独立经济实体。

③ 管委会与联合公司并存

在这种管理模式中，管委会是作为政府派出的机构行使管理职权，而负责开发区建设及项目引进的总公司一般是由开发区管委会同其他企业共同出资建立的内联型股份制管理公司。以实力雄厚的大公司作为合资开发的伙伴建立联合公司，不仅可以充分利用大企业的雄厚资金、先进技术及管理经验，而且拓宽了开发区的信息渠道和销售渠道，加快了开发建设速度，其经营、管理充分体现政企分开的原则。如宁波开发区就是实行的管委会与联合公司并存的管理模式。

实行政企分开模式体现了“小政府、大企业”的原则，有利于充分发挥政府的行政职能和企业的经济职能，使二者相互促进、相互配合，有条不紊地推动开发区的开发建设工作和经营管理工作。不过这种模式也有其不足，特别是开发区初创阶段有可能难以集中有限的人力、物力、财力于开发区的建设。我国绝大部分开发区处于初创阶段，配套机制尚不完善，管理手段还不充分。在这种情况下实行政企分开模式，难以彻底摆脱旧体制的束缚，易于分散开发区创建的力量。同时，在我国整个行政条块分割的情况下，开发区管委会易同政府各有关部门之间产生矛盾，尤其在级别相当的部门之间，要么互相推诿，要么分庭抗礼，有的开发区还出现权力不能落实的现象。

我国城市开发的组织管理模式经过不断探索和改进，在机构设置、职能地位等方面都已基本形成稳定的机制。在以上分析的三种组织管理模式中，每种组织管理模式都各有利弊。目前在我国开发区管理模式的运行之中，管理效率最高、权威性最强、应用最广的可能是第一种管理模式——行政主导型管理模式，这是由我国目前的国情和开发区的建设现状决定的。随着开发区建设的不断深入，以及政府宏观管理体制的改革，开发区管理模式应该按照国际通行的惯例和社会主义市场经济体制的要求逐步加以完善。

2.4.2 城市开发调控

城市开发调控涉及土地供应控制、规划控制、建筑控制、环境容量控制、设施配套控制、形体景观控制等，需要综合考虑这些控制措施，更好地促进城市发展和建设。

(1) 土地供应控制

土地供应控制不仅是政府调控城市空间发展的最有力措施，也是城市发展最主要的资金来源。

1) 土地供应的法律限制

《中华人民共和国土地管理法》第九条明确规定：城市市区的土地属于国家所有。农村和城市郊区的土地，除由法律规定属于国家所有的以外，属于农民集体所有；宅基地和自留地、自留山，属于农民集体所有。据此政府对城市市区的土地拥有所有权。虽然城市郊区的土地属于集体所有，但《中华人民共和国土地管理法》第四条又明确规定：国家实行土地用途管制制度。国家编制土地利用总体规划，规定土地用途，将土地分为农用地、建设用地和未利用地。严格限制农用地转为建设用地，控制建设用地总量，对耕地实行特殊保护。

使用土地的单位和个人必须严格按照土地利用总体规划确定的用途使用土地。因此，郊区的土地虽属于集体所有，但只能用于农业生产，要变为建设用地，必须经政府批准后方可变更土地用途。据此政府对建设用地有绝对的控制，也就是政府可以垄断土地的供应。

2）政府垄断土地供应

从 1988 年 4 月起，国有土地使用权开始转让。虽然有关法律法规规定了土地转让有三种形式，即协议、招标投标、拍卖，并且转让土地的用途需符合城市总体规划。但在很长一段时间里，协议转让一直占主导地位，协议转让通常是企业（或其所代表的市场需求）在推动政府，政府制定的城市长期发展规划常常被突破，政府是被动的，很难真正起到调控城市空间开发的作用。

因此，为了建设一个繁荣、高效、舒适、有序的城市，政府在土地使用权出让中应变被动为主动。以杭州市在 1997 年成立土地储备中心为例，市区范围内需要盘活的城市存量土地统一由储备中心收购，各个用地单位都不能自行招商、转让。这样使政府掌握了土地的收购权和批发权。被收购的土地纳入政府的土地储备库后，按短缺规划的要求，完成房屋拆迁、居民安置等前期工作，然后以公开招标拍卖的方式推向市场，让市场决定开发商和地价。

（2）规划控制

虽然土地供应控制是城市空间调控的最有效手段，但城市规划与土地利用密不可分。土地使用权作为特殊商品，从一定意义上说，其使用价值是规划赋予的。规划决定一宗土地的用途、限制条件，周边乃至整个城市的环境，在这些前提下才能形成一宗土地价值的完整内涵和价格。就一个城市而言，有一个高起点的总体规划、分区规划、控制性详规和实施蓝图，并保证严格实施，才能营造城市的品牌形象，创造富于吸引力的投资环境，提升土地价值。因此，规划控制是搞好城市土地供应控制的先决条件。

目前，我国大部分城市的规划执法仍停留在总体规划的水平上，其深度、透明度都难以适应城市空间发展的要求，也是影响土地供应控制的原因之一。要搞好城市土地供应控制和土地资产经营，必须把规划执法由总体规划延伸到控制性详规。编制城市详规的实施蓝图并落实到具体地块，使规划实施成为使用者对政府、社会长期的契约承诺，从而切实解决好先取得土地使用权再做规划和未批先建、少批多建的问题。我国一些城市建立以法定图则或控制性详规为核心的规划管理体系，明确其法律地位，加大规划投入和编制力度，提高城市详规的覆盖面，极大地促进了城市规划水平的提高和土地资产经营。

目前还存在的问题是一些城市没有规划意识，或者是对规划控制没有正确认识。不少城市不顾当地经济发展水平和实际需要，盲目提高城市建设标准。城市规划本身是难以调控城市规模的，也不可能为城市功能进行终生定位，但是规划可以调控和影响城市未来的发展。有的城市近 10 年城市人口流入量几乎是零，机械人口增长数量很少，这样的城市建成区要成倍扩张就是空话。在规划调控中，要注重规划各元素的互相配比，不要顾此失彼。规划控制主要有建筑控制、环境容量控制、设施配套控制、形体景观控制。

1）建筑控制

建筑控制的内容包括建筑类型、建筑高度、容积率、建筑密度等。

在建筑控制中，最重要的是建筑密度控制。因为建筑密度过高，会造成人口密集，交通堵塞。对于人口密集的旧区改造，从成本核算上，不提高容积率，旧区改造肯定亏本。

对于这些旧区的土地，政府的土地储备中心应该亏本收购。土地储备中心不是企业，不能要求每宗土地都赚钱，应服从城市的整体规划需要。现阶段城市的人均汽车拥有量也不高，如果过多规划车位会造成浪费。但汽车时代正快速向我们走来，将来的人均汽车拥有量会大幅提高，未来的车位需求会很大。为了平衡现在和将来，在建筑密度的控制上，要适当降低建筑密度，以备未来车位之需。

2）环境容量控制

环境容量控制的内容包括自然环境即山、水、绿和人文环境即历史、文化。在规划上主要调控的手段有人口密度、绿化率、空地率等。人口密度规定建设用地上的人口聚集量、绿地率和空地率，表示公共绿地和开放空间在建设用地中所占的比例。

城市的许多资源是非常脆弱而且是不可再生的，如生态资源、土地资源、水资源、历史文化资源等。因此，在规划调控中，根据所在区域的自然和人文情况，对人口密度、绿地率、空地率作出适当限制。

3）设施配套控制

设施配套控制是指对建设用地上的公共设施和市政设施建设提出定量配置要求。公共设施是指行政办公设施、商业金融设施、文化娱乐设施、体育设施、医疗卫生设施、教育科研设施及其他设施（包括文物古迹、宗教活动、社会福利院等设施）。市政公用设施是指水电气热供应设施、道路交通设施、邮电通信设施、环境卫生设施、在建工程及维修设施及其他设施（如消防设施等）。在设施配套控制中，特别强调静态功能的公共场地的规划控制。主要是由城市园林绿地、各类公共活动广场和停车场构成“三种公共场地”。

① 城市公共空间存在的意义

A. 扩展静态功能公共空间是提高城市品位的需要：所谓城市品位，是城市经过长期发展而形成的一种潜在的和直观的综合素质反映，代表着城市的价值和地位。在体现城市品位的诸要素中，城市空间、城市环境、城市功能和城市景观，都与“三种公共场地”有着直接关系。

B. 扩展静态功能公共空间是发展城市经济的需要：发展经济必须优先发展交通。我国城市现存的道路交通规模远远没有达到经济发达国家城市的要求。

C. 扩展静态功能公共空间是提高市民生活质量的需要：可供市民交通和文体活动的户外步行环境，是提高市民生活质量必须的。

② 提高城市静态空间，增加三种公共场地的措施

A. 制定一个建设发展纲要。三种公共场地除了少量有些经营收入外，基本都是公益事业，开发的难度很大，必须有一个规范性发展纲要予以引导和控制。

B. 纳入各项城市建设规划。发展纲要确定后，要尽快纳入到城市各项有关城市规划中去。今后在城市建议审批中严格把关，该建三种公共场地的地方，绝不改作他用；该配建三种公共场地的项目，必须配建，否则不予审批；已定的三种公共场地工程要与联动项目同时设计，同时施工，同时交付使用。否则，不予验收，不准投入使用，并进行处罚。

C. 多方面开拓空间用地。能否把用地开拓出来，是落实规划的关键。除政府要有一定投入外，可以组织社会集资、企业冠名或经营投资、相关项目连带投资，以及城市开发效益补助，逐年将开发任务纳入城市建设计划。

D. 制定政策，依法加强管理。“三种公共场地”的开发建设，涉及规划、建设、管理

很多环节，需要各方面加强配合，同心协力。

扩展静态功能公共空间，是一项系统性很强、难度很大的工作。需要加强领导，精心规划，强力组织，全力推动，才能如期完成既定的目标任务，从而尽快改变我国城市面貌，开创城市经济发展的新局面，使之尽早成为功能完善、布局合理的人性化空间。

4）形体景观控制

形体景观控制主要是通过城市设计的手段和方法，对开发活动从景观构成上提出了要求，对建筑的风格、色彩、轮廓空间组合等方面的控制。城市规划肩负的重要任务之一是形成良好的城市形象，它将通过城市设计这一手段将建筑、园林景观、市政和美术组织和团结起来，共同塑造城市形象。这是一个合作的过程，也是发挥城市规划综合功能的过程。城市设计是对城市体形和空间环境所作的整体构思和安排，贯穿于城市规划的全过程，在城市规划编制和实施过程中，要根据本城市的功能和特点，开展城市设计，把民族传统、地方特色和时代精神有机结合起来，精心塑造富有特色的城市形象。

城市形象的塑造离开功能和经济，而城市规划直接承担和安排着城市各地段的功能和发展，包括各地段的性质、使用强度、建设强度、发展方向、交通安排等。因此，城市规划牵头进行城市设计，将保障形象立足于功能，并对经济、社会环境效益实行综合协调。城市规划将从城市总体上来观察和处理各地段形象建设，这样可以避免由于各个地段孤立地塑造形象而与城市整体形象脱节。

2.4.3　建设过程管理

建设过程管理包括三个方面，即财税调控、政府投入控制和法制控制。

（1）财税调控

财税调控是对城市开发控制的一个重要手段，对于发展急需项目采取鼓励政策，如减免税收、减少收费等方法，以促进城市合理开发。常用的方法有减税、退税、免税等。财税调控对城市的房地产及工业的调控是很明显的。政府通过一定的税收优惠等方式来调控房地产市场，不但能直接帮助消费者提前实现买房梦想，同时还能间接地启动二手楼市，催化房地产市场的复苏步伐，对盘活空置房产、促进整体经济发展和增加国家税收等都有益处。

（2）政府投入控制

政府制定的城市规划是城市发展的美好蓝图，要使之成为现实，仅仅依靠市场的自发力量是远远不够的，必须有政府投入。而政府投入主要表现在前期的投入，如前期规划（总体规划、分区规划、控制性详细规划等）、基础设施投资等。

全国的高新技术产业开发区超过百家，但许多运作并不十分理想。通过有些经历，开发商对政府的规划并不会贸然跟进，政府如果先期没有实质性操作，他们会观望而行。但政府的财力是有限的，不可能面面俱到。政府在考虑政府投资去向时，一般按照投入产出法来确定投资的去向。在产出方面，主要考虑的是地价的上升、税收的增加及就业的扩大。因此，政府投入的力度，尤其是前期投入的力度对城市开发活动有着举足轻重的作用。

（3）法制控制

法制是一种强制控制手段，是保证城市开发的顺利进行的基本方法，一般有国家法规和地方法规两大类法制控制。它们的作用有三个：一是对违法建设、违法开发进行强制处理；二是规定了开发的方法和程序；三是对违法主体进行处罚。

在我国，有关城市规划建设方面的法律法规已基本齐全，例如：《中华人民共和国城市规划法》（2019）；《中华人民共和国建筑法》（2019）；《中华人民共和国环境保护法》（2015）；《城市规划编制办法》（2006 年）；《中华人民共和国城镇国有土地使用权出让和转让暂行条例》（2020 年）；《中华人民共和国城市房地产管理法》（2019 年修正）；《中华人民共和国土地管理法》（2019 年修正）；《土地利用年度计划管理办法》（2016 年修订）；《城市设计管理办法》（2017 年）；《省域城镇体系规划编制审批办法》（2010 年）；《闲置土地处置办法》（2012 年修订）；《城乡规划编制单位资质管理规定》（2012 年）；《土地利用总体规划管理办法》（2017 年）。

通过多年实践，城市开发法律条例逐渐为广大群众接受，起到了明显效果，违法开发现象逐年减少，但人们的法律意识还比较淡薄，要达到法制手段调控城市空间发展的有效性，应加强执法方面的工作。

2.4.4 市场调节

房地产业作为城市空间开发的主要组成部分，其发展是由房地产市场主体（包括金融机构、中介服务机构和个人以及房地产商品的供需双方）共同协作实现的。需要依赖市场机制的调节，以促进房地产业的健康发展。

（1）建立规范的土地市场

目前土地市场存在两方面问题，一是城市规划体系不够完善，实施不够严格，造成土地市场的供应被动地适应市场短期需求；二是土地市场运作不能完全按市场规律进行，土地市场的交易透明度低，不公平竞争现象严重。对此，须从以下几方面努力：

1）建立健全土地有偿使用的政策法规，探索符合国际惯例的土地市场管理模式。

2）加速土地使用制度改革，全面建立土地有偿使用制度。土地出让扩大招标、拍卖的范围。积极推行土地租赁制，对原行政划拨的存量土地逐步纳入有偿使用轨道，建立基准地价和各类用地标定地价定期公示制度，增加土地市场的透明度，实现城市土地使用权交易规范化。

3）全面清理土地隐形市场，消除不公平竞争。

4）增加规划储备，严格规划审批，保证规划实施，建立科学的规划体系。

5）引进竞争机制，加强有关行业和政府部门工作人员的培训，提高规划建筑设计和管理水平。

（2）完善房地产金融市场

发达的房地产金融市场是整个房地产市场充满活力，房地产业健康发展的关键。因此，应建立完善的房地产金融市场，当前主要措施有：

1）制定相应的政策，规范竞争行为，逐步放开房地产金融市场。加入世界贸易组织后，国外金融机构、外资企业、外籍人士的进入，将使国内房地产金融市场主体复杂化、交易工具多元化。因此，我国房地产金融管理机构应制定法律、法规，规范房地产金融市场，使市场主体行为有章可循。

2）建立房地产政策性金融机构。目前，我国房地产金融二级市场尚未建立，商业银行房地产抵押贷款的流动性风险较大。因此应借鉴国外经验，结合自身实践，建立房地产政策性金融机构，可考虑在中国人民银行下设政策性房地产金融机构（类似住房公积金管理中心)，负责有关房地产金融方面一些具体规范的制定，为中低收入阶层提供按揭担保，待条件成熟时，开放房地产金融二级市场。

3）调整房地产贷款结构，完善住房消费信贷机制。可在拓展住房消费信贷品种，实施还款方式和利率创新的同时，逐步推出等本等息还款方式、递增还款方式、全过程固定利率或分段固定利率还款方式，形成适应不同年龄、不同收入群体需要的贷款系列品种。

4）推行住房抵押贷款证券化。将银行等金融机构发放的抵押贷款债权集中起来作为担保，依次发行证券，并通过二级抵押贷款市场转卖给投资者。

5）建立以住房抵押贷款保险为主的房地产保险体系。除现有少量的房屋财产保险、房地产责任保险、房地产人身保险外，尤其要发展住房抵押贷款保险和房产质量保险。

(3) 培育和发展房地产中介服务市场和物业管理市场

目前房地产中介服务存在的主要问题：一是现有的政策、制度的制定受部门、行业眼前利益的束缚，无法形成统一管理；二是评估机构性质不明确，隶属关系复杂；三是法规建设相对于市场发展滞后。对此，采取以下措施便显得尤为重要。

1）大力发展中介服务市场，组建大型中介企业。要实行产销分离，发展大型房地产销售企业和咨询、评估、经纪等中介机构，占领国内中介服务市场。

2）组建“连锁式”中介服务企业，开展网络经营。

3）规范中介服务，提高服务质量。科学设置企业的资质分类、分级和专业技术人员的执业资格注册体系，实施考核、专家评审和政府核准相结合的资质管理体制。

复习思考题

1. 阅读本章关于城市开发的理论与方法，请结合现实案例进行分析。
2. 列举生活中由于城市基础设施开发建设而带来的其他外部影响。

第 3 章　城市开发投资

3.1　政府投资

3.1.1　政府投资的概念

政府投资是指使用政府预算安排的资金进行固定资产投资建设活动，包括新建、扩建、改建、技术改造等。在政府作为投资主体所进行的投资活动中，投资决策权高度集中于政府，政府资金来源于财政预算拨款、政府性基金收入、国有资本经营收益等，资金无偿使用。

政府投资是财政购买性支出的一部分，而购买性支出又可划分为消费性支出和投资性支出。就政府投资而言，消费性支出主要是指非营利性的项目，例如城市基础设施项目、社会公益性机构等，这类项目只有资金投入却没有资金回流。而投资性支出，主要指一些经济建设项目，政府投资类项目虽不以营利为主要目的，但都属于经营性项目。因此，政府投资也可以从广义和狭义两个层面理解。狭义的政府投资仅指购买性支出中的投资性支出，强调经济性，主要用于弥补市场失灵，其投资能够形成资产。广义的政府投资则包括狭义的政府投资，以及政府支出投放于非经营性的消费性支出。本书所指的政府投资，主要指广义层面的政府投资性支出，其不仅强调经济性，还强调社会公益性。

在计划经济体制下，政府是社会资源的直接配置者，政府投资的范围涵盖所有的经济领域。而在比较成熟的市场经济体制下，尽管市场机制成为资源配置的主要手段，但政府投资也是重要的“调控”和“补充”手段。所谓“调控”，即政府为了防止经济出现过热或过冷的情况，通过综合运营财政货币政策来调节社会供求关系，并通过调节社会资金的投向影响产业结构和经济结构。而“补充”则是指政府在市场机制不完善或市场机制失效的领域对市场的缺陷加以弥补。社会投资在一些市场失灵的领域不会大量介入，但这些产业和领域对社会经济发展的支持性和整体性作用又是至关重要的。这些领域的投资不足，只能由政府投资这只“看得见的手”来弥补。不过，政府投资需要“有所为有所不为”，过度参与既不利于培育市场经济，也容易造成政府的财政压力与结构性产业矛盾。随着经济的快速发展，政府也应该逐渐退出市场能够有效运行的竞争性、盈利性投资领域，防止打压社会资本的积极性。

3.1.2　政府投资的特点

在投资活动及其调控过程中，政府具有双重身份：既是投资行为调控的主体，又因为其直接进行投资活动而是被调控的对象。这种身份的双重性，决定了政府投资行为与民间投资行为有很大不同，主要表现在投资目标、投资作用、投资的基本原则和投资管理程序等方面。

（1）投资目标

政府投资以实现经济和社会的全面发展和良性循环等为目标。在市场经济条件下，社会投资（非政府投资）以追求利润最大化和效用最大化为目标，完全由市场机制来调节，更多考虑投资的内部成本和收益，而较少考虑投资的外部成本和收益。与非政府部门不同的是，政府投资的主要目的并不是经济利益最大化，而是为了促进国民经济持续、稳定与协调发展和实现社会效益最大化。当然，这与政府在追求综合效益的前提下争取项目本身更好的投资效益并不冲突，也和政府授权的管理组织对国有资产进行保值增值的经营活动并不排斥。政府作为公共权力机关，是公众实现利益与满足需要的工具，因此政府投资一般以非经营性项目为主，且这些项目大多是关系国家安全的领域或是市场难以有效配置资源的经济和社会领域，例如军工、教育、航天、基础设施等。这些项目的间接经济效益和社会效益往往难以直接用货币价值来计算，但往往又是国家或区域发展必不可少的。例如，教育不仅会使受教育者受益，同时也会受益于整个社会。尽管政府投资的这类项目很大一部分并不具备经济效益，但可以为社会营造一个安全、稳定、便利的公共条件，以保证社会持续、稳定、健康发展，其社会收益不可忽视。

（2）投资作用

政府投资对社会资本具有引导和带动作用。在市场体系不够健全的情况下，市场信号难以灵敏、准确地传递给每个投资者，往往具有误导性。在这种情况下，政府投资便产生了示范导向。政府投资能够反映政府扶植的导向和社会经济发展的长远目标，发挥对社会投资方向布局的引导作用，可以鼓励社会资金投向社会公益服务、公共基础设施、农业农村、生态环境保护、重大科技进步、社会管理、国家安全等公共领域的项目。通过引导社会投资投入国家鼓励发展的国民经济薄弱环节、社会效益大而经济效益并不显著的产业，这有利于优化投资结构，协调投资比例关系。在市场经济条件下，政府已不是唯一的投资主体，即使是国家需要重点扶持的基础设施及其他重要产业，也需要鼓励社会投资的介入，这就需要政府为社会民间投资创造良好的投资环境。投资环境的好坏，其重要的一个衡量标准是公用设施和社会基础设施完善与否。合理安排和利用政府投资不仅可以有效满足社会基础设施建设和公共服务需求，还可以为经营性企业投资创造必要的基础设施和外部环境条件，从而降低所涉及领域的投资风险，增强其他投资主体的投资信心，有效激发社会投资活力。

（3）投资的基本原则

政府投资的基本原则是弥补市场失灵。由于垄断的存在、不完全信息、经济存在外在性等原因，市场机制在很多场合不能实现资源的有效配置，也即出现了市场失灵。具体来说，其原因如下：①市场机制发挥作用的前提是完全竞争，但不同程度垄断的存在是一种极为普遍的现象。因此，市场机制往往不能正常发挥作用。②市场机制对经济的调节是自发的，但其结果不一定符合社会的要求。③市场机制不能解决经济中的某些问题。例如，不能提供公共物品，无法解决个体经济活动对社会的不利影响。因此，政府应以弥补市场失效、为所有独立的市场运营主体提供一视同仁的公共服务为己任，将投资主要用于外部效应好的社会公益性、公共服务领域和基础性投资领域的具有社会效益的长期大型项目，实现社会资源的有效配置。当然，政府投资配置的领域和方式应具有与市场互补或更优的特征。如果政府配置的结果比市场差，其原因可能是执行方式有问题，即应该政府做的却没有做好，则政府应该提高运作效率；也可能是政府与市场职能界定不合理，即应该由市场做的政府低效替代了，则政府应该退出。此外，政府也不应涉足市场有效运行的营利性领域，这是由于政府在投资方面的投资者与监管者双重身份的影响，如果政府在完全竞争性领域再直接参与资源配置，往往会对社会投资形成不合理的挤出效应。

（4）投资管理程序

为了保证投资效益，政府投资项目无论是在投资决策，还是在项目实施和监督管理上都比一般项目更严格。对于政府采取直接投资方式、资本金注入方式投资的项目单位，在投资决策阶段应当编制项目建议书、可行性研究报告、初步设计，并按照政府投资管理权限和规定的程序，报投资主管部门或者其他有关部门审批。而投资主管部门或者其他有关部门应当根据国民经济和社会发展规划、相关领域专项规划、产业政策等，从项目建设的必要性、项目的技术经济可行性、社会效益、项目资金、投资概算等方面作出是否批准的决定。对经济社会发展、社会公众利益有重大影响或者投资规模较大的政府投资项目，投资主管部门或者其他有关部门还应当在中介服务机构评估、公众参与、专家评议、风险评估的基础上作出是否批准的决定。此外，投资主管部门和其他有关部门还需要列明与政府投资有关的规划、产业政策等，公开政府投资项目审批的办理流程、办理时限等，并为项目单位提供相关咨询服务。

3.1.3 政府投资的适用范围

《政府投资条例》对我国政府投资范围做出的界定是：政府投资资金应当投向市场不能有效配置资源的社会公益服务、公共基础设施、农业农村、生态环境保护、重大科技进步、社会管理、国家安全等公共领域的项目，以非经营性项目为主。根据目前的行政管理体制，政府投资可分为中央政府投资与地方政府投资两个层次。尽管中央政府与地方政府在投资资金来源、投资职能上大体相同，但是在公共行政层级上、所管辖的地域范围、承担的职责和支出责任等方面有较大差别。

中央政府投资项目是以中央政府或部门作为投资主体或投资方参与的投资项目。中央政府主要承担能够使全国受益的重大公益性项目和非营利性基础设施项目，以及部分影响全局的营利性基础设施项目和调节经济结构和经济总量的项目。例如全国的铁路、公路、航空、内河航运、海运和管道运输等基础设施投资；具有重大影响的教育、科研和国防建设以及在整个国家的范围内分布较为均匀的公共产品的投资；以及农业、基础工业和高新技术产业等关系国计民生的重点产业。

地方政府投资项目是以地方政府作为投资主体或投资参与方进行的投资项目，地方政府投资是中央政府投资的重要补充。地方政府主要负责投资兴建所辖范围内居民受益的基础设施项目，例如地方性文化教育、社会治安、卫生保健、就业培训、城市基础设施等投资。保障有力的现代化基础设施网络体系，地方政府也会与其他地区合作进行一些跨区域的基础设施投资。

3.1.4 政府投资的方式

政府投资方式一般是指政府及其相关部门通过预算资金直接进行固定资产项目建设或引导社会资本投资，以实现特定投资目的的资金使用方式或安排方式。政府投资方式与政府投资范围是政府投资的两个方面，二者相辅相成、相互影响。对于市场不能有效运行的领域，政府投资方式主要有直接投资、资本金注入、采取投资补助、贷款贴息等。一般而言，政府投资资金以直接投资方式为主，且政府直接投资的项目又以非经营性项目为主。这些非经营性项目具有外溢效应，它们为社会共同享用而又不能够通过收取费用满足正当的收支平衡，这就决定了这些领域的投资职责天然地在政府部门。此时政府将通过财政支出向公营部门拨款的方式提供相应的产品或服务，例如政府直接投资的义务教育、公共卫生、保障性住房、公共照明等项目。尽管这些项目一般并不具有直接经济效益，但对促进国民经济持续、稳定与协调发展和实现社会效益最大化有着重要意义。

与非经营性项目不同，对于确需支持的经营性项目，政府投资主要采取资本金注入方式，也可以适当采取投资补助、贷款贴息等方式。资本金注入的投资方式不仅可以调整国有资本布局和结构，增强国有资本控制力，还有助于发挥财政资金的杠杆作用，引领社会资本投资领域。而政府的补助类投资则广泛用于创新、协调发展等正外部性明显或市场前景不太明确、风险较大且我国急需的行业，也包括制约经济社会发展的瓶颈领域，或因改革不到位市场机制暂时难以有效发挥作用的领域。政府一般会通过资本金注入和补助的方式投资具有一定经营性的基础设施项目、自然垄断项目（自来水、电力等）、资源开发项目以及高新技术产业项目等。以城市轨道交通为例，尽管其存在超额需求且消费者愿意为其直接付费，也即这类项目虽然具备收回投资并盈利的潜力，但是，城市轨道交通市场准入门槛较高，所需投资额巨大且投资周期较长，投资风险较大。此外，城市轨道交通具有的公共性的特点也决定了它在经营上不能单纯地追求经济效益，因此利润率相对较低。对于这类确需支持的经营性项目，若没有政府对社会资本提供一定的补贴和优惠政策，社会资本往往缺乏投资的意愿和能力。

3.2 市场化投资

3.2.1 市场化投资的内涵界定

市场化是指用市场作为解决社会、政治和经济问题等基础手段的一种状态，是一项在开放的市场中，以市场需求为导向，竞争的优胜劣汰为手段，实现资源充分合理配置，效率最大化目标的机制，意味着政府对经济的放松管制，工业产权私有化的影响。市场化有多种工具，比较低程度的市场化是外包，比较高程度的市场化是完全出售。简单来说，利用价格机能达到供需平衡的一种市场状态叫市场化，本质上是市场扩大，内容开放。市场化以建立市场型管理体制为重点，以市场经济的全面推进为标志，以社会经济生活全部转入市场轨道为基本特征的。把特定对象按照市场原理进行组织的行为，通过市场化，实现资源和要素优化配置，从而提高社会效率，推动社会进步。

市场化投资模式是指城市开发投资以市场资本为主的市场主导型投资模式，即以企业为主体，由企业通过市场进行开发建设项目所需资金的融通，同时进行后续开发建设。在该模式中，企业占据主导权，而政府只是处于辅助配合的地位。考虑我国投资实际，本书介绍的市场化投资模式包括以国家参股企业投资为主和以纯私有企业投资为主两种。

3.2.2 以国家参股企业投资为主的投资

国家参股企业是指具有国有经济成分的企业，在广义上包含国家控股企业和国有经济成分达不到控股比例的企业两类。狭义的国家参股企业是指在股份有限公司或有限责任公司中，具有一定数量的国有股份，但国有股份不占控股地位的企业。国家参股企业具有高度自主权，它同私营企业一样，按市场法则运作，国家一般不直接干预经营活动，只是对它进行监督和指导，以符合社会目标和政府政策目标。因此，这类企业大体处在一般性竞争领域，各类企业根据国家法律规定可自由进入和退出，国家不必要控制或通过国有企业垄断经营。

国家参股企业的形成主要有两种途径：一是政府的投资机构或某一国有企业购买民间企业的股票，或者向民间企业投资，使纯私有企业变为官民合营企业。二是对国有企业进行股份制改造，吸收民间资本参与，使其“部分非国有化”，从纯国有企业变为国家参股企业。在国家参股企业中，国有产权代表依法进入董事会、监事会，参与企业重大生产经营决策，选举董事长，选择企业管理人员，维护国有产权的合法权益。

国家参股企业是具有混合特点的企业形式，其资金是由政府与社会资本双方共同筹集的，国家股份只是其中的一部分，并且政府与社会资本双方共享经营决策权，国家意志的体现程度依参股比例而定。国家参股制企业的形式既有利于利用民间资本的活力，又能使国家利用国有企业干预经济的手段更加多样化。因此，影响国有参股企业和纯私有企业进行投资的因素存在差异，二者在投资动机、投资决策过程等方面都有所不同。

(1) 投资动机

国家参股企业受到政府影响更大，具有多重投资动机。由于我国政府掌握着大量资本，具有很大竞争能力与谈判能力，因此国家参股企业的投资动机需要反映政府的目标要求。因此，国有参股企业的投资动机按照性质可分为利润动机和非利润动机。其中，利润动机是指为所有者创造可观的利润；非利润动机包括实现社会效益提高、公共服务质量提升、充分就业、为劳动者提供医疗保障、社会保障等。

(2) 投资决策过程

国家参股企业的投资决策需要考虑多重投资目标。投资动机的特殊性决定了国家参股企业在进行投资时至少要考虑双重目标。政府希望国家参股企业在完成利润目标的同时能够承担某些社会责任，如带动当地就业等；而其余股东则更加关注自身的显性收入。

3.2.3 以私营企业投资为主的投资

私营企业是指由自然人投资设立或由自然人控股，以雇佣劳动为基础的营利性经济组织。私营企业属于私人性质，是拥有自行支配的经营财产的产权主体。私营企业按照投资人数量、财产责任承担形式的不同，可分为独资企业、合伙企业和有限责任公司。

不同于部分国有企业存在产权模糊、权责不清的问题，私营企业的产权关系都是明晰的。私营企业的生产资料均为雇主私人所享有，雇主是生产资料的所有者和企业的经营者，他们拥有生产资料的占有、支配和处分权。市场经济条件下，政府的作用主要是弥补市场失灵领域，而对于市场机制能够有效发挥资源配置的领域，则不应过度参与。私营企业产权关系十分明确的特点不仅有利于促进资源的优化配置，而且有利于市场交易和市场竞争体系的形成和完善。私营企业明确的产权关系可以充分调动其投资运营的积极性，积极努力为消费者提供更好的产品或服务，以求获得更多的市场份额和利润。这些特点使得私营企业在市场化的竞争中，可以有效地促进生产力的发展和技术的进步。

盈利是私营企业投资的基本目标。企业投资是以价值再生产为主体的运营过程，投资利润率水平是决定企业投资规模和方向的基本依据。为实现企业价值最大化的目标，企业投资需要通过资金的合理流动与运用，充分发挥资金的效益，扩大企业的经营效果，从而促进企业的发展。这主要体现在，企业投资需要在企业资金短缺时以最小的代价筹措到适当期限、适当额度的资金；而在企业有盈余资金时，则需要在充分考虑投资增值程度、投资保本能力、投资风险、投资流动性、投资期限等多种因素后，确保投资能够取得最大的收益。

企业投资通常需要经历较长的建设时期才能形成生产能力或效益，又经历较长的生产时期才能逐渐将投资收回。由于私营企业投资主要集中在盈利性的竞争领域，企业与企业之间的竞争、科学技术进步带来的新工艺和新产品都会影响到市场的产品需求结构、需求数量、供给结构、供给数量，这种市场不确定性产生的风险将可能使企业面临巨大的损失。为实现投资经济活动投入产出的良性循环，企业投资主体必须以市场的动态变化为投资取向，准确预测行业技术的发展趋势，依据市场做出投资决策，并受市场检验。对于非经营性项目，除非得到政府财政的支持，私营企业的投资一般不会涉及。对于经营性项目，与政府投资客体必须是固定资产投资建设活动不同，企业投资范围涵盖了有形资产和无形资产。一般而言，有形资产主要包括机械设备、厂房、原材料、古董等固定资产或流动资产，而无形资产则主要指如股票、债券等能带来收益的无形权证。

企业投资方式有多种分类方法，其中最常见的分类则是依据投资范围和投资与企业生产经营控制权的关系等，分为直接投资（也称实物投资）和间接投资（也称金融投资）。企业直接投资是指企业直接投资形成经营活动所需要的固定资产和流动资产，从事某种产品生产或提供某种服务的经济活动，其盈利方式主要是通过产品的生产销售或提供服务。间接投资是指企业为了获取预期的不确定性收益而购买如资产证券等从而形成金融资产的经济活动。

企业投资方式按时间还可分为短期投资、长期投资；按企业投资的影响程度可分为战略性投资和战术性投资；按用途可分为基本建设投资、更新改造投资、应收款与存货投资等。

3.3 多元化投资

3.3.1 多元化投资的内涵界定

多元化投资指政府结合实际，出台相应的政策，包括融资工具、方法等，正确地吸引和引导各类出资者共同参与城市基础建设投融资活动，从而促进投资主体多元，并且兼顾资金来源的多元化，实现政府、企业和其他社会力量共同合作的多元化投融资体系。

多元化投资一般包括投资主体多元化和投资渠道多元化。多元化投资通常包括国有资本投资主体和非国有资本投资主体。国有资本主要包括中央政府及地方政府的投资，以及国有企业的投资。而非国有资本又分为国外非国有资本和国内非国有资本，国外非国有资本投资主要包括外国的金融机构、政府、个人以及企业的投资，而国内非国有资本主要包括民营企业、金融机构、社会公众方面的投资。投融资渠道即资金的来源与途径，我国城市基础设施建设的资金渠道主要有：土地出让收入、市政债券的发行、各类贷款以及引入社会资本。而国外包括债券、民间融资、银行、股票、基金等在内的多种投融资方式。近年来，政府出台了相关举措，鼓励民间社会资本积极参与基础设施建设。作为多元化投融资模式的最主要形式，PPP模式在国内得到了广泛发展。本书以PPP模式为例，介绍多元化投资的特点及适用范围。

3.3.2 多元化投资的特点

PPP 模式主要用于基础设施项目的投融资和开发建设，结合公共部门和私人方的能力，通过项目合作的方式实现优势互补，有效提高私人资本在公共产品或服务领域的贡献。作为国际上通用的较为成熟的概念，各国的基础设施 PPP 基本上具有共同的特征：①项目具有社会性和公益性特点，投资成本高，建设周期长，回报率较低，非竞争性和非排他性弱化，具有较强的公众参与性。②政府通过让渡特许经营权和冠名权等项目权利的方式吸引社会资本参与项目建设，政府担任项目发起人角色，社会投资主体担任项目投资人的角色。③社会资本的参与有助于转变政府职能，提高公共服务水平，增加基础设施建设活力。④能够让政府和社会资本的双方合作实现优势互补，合理分担风险。PPP 模式能够促进基础设施的发展，如图 3-1 所示。

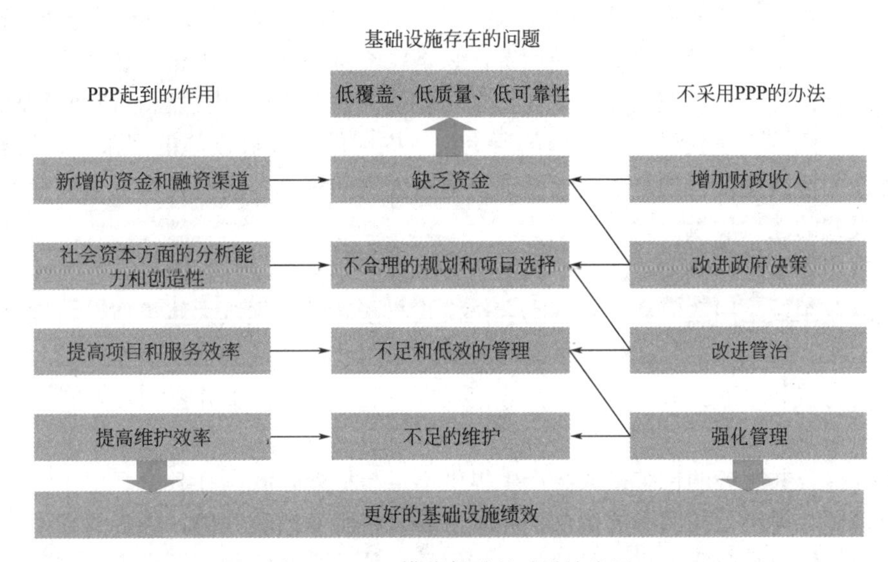

图 3-1 PPP 模式促进基础设施发展

3.3.3 多元化投资的适用范围

PPP 模式的应用范围主要包括基础设施建设、公用事业、公共服务提供三个方面。

（1）基础设施建设

对于运营已建的基础设施，政府可以通过转让、租赁、运营和维护合同承包等形式与民营企业合作，由政府向民营企业发放特许经营权证，由民营企业进行经营管理。民营企业可以直接向使用者收费，也可以通过政府向使用者收费。如果民营部门通过购买或租赁的形式获得基础设施的使用权，就可以按照与政府的特许经营合约，自己向用户收费。如果民营企业对政府拥有的基础设施进行经营和维护，那么可以由政府向民营企业支付一定的费用。通过转让、租赁、运营、维护的合同承包等形式的合作，来提高基础设施的使用与运营效率。在转让和租赁的形式中，还可以为政府置换和融通资金，从而支持和从事新的基础设施建设。

对于扩建和改造现有的基础设施，政府可以通过租赁-建设-经营（Lease-Build-Operate，简称“LBO”）、购买-建设-经营（Buy-Build-Operate，简称“BBO”）、外围建设等形式与民营企业合作。政府向民营企业发放特许经营权证，由民营企业对原有的基础设施进行升级改造，并对升级改造后的基础设施进行经营管理。经营者按照特许权合约规定向使用者收费，并向政府交纳一定的特许费。通过这种形式，可以加快提升基础设施的功能和加快基础设施升级、改造的速度。在提升原有基础设施功能的同时，也可为政府新建其他基础设施筹集一定的资金。

对于新建的基础设施，政府可以采用建设-转让-经营（Build-Transfer-Operate，简称“BTO”）、建设-经营-转让（Build-Operate-Transfer，简称“BOT”）、建设-拥有-经营（Build-Own-Operate，简称“BOO”）等形式与民营企业合作。BTO是指由民营企业对基础设施进行建设完成后，转交给政府部门，由民营部门经营管理。这种形式有利于提高基础设施建设的效率和质量，也可以提高经营管理的效率。在民营企业对基础设施经营管理期间，所有权属于政府。民营企业以租赁的形式获得经营权，同时也可以把建设时所使用的资金作为租金，从而获得优先租赁权。BOT在经营管理期间，基础设施的所有权属于政府，但是，不需要向政府交纳使用费，只是在经营到期后，无偿交还政府。在交给政府之前，必须保证基础设施的完整性、正常功能等。BOO是指由民营企业建设基础设施，建设完成后，民营企业获得基础设施的所有权，同时获得基础设施的“永久性”经营权。这三种合作的形式主要目的是为新建基础设施融入民间资本，同时提高资金的使用效率和提高基础设施的建设质量。

（2）公用事业

公用事业领域采用政府和社会资本合作模式与基础设施领域大体类似，特别是在污水处理、自来水、煤气、电力和热力供应等方面，采用政府和社会资本合作的项目，一般可通过使用者付费和政府补贴相结合的方式使投资者能够收回投资并得到合理的投资回报。

（3）公共服务提供

政府提供公共服务的传统模式会产生提供不足与低效，我国在教育、卫生、养老等领域都已出现私人提供公共服务的案例，同时由于公共服务的公共性，也必然离不开政府的支持，私人提供只是政府提供不足的补充，但是这种补充总体而言极为有限。为最大限度满足人们对公共服务的需求，更为理想的模式是通过政府和社会资本合作的模式来提供。具体来说，主要通过政府购买服务的方式来实现。政府购买服务的要点是：政府公共部门确定所需服务的数量和质量，具体服务由社会资本提供，提供价格可通过公开招标价格听证会或双方议价等方式形成。例如，当前保障性住房中的廉租房也可以通过这种方式来提供。由具备专业资质的社会资本提供和运营廉租房，政府组织符合条件的人居住，房租由政府统一支付私人支付不足的部分。

3.3.4　多元化投资存在的问题

在我国，PPP模式存在的问题主要体现在以下几个方面：

（1）民营资本比重过低

源于西方国家的PPP模式，其原始含义是政府机构与私人企业的合作，私企（包括股份制企业）在西方国家的经济体系中占据压倒性优势。在我国，国有企业参与PPP项目的比例显著高于民营企业。改革开放前，国有企业完全是政府机构的下属机构，政府与国有企业之间无合作关系，只有上下级的任务安排与执行关系。改革开放后，经过多轮的国有企业改革，国有企业已经成为相对独立的市场竞争主体。目前参与PPP项目的“社会资本”基本是中央国企、地方国企和融资平台，民营资本比重过低。对政府而言，收益充足、风险较小的公共项目，政府不愿意将其推向市场与社会资本合作，而收益率不高、风险较大的公共项目对民营资本又没有吸引力。这样，政府与社会资本的合作就实质变为“公公合作”，甚至是“左手与右手”的合作，可能重蹈公共领域中政企不分、效率低下的陷阱，从而增加新的风险。

（2）缺乏发展 PPP 的正确理念

PPP 模式作为一种公共项目融资方式，有利于缓解财政压力、控制政府债务和分解财政风险；作为一种项目管理方式，有利于降低项目全生命周期成本，提高公共服务质量；作为一种社会治理模式，有利于转变政府职能，改善社会治理，实现多元主体的协同治理。但目前许多地方政府片面强调 PPP 的融资功能，忽视其作为项目管理模式和社会治理模式所带来的其他优势，个别地方甚至明确社会资本“可以入股但绝对不能控股”，使 PPP 项目公司异化为国有控股企业，失去发展 PPP 的初衷。政府缺乏发展 PPP 的正确理念，会使民营资本有所忌惮、望而却步。

（3）PPP 法律法规和规章制度有待健全

改革开放以来，我国经济的基本面是市场化模式，即建设社会主义市场经济，让市场在资源配置中发挥决定性和基本性的作用，政府对市场的干预是间接的。市场经济要求法治化，而法治化在项目治理中的体现就是契约化，项目的合作关系依据国家制定的法律法规和规章制度，平等地合作，各自分享预期的回报。市场化改革必然要求项目治理以契约治理作为基本模式。PPP 项目涉及多个公共领域和政府部门，甚至跨越多个行政区域，因此需要设置专门机构负责 PPP 项目全过程的实施和管理，并建立一套行之有效的工作机制。法治水平的相对滞后与人际关系的重要影响，必然对项目的契约治理模式产生消极的外部影响，因此，PPP 项目难以完全按照契约治理模式实施。关系治理中所倡导的信任、沟通与合作，是项目合作各方都必须具备的。

复习思考题

1. 简述政府投资的概念及其在市场经济体系中的作用。
2. 简述政府投资的方式及其在不同类型项目中的应用。
3. 简述市场化投资的基本概念，以及私营企业在市场化投资中的作用。
4. 简述多元化投资的内涵。
5. 简述 PPP 模式在城市基础设施建设中的应用情况，并分析存在的主要问题。

第4章　城市开发融资

4.1　城市开发融资的主要类别

城市开发项目不论是政府主导还是企业主导，其成功落地最终都离不开资金的到位。城市开发项目融资按照项目的经济性来划分，可以分为商业类、公益类以及准公益类。在实践中，城市开发项目由于投资体量较大、涉及子项目较多、具体项目回款周期长，涉及的融资模式往往多元化，不同融资方式交叉应用。

商业类项目建成后完全依靠其自身现金流可以实现项目资金平衡，此类项目可以依靠自身的未来收益通过市场化融资，比如商业综合体、房地产以及住宅等，一般通过纯市场化的商业融资模式获取资金。公益类项目具有很强的外部性，不涉及使用者付费，不能产生现金流，则须依靠政府财政来解决项目的融资问题，与之相应，政府可以通过发债的模式来筹集项目建设资金，通过财政收入来还款。基础设施和公共服务类项目多属于公益类和准公益类，如市政道路、桥梁、隧道等。

准公益类项目便是介于商业类和公益类之间，具有一定的外部性和经济性，项目经济效益比较低或者短期内尚不足以体现经济价值，但项目的社会效益明显，需要政府提供一定补助才可以实现项目的现金流平衡，从而实现项目的市场化融资。但区别于商业化项目的市场融资，此类项目往往投资周期长、收益较低、风险不确定性较高，在PPP推广之前，开发性金融是此类项目的主要资金来源，一般的商业银行较少参与此类项目，商业银行即便是参加，也不是聚焦于项目层的现金流做项目融资，而是与地方融资平台（城投公司）合作，为地方融资平台投放贷款，依托平台公司本身的资质或者政府信用的隐形背书。最终，不少贷款形成地方政府的隐形债务。

2014年，《国务院关于加强地方政府债务管理的意见》（国发〔2014〕43号）颁布后，在地方债务管理方面修明道堵暗道，赋予省级和直辖市地方政府直接面向市场发行地方债的权利，同时要求地方融资平台不得再新增地方政府债务，并开始推广PPP模式。为了扩大基础设施领域资金来源，地方政府将PPP模式引入到城市开发中，面向市场招标投标吸引社会资本，社会资本依据项目本身和自身实力通过市场化融资负责项目的融资、建设和运营，比如环保、市政基础设施、收费公路等。地方政府发债的权限集中在省级和直辖市政府，一般市级和县级的地方政府，建设资金缺乏，又需拉动投资增加地方经济活力，则将有内在关联的经营性项目与纯公益或者准公益项目打包成PPP项目，通过PPP模式遴选有实力的社会资本方，缓解政府的短期财政压力、平滑财政支出，为城市发展增添资本活力。

不论是市场化融资还是政府债券融资、PPP融资、众筹，对应到资本端，离不开金融机构和金融产品。2008年次贷危机之后，“四万亿”的投资计划在拉动经济快速发展的同时，也催生中国资本市场不断向前发展。在银行之外，基金、信托、保险等非银行金融机构快速发展，在中国的城市化进程和城市开发过程中的作用不可忽视。

4.2 开发性金融机构

在很多发展中国家，开发性金融是城市开发重要的金融渠道之一。区别于传统商业银行，开发性金融机构作为独立金融法人，一般由政府支持以执行公共政策为目标，是纠正市场失灵、培育市场和促进结构转型的有力政策工具。

4.2.1 开发性金融机构的概念及内涵

世界银行对开发性金融机构的定义为："国家政府全部或部分拥有或控制的各种类型的金融机构。这些金融机构明确的法定任务是在一定区域、领域或细分市场实现社会经济目标。"经济合作与发展组织对开发性金融机构的定义为："为支持发展中国家私营部门发展而设立的开发银行或附属机构。它们通常由国家政府控股，其资本来自国家、或国际发展基金、或政府担保。这保证了它们的信誉，使它们能够在国家资本市场上筹集大量资金，并以很有竞争力的条件提供融资。"

我国国家开发银行提出的定义为："开发性金融是政策性金融的深化和发展，以服务国家发展战略为宗旨，以国家信用为依托，以市场运作为基本模式，以保本微利为经营原则，以中长期投融资为载体，在实现政府发展目标、弥补市场失灵、提供公共产品、提高社会资源配置效率、熨平经济周期性波动等方面具有独特优势和作用，是经济金融体系中不可替代的重要组成部分。"

开发性金融的基本内涵包含以下五方面：

1）以服务国家战略为宗旨，始终把国家利益放在首位，致力于缓解经济社会发展的瓶颈制约，努力实现服务国家战略与自身发展的有机统一。

2）以国家信用为依托，通过市场化发债把商业银行储蓄资金和社会零散资金转化为集中长期大额资金，支持国家建设。

3）以市场运作为基本模式，发挥政府与市场之间的桥梁纽带作用，规划先行，主动建设市场、信用、制度，促进项目的商业可持续运作。

4）以保本微利为经营原则，不追求机构利益最大化，严格管控风险，兼顾一定的收益目标，实现整体财务平衡。

5）以中长期投融资为载体，发挥专业优势，支持重大项目建设，避免期限错配风险，同时发挥中长期资金的引领带动作用，引导社会资金共同支持项目发展。

4.2.2 开发性金融机构的分类

在世界范围内，开发性金融在所有权、资金来源、金融工具、运营模式、目标以及对政府的依赖度方面存在巨大差异，但都基本具备由政府支持、执行公共政策、非利润最大化以及提供长期资金等特征，其运作形式包括但不限于开发银行、出口信贷机构、担保以及股权投资机构等。根据成立的层级不同，开发性金融机构可以划分为多边开发金融机构和国别开发金融机构。

（1）多边开发金融机构

多边开发金融机构指两个或者两个以上国家共同设立，从区域发展定位上可进一步划分为全球性开发金融机构，如成员遍布全球的世界银行集团；也有区域性开发金融机构，如亚洲开发银行；以及更小的区域开发性金融机构，如东非开发银行。本节介绍与我国经济发展相关的三个代表性多边开发金融机构。

1）世界银行

世界银行，简称“世行”，于 1945 年成立，1946 年 6 月开始营业，其发展定位也从战后欧洲和日本的重建扩展到世界各国的减贫事业和共同繁荣。截至 2020 年末共有 189 个成员，中国于 1980 年恢复世界银行成员地位，并于 1981 年接受了世行的第一笔贷款。2007 年，中国首次宣布向国际开发协会捐款 3000 万美元，标志着双方合作迈上新的里程碑。2008 年 5 月，林毅夫被正式任命为世行首席经济学家，是世行自成立以来第一次任命来自发展中国家的人士担任首席经济学家，表明世行对于中国发展成就和经验的认可。

世行作为一个金融集团，涵盖五个共同致力于减少贫困、推动共享繁荣和促进可持续增长与发展的成员组织。其中，国际复兴开发银行（International Bank for Reconstruction and Development，简称“IBRD”）向中等收入国家和信用良好的低收入国家的政府提供贷款；国际开发协会（International Development Association，简称“IDA”）以极为优惠的条件向最贫困国家的政府提供融资；国际金融公司（International Finance Corporation，简称“IFC”）提供贷款、股权投资和咨询服务，以促进发展中国家的私营部门投资；多边投资担保机构（Multilateral Investment Guarantee Agreement，简称“MIGA”）向投资者和贷款机构提供政治风险保险和信用增级，以促进新兴经济体的外国直接投资。国际投资争端解决中心（International Centre for Settlement of Investment Disputes，简称“ICSID”）对投资纠纷提供国际调解和仲裁。

2）亚洲开发银行

亚洲开发银行，简称“亚开行”或“亚行”，截至目前共有 67 个成员，其中 48 个来自亚太地区，19 个来自其他地区。中国于 1986 年加入亚开行，在认缴份额上位居第三位，日本和美国并列第一，具有一票否决权。亚开行致力于实现繁荣、包容、有适应力和可持续的亚太地区，坚持消除极端贫困。为促进社会和经济发展，通过贷款、技术援助、赠款和股权投资为其成员体及合作伙伴提供援助，聚焦于基础设施、能源、环保、教育和卫生等领域。

亚开行所发放的贷款按贷款条件划分，有硬贷款、软贷款和赠款三类，硬贷款资金主要来源于亚行股本、储备、净收益以及资本市场借款，贷款期限一般在 10～30 年（2～7 年宽限期）。软贷款也就是优惠贷款，只提供给人均国民收入低于 670 美元且还款能力有限的会员国或地区，期限为 40 年（10 年宽限期），没有利息，仅有 1%的手续费。不管是硬贷款还是软贷款，一般都直接贷给发展中成员政府，或在成员政府的担保下贷给成员的其他机构。赠款用于技术援助，资金由技术援助特别基金提供。

3）亚洲基础设施投资银行

亚洲基础设施投资银行，简称“亚投行”，是首个由中国倡议并牵头设立的多边开发机构，其成立宗旨主要是通过在基础设施及其他生产性领域的投资，促进亚洲经济可持续发展、创造财富并改善基础设施互联互通，与其他多边和双边开发机构紧密合作，推进区域合作和伙伴关系，应对发展挑战。但实际上，自 2016 年开始运作以来，亚投行凭借强大的制度吸引力，已获得除美、日以外世界主要经济体与广大亚非拉发展中国家的共同参与，截至 2023 年 5 月，成员数达到 106 个，自 2016 成立以来，亚投行已累计批准项目贷款 231 个，融资总额超过 443.7 亿美元，涉及域内能源、交通、通信、城市基础设施、水和公共卫生等多个领域。

在政策目标上，传统多边机构以减贫为目标，对基础设施领域的关注较分散，而亚投行聚焦于促进可持续基础设施建设，集中资源解决最迫切的需求。在话语权分配上，区别于发达国家占据绝对多数的传统多边金融机构，亚投行设置创始成员投票权和 70%的域内成员投票权最低红线，来强化区域内弱小国家在决策中的整体凝聚力。同时，在贷款条件与标准上，传统多边金融机构常捆绑严苛的生效条件，可能触碰借款国内政事务，在环境与社会保障方面也是“一刀切”的高标准；而亚投行不附加政治条件，在考量环境与社会保障框架中也注重联系实际和借款国的具体情况。

（2）国别开发金融机构

国别开发金融机构指本国中央政府或者中央部委成立的开发金融机构，如果是由地方政府发起成立的，则归为次国别开发性金融机构。本节介绍国家开发银行、中国进出口银行和中国农业发展银行三家国别开发金融机构。

1）国家开发银行

以“增强国力、改善民生”为使命，以保本微利为经营原则，不以营利为唯一目标，不追求利润最大化。主要作用体现在发挥中长期投融资优势，服务国家发展战略和区域发展战略，助力大型及重点工程项目建设以及“一带一路”建设。在遭遇经济危机或者经济下行压力下，充分发挥逆周期调节作用助力宏观调控，是当今全球最大的开发性金融机构、全球最大的对公贷款银行和国内最大的棚改、学生贷款、对外投融资合作银行。

2）中国进出口银行

主要聚焦于外经贸发展和跨境投资，落实国家“走出去”战略和开放性经济建设，是中国最早开展“走出去”业务的金融机构之一，近些年来以支持“一带一路”建设为契机，帮助国内企业开展海外基础设施项目投资与建设。同时，进出口银行也依托自身的国际业务优势开展第三方市场合作，为中国企业走出去提供联合支持，与世行、亚开行、非洲开发银行、欧洲复兴银行以及日本、法国、肯尼亚等国家金融机构建立合作关系，业务范围涉及全球 70 多个国家和地区。

3）中国农业发展银行

主要聚焦于“三农”领域，支持农业农村持续健康发展和乡村振兴。支持的领域包括粮、棉、油等农产品收购、储备、调控和调销贷款，农业农村基础设施和水利建设、流通体系建设贷款，农业综合开发、生产资料和农业科技贷款，异地扶贫搬迁、贫困地区基础设施等专项扶贫贷款，以及县域城镇建设、土地收储类贷款等。十八大以来，党中央高度重视粮食问题、种业发展和乡村振兴工作，中国农业发展银行是我国农业可持续发展的重要金融保障，也是乡村振兴联系最紧密的金融机构。

4.2.3 开发性金融在城市开发中的作用

在发展定位上，开发性金融机构的发展使命有关注一般性社会经济发展目标，也有关注具体领域或部门发展。对于不同的发展阶段的国家，开发性金融的发展定位有一定差异。高收入国家的开发性金融以贸易为重点，主要缓解中小出口者的融资压力，这同时也可以防止国家滥用补贴。在中等收入国家，开发性金融以基础设施为重点，以弥补基础设施领域低成本、长期资金的缺口。

我国的开发性金融机构诞生于20世纪90年代，2008年次贷危机后，我国的“四万亿计划”政策中，大量开发性金融以土地储备贷款和棚户区改造等方式进入项目中，对应的风险缓释往往是土地抵押，授信的主体也往往是地方融资平台公司。2014年开始，我国大规模实施PPP，推动地方融资平台转型，并严禁新增地方隐性债务，地方融资平台很难直接从银行获取基础设施项目授信，基础设施领域的项目融资开始以PPP模式推进，由社会资本方向银行申请贷款。但由于PPP项目周期较长，商业银行贷款多以短周期为主，与PPP项目的周期不匹配，大量的PPP项目在政策推广初期较难从商业银行获得贷款，于是开发性金融则发挥自身低成本、长周期、支持国家战略的优势，以PPP模式进入到基础设施领域。2015年，国家开发银行与国家发展改革委联合下发了《关于推进开发性金融支持政府和社会资本合作有关工作的通知》，推动开发性金融机构支持PPP项目融资。在我国现阶段，开发性金融与基础设施领域密不可分。开发性金融机构凭借自身的强政策导向作用以及风险审批标准，促使市场上的其他商业金融机构以联合贷的形式或者后期跟进的方式介入到城市的建设和更新过程中。

4.3 商业银行贷款

商业银行贷款一直是城市开发建设的重要资金来源，改革开放后，商业银行的信贷管理体制改革一直是我国金融体制改革的重要内容，1995年5月全国人大通过了《中华人民共和国商业银行法》，同年6月中国人民银行发布了《贷款通则》，对商业银行的信贷管理不断规范。

4.3.1 贷款的概念及分类

根据《贷款通则》，贷款指“贷款人对借款人提供的并按约定的利率和期限还本付息的货币资金”，包括人民币和外币。按贷款的出借性质可以分为自营贷款、委托贷款和特定贷款。

自营贷款指贷款人以合法方式筹集的资金自主发放的贷款，其风险由贷款人承担，并由贷款人收回本金和利息。商业银行的表内贷款即是如此，靠吸收社会存款，从而面向合格的企业及个人发放贷款，自担风险、自负盈亏。同时，《巴塞尔协议》要求商业银行有一定的存款准备金要求，来确保存款人的资金安全，即在资本充足率达标的情况下开展信贷业务，而不是无限制放贷。

委托贷款则是由政府部门、企事业单位及个人等委托人提供资金，由贷款人（受托人）根据委托人确定的贷款对象、用途、金额、期限、利率等代为发放、监督使用并协助收回的贷款，受托人只收取手续费，不承担贷款风险。对于商业银行而言，委托贷款不占银行的风险资本，仅是一种授信通道，从中收取少量的手续费，属于低风险业务。

特定贷款指经国务院批准，并对贷款可能造成的损失采取相应补救措施后责成国有独资商业银行发放的贷款。此类贷款政策性成分比较多，一般用于国有企业的重大设备改造项目、国家重点工程建设项目、国家重点扶贫项目、成套设备出口、国家重点科研项目投资等，国有独资商业银行因发放贷款造成的损失采取减息、挂账、财政补贴等方式予以补偿。现实中，随着国家经济实力财政实力的提升，此类项目更多依赖于财政投资或政策性银行，商业银行自身的经营定位更多聚焦于市场化经营的项目。

按贷款期限，可以分为短期贷款、中期贷款和长期贷款。短期贷款指贷款期限在1年以内（含1年）的贷款，中期贷款指贷款期限在1年以上（不含1年）5年以下（含5年）的贷款，长期贷款指贷款期限在5年（不含5年）以上的贷款。多数企业类贷款均是短期贷款或中期贷款，长期贷款多面向一些具体的项目贷款，如固定资产贷款和PPP项目贷款。

按照贷款的风险缓释条件，可以分为信用贷款、担保贷款。信用贷款指以借款人信誉发放的贷款，不需要追加额外的风险缓释条件；担保贷款则需要追加担保、抵押、质押等条件，可分为保证贷款、抵押贷款、质押贷款。

4.3.2 贷款的规则与流程

贷款期限根据借款人的生产经营周期、还款能力和贷款人的资金供给能力由借贷双方共同商议后确定，并在借款合同中载明。自营贷款期限最长一般不得超过10年，但是随着项目融资的普及，多数商业银行的自营贷款期限也随着项目走。当贷款不能按期归还时，借款人应当在贷款到期日之前，向贷款人申请贷款展期。短期贷款展期期限累计不得超过原贷款期限；中期贷款展期期限累计不得超过原贷款期限的一半；长期贷款展期期限累计不得超过3年。

贷款的利率则是按照中国人民银行规定的贷款利率的上下限，确定每笔贷款利率。在现实信贷中，贷款的利率与借款人的综合资质、风险缓释条件、贷款期限有关，也与市场资金面是否宽松、贷款银行的内部资金价格有关。

借款人需要贷款，向银行申请贷款一般要经历前期调查、贷款审批、签订贷款合同、落实放款条件、放款审核等过程。其中，前期调查一般需要提交借款人基本信息、经审计的财务报告、同业贷款情况、贷款用途材料等，如果贷款涉及第三方担保或抵质押，则需要提供第三方担保人信息和抵质押物信息，包括抵质押物的评估报告等。对于涉及金额较大或者项目情况复杂的授信申请，会有二级审批，如分行审批完之后再报至总行审批，审批流程一般需要2～3个月。

在贷款发放之后，要继续做好授信的贷款管理工作，对贷款的合规性、企业或者项目经营稳定性以及抵质押物的完备性进行跟踪调查和检查，在出现严重风险预警时，贷款人有权及时抽回贷款，确保资金安全。但是不能盲目抽贷，比如在新冠疫情时期，许多中小企业经营出现困难，国家出台一系列中小企业纾困政策，就是防止金融机构在特殊时期盲目抽贷。

4.3.3 贷款在城市开发中的作用

在城市开发领域，商业银行贷款主要用于城市一级开发、二级开发以及城市基础设施建设项目。一级开发主要指土地储备贷款，即银行向土地储备机构发放的用于土地拆迁、平整、三通一平/七通一平等项目的贷款，通常以地抵押或其他连带责任担保作为风险缓释条件；二级开发主要是用于商业住宅、写字楼、安置房等房地产开发项目的贷款，期限通常在1～3年。城市基础设施建设类贷款，主要是面向城市市政建设、污水处理、轨道交通、园区开发等项目的融资服务。根据中国银保监会发布的最新银行业金融机构法人名单，截至 2023 年 6 月末，中国的商业银行除 6 家大型国有商业银行（工、农、中、建、交、邮储）外，还有 12 家全国性股份制商业银行（招商、中信、光大、浙商、华夏、浦发、民生、平安、兴业、广发、渤海、恒丰）以及 125 家城市商业银行和 1609 家农村商业银行。

从发展阶段上，20 世纪 80 年代商业银行贷款逐步进入城市开发领域，90 年代随着城市投融资体制的深化，城市开发吸引社会资本进入的同时也相应延伸了对商业信贷的需求，商业银行开始越来越多地参与到城市的开发建设中。飞速发展则是在 2008 年次贷危机后，“四万亿计划”政策的刺激使得中国基建行业和房地产行业飞速发展，“四万亿计划”中除了中央政府直接的 1.18 万亿投资外，其他资金主要由地方政府投资、企业投资、银行贷款等方式筹集，考虑到政府投融资的限制，大量的基础设施建设资金通过地方政府融资平台进行筹集，城投公司的数量和投资规模也因此大幅增加。一些地方政府为追求政绩，通过平台公司大量举债，加重了地方政府的债务负担。2014 年，“国发〔2014〕43 号”文出台，强调严控和化解地方政府债务风险的同时也明确指出“剥离融资平台公司政府融资职能，平台公司不得新增政府债务”，并以 PPP 和地方政府债券模式来代替地方政府融资平台进行融资，这一举动将地方融资平台置于退出或转型的局面。随后几年，我国相关部门针对地方政府融资平台的改革推出了更具体的政策建议，一系列政策打破了地方政府债务兜底的可能性，通过对地方政府融资平台的整顿化解地方政府隐性债务，地方政府基建投资开始逐渐转向专项债和 PPP 模式。

4.4 债券

4.4.1 债券的概念及分类

债券是政府、企业、银行等债务人依照法定程序发行，向债权人承诺按约定的利率和日期支付利息，并在约定日期偿还本金的书面债务凭证。

按照发行主体不同有如下分类：

1）国债。在我国指财政部代表中央政府发行的国家公债，由国家财政信誉作为担保，信誉度非常高，几乎没有违约风险。

2）地方政府债券。是指具有地方债发行资格的地方政府发行的债券，分为一般债券和专项债券。目前一般债券有 1 年、3 年、5 年、7 年、10 年等品种，专项债券有 1 年（尚未实际发行）、2 年（尚未实际发行）3 年、5 年、7 年、10 年等品种。

3）政府支持债券。主要是铁道债券和中央汇金债券，其中，铁道债券发行主体为中国铁路总公司，由发改委核准发行；中央汇金债券发行主体为中央汇金投资有限责任公司，经央行批准发行。

4）金融债券。是指金融机构通过中央结算公司发行，在银行间债券市场交易、在中央结算公司托管的债券，包括政策性金融债券和一般金融债券，前者发行主体为国家开发银行、中国进出口银行和中国农业发展银行，后者主要是在境内设立的商业银行法人以及境内设立的非银行金融机构法人。

5）企业信用债券。企业作为发行主体发行的债券，有企业债券、非金融企业债务融资工具、公司债券、可转换公司债券、中小企业私募债券等。其中，企业债券最初由发改委审批，2023年部委职权调整后，调整至证监会，面向境内注册企业，A股和H股上市公司除外，债券期限较长，一般在7年以上，通过中央结算公司面向银行间债券市场和交易所市场统一发行，在银行间及交易所债券市场交易，在中央结算公司登记托管，主要是城投类地方融资平台企业。非金融企业债务融资工具，指具有法人资格的非金融企业，在交易商协会注册、面向银行间债券发行的债券，根据期限的不同，有短期融资券、超短期融资券、中期票据等，在银行间债券市场交易，在上海清算所（简称“上清所”）登记托管。公司债券，最初面向上市公司，后逐步扩大到非上市公司，由证监会注册，3～5年期限居多，经证监会审核，在交易所债券市场公开或非公开发行，在证券交易所上市交易或在全国中小企业股份转让系统转让、在中证等登记托管的债券。可转换公司债券，是指境内上市公司发行的在一定期间内，依据约定条件可以转换成股份的债券，期限一般在3～5年之间。中小企业私募债，指境内中小微企业面向交易所债券市场合规投资者非公开发行，只在合格投资者范围内转让的债券。

6）熊猫债券和点心债券。熊猫债券指境外机构在中国境内发行的人民币债券，发行人主要是国际开发机构和境外银行。点心债券是在香港发行的、以人民币计价的债券，点心债券的发行管制较少，但是若需将资金注入境内，则要受到中国境内监管机构的允许。

4.4.2 债券市场框架

目前，我国的债券市场形成了交易所［上海证券交易所（简称“上交所”）、深圳证券交易所（简称“深交所”）］市场、银行间市场和商业银行柜台市场三个子市场在内的统一分层的市场体系。所有的投资者都可以通过不同形式参与到债券市场，有健全的结算登记、托管、清算机构等配套体系以及相应的服务和监管机构。

（1）债券市场分类

按照交易场所划分，上交所和深交所市场属于场内市场，银行间市场和商业银行柜台市场属于场外市场。

1）交易所市场

交易所市场是债券交易的场内市场，上交所和深交所分别成立于1990年11月26日和1990年12月1日，归属中国证监会直接管理，场内市场以上交所为主，占比达90%以上。

市场参与者既有机构投资者也有个人投资者，属于批发和零售混合型的市场。交易所市场交易的品种包括现券交易和质押式回购。交易所实行“两级托管体制”，其中，中央国债登记结算有限责任公司（简称“中央结算公司”）为一级托管人，负责为交易所开立代理总账户；中国证券登记结算有限责任公司（简称“中证登”）为二级托管人，记录交易所投资者账户。中央结算公司与交易所投资者之间没有直接的权责关系。交易所交易结算由中证登负责，上交所后台的登记托管结算由中证登上海分公司负责，深交所由中证登深圳分公司负责。典型的结算方式是净额结算。

2）银行间市场

银行间市场是债券交易的场外批发市场，由同业拆借市场、票据市场、债券市场等构成。银行间市场有调节货币流通和货币供应量的作用。银行间市场作为债券场外市场的主体，参与者限定为各类机构投资者。

银行间市场的交易品种最多，包括现券交易、质押式回购、买断式回购、远期交易、互换、远期利率协议、信用风险缓释工具等。银行间市场由中央结算公司作为后台托管结算系统，中央结算公司为银行间市场投资者开立证券账户，实行一级托管，此外，中央结算公司还为这一市场的交易结算提供服务。

目前，我国债券产品的交易分割比较严重，跨市场发行的部分国债和企业债可以在交易所市场和银行间市场相互转托管，跨市场转托管的速度为 T+1。2018 年以来，央行、证监会、发展改革委等中央部委相继出台文件，推动债券市场的互联互通，但是真正从交易到登记托管结算层面的实质性突破，后续仍然需要很多细节政策落地。

3）商业银行柜台市场

商业银行柜台市场又称场外交易（Over The Counter，简称“OTC”）市场，没有固定的场所，没有规定的成员资格，没有严格可控的规则制度，没有规定的交易产品和限制，主要是交易对手通过私下协商进行一对一的交易。OTC 交易方式以双方的信用为基础，由交易双方自行承担信用风险，交易价格由交易双方协商确定，清算安排也由交易双方自行安排资金清算。

商业银行柜台市场是银行间市场的延伸，参与者限定为个人投资者，属于场外零售市场。商业银行柜台市场只进行现券交易。柜台市场实行“两级托管体制”，其中，中央结算公司为一级托管人，负责为承办银行开立债券自营账户和代理总账户；承办银行为二级托管人。中央结算公司与柜台投资者之间没有直接的权责关系。与交易所市场不同的是，承办银行每个交易日结束后需将余额变动传给中央结算公司，同时中央结算公司为柜台投资人提供余额查询服务，是保护债券投资者权益的重要途径。

（2）债券参与主体

1）发行主体

债券的发行主体包括财政部、中国人民银行、地方政府、政策性银行、商业银行、财务公司等非银行金融机构、证券公司、非金融企业或公司、外国政府、外国金融机构、外国非金融企业等。

债券可以通过三种方式发行：债券招标发行、簿记建档发行、商业银行柜台发行。目前，国债、央行票据、政策性金融债绝大多数通过招标发行；部分信用债券通过簿记建档方式发行；只有传统凭证式国债通过商业银行柜台发行。从发行规模来看，作为准国债性质的央行票据居于主导地位，其次是政府债券，再次是金融债券。

2）投资主体

所有的投资主体都可以通过不同形式参与到债券市场，包括人民银行、政策性银行等特殊机构、商业银行、信用社、邮储银行、非银行金融机构、证券公司、保险公司、基金（含社保基金）、非金融机构等机构投资者、境内个人投资者及境外投资者。

然而由于目前债券产品的交易分割严重，我国债券投资人的市场分割也非常明显。上市商业银行、非银行金融机构和部分的非金融机构等都可以参与交易所市场和银行间市场；特殊机构、商业银行、信用社等我国债券交易的主体只能参与银行间市场；部分非金融机构和个人投资者只能参与交易所和商业银行柜台市场。

3）清算机构

我国债券市场基本实现了债券登记、托管、清算和结算集中化的管理，相应的机构包括中证登、中央结算公司和上海清算所。

中证登的主管部门是中国证监会。上海、深圳证券交易所是公司的两个股东，各持50%的股份。中证登承接了原来隶属于上海和深圳证券交易所的全部登记结算业务，标志着全国集中统一的证券登记结算体制的组织框架基本形成。

中央结算公司是为全国债券市场提供国债、金融债券、企业债券和其他固定收益证券的登记、托管、交易结算等服务的国有独资金融机构，是财政部唯一授权主持建立、运营全国国债托管系统的机构，也是中国人民银行指定的全国银行间债券市场债券登记、托管、结算机构和商业银行柜台记账式国债交易一级托管人。

上海清算所是银行间市场清算所股份有限公司，是经财政部、中国人民银行批准成立的旗下专业清算机构。其主要业务是为银行间市场提供以中央对手净额清算为主的本外币清算服务，包括清算、结算、交割、保证金管理、抵押品管理，信息服务、咨询业务，以及相关管理部门规定的其他业务。

（3）债券监管体系

我国的债券市场监管机构主要包括发展改革委、财政部、人民银行、银保监会和证监会等。对债券市场的监管体系可以分为债券发行监管、挂牌交易和信息披露监管、清算结算和托管机构监管、市场参与主体的监管以及评级机构等相关服务机构的监管等。

债券发行监管：目前我国按照产品发行主体和发行品种两个维度对债券产品发行实行多头监管。比如，公司发行中期票据要向人民银行主管下的交易商协会进行注册，发行企业债券由发展改革委审批，发行公司债券由证监会注册。

债券挂牌交易和信息披露监管：主要通过交易所进行自律监管。交易场所主要包括交易所市场、银行间市场和商业银行柜台市场，其相应的主管机关分别是证监会、人民银行和银保监会。

债券清算结算和托管机构监管：主要通过清算、结算和托管机构完成。债券清算、结算和托管机构主要有中证登、上清所和中央结算公司，其相应的主管机构是证监会、人民银行、银保监会和财政部。

我国证券市场监管体系如表4-1所示。

中国证券市场监管体系　　表4-1

<table>
<tr><th colspan="3">监管类别</th><th>监管机构</th></tr>
<tr><td rowspan="9">产品发行审批监管
（发行时信息
披露监管）</td><td colspan="2">国债、地方政府债券</td><td>财政部</td></tr>
<tr><td colspan="2">中央银行债：央行票据</td><td rowspan="4">人民银行</td></tr>
<tr><td rowspan="6">金融债</td><td>政策性银行债</td></tr>
<tr><td>特种金融债</td></tr>
<tr><td>非银行金融机构债</td></tr>
<tr><td>商业银行债</td><td rowspan="2">人民银行、银保监会</td></tr>
<tr><td>证券公司短期融资券</td></tr>
<tr><td>证券公司债券</td><td>人民银行、证监会</td></tr>
<tr><td colspan="2">保险公司债券</td><td>银保监会</td></tr>
</table>

续表

监管类别			监管机构
产品发行审批监管（发行时信息披露监管）	非金融机构债	企业债	发展改革委
		中期票据	人民银行（非金融机构债券通过交易商协会完成注册，并实行自律管理）
		短期融资券	
		超短期融资券	
		中小企业集合债券	
		中小企业集合票据	
		资产支持证券	人民银行、银保监会、证监会
		可转换债券	证监会
		分离交易可转换债券	
		公司债券	
	国际机构债券		人民银行、银保监会、证监会
交易所监管	交易所市场（沪深两市）		证监会
	银行间市场		人民银行
	商业银行柜台市场		人民银行、银保监会
清算结算和托管机构监管	中证登		证监会
	中央结算公司		人民银行、财政部、银保监会
	上海清算所		人民银行

4.4.3　债券在城市开发中的作用

城市开发建设离不开多元化的资金来源，发行债券是重要的融资手段之一，主要体现在三方面。

一是从政府层主导，即政府作为项目资金的筹资人，政府发行债券进行筹集资金。根据 2014 年“国发〔2014〕43 号”文，省、自治区、直辖市政府可以适度举借债务，地方政府举债采取政府债券方式。一般债务通过发行一般债券融资，纳入一般预算管理，专项债券通过发行专项债券融资，纳入政府性基金预算管理。专项债可以分为普通专项债券与项目收益专项债券，项目收益专项债的募集资金需要具体到单一或者多个具体项目，更具有针对性，其他的则归为普通专项债券。

地方基建项目采取专项债融资的优势是政府作为信用主体进行市场融资，融资价格较企业相比要低，项目前期交易成本低，但是劣势是缺乏有效的监督考核，专项债资金没有得到合理的利用，这一问题在 2020 年下半年专项债审计检查中暴露出来，随后，2021 年《地方政府专项债券项目资金绩效管理办法》（财预〔2021〕61 号）出台，旨在强化专项债项目全生命周期管理，注重融资收益平衡与偿债风险，提高专项债券资金使用效益，防范地方政府债务风险。

二是从企业层主导，即企业通过发行债券方式筹集城市开发建设相关资金，背后依托的是企业本身的信用资质。相比于传统的银行贷款模式，发行债券是直接融资，参与的机构投资者众多，可募集的资金规模大，对于优质企业而言融资成本也偏低，是非常重要的融资渠道之一。企业类债券主要有企业债、公司债、非金融企业债务融资工具等。

企业自身通过发行债券进行项目开发和建设，是企业作为一个整体进行的资金布局，未来还本付息主要依托于企业整体，与单个项目本身的关联度较低。这对于市场上的投资人而言，有利有弊。一直以来我国市场上的主流金融机构在做项目融资时，重企业资质、忽视项目本身。对于经济处于上升繁荣周期，大部分项目投资收益有保障，企业经营前景向好，债券发行偿债有保障；但随着经济发展，市场出现结构性问题时，政府的调控政策加强，项目投资就需要谨慎，如果没有精准的投资定位，企业的主体信用往往会由单个项目风险累积导致企业经营风险，从而使得企业债券便面临较大风险。

三是项目层做主导，以项目未来的现金流为还款来源作支撑，以项目公司的名义发行债券。2008 年国际金融危机后，国务院办公厅发布《关于当前金融促进经济发展的若干意见》(国办发〔2008〕126 号)，首次提出“发挥债券市场避险功能，稳步推进债券市场交易工具和相关金融产品创新。开展项目收益债券试点”。此后，银行间市场交易商协会、发展改革委相继于 2014 年 7 月、2015 年 3 月发布《银行间债券市场非金融企业项目收益票据业务指引》与《项目收益债券业务指引》，推动项目收益类债券发行，证监会则于 2017 年推出了交易所项目收益专项债。

相比于普通公司债券，项目收益债在发行条件、资金管理等多个方面有更详细的要求。如国家发展改革委核准的项目收益债，在募投项目财务收益、资金来源、募集资金用途等方面均有严格限定，并要设置差额补偿机制；银行间债券市场非金融企业项目收益票据在资金账户管理方面较普通债务融资工具更为严格。但同时，作为创新品种，项目收益债在推出之时亦有诸多配套优惠举措，如国家发展改革委取消对发行人成立年限、三年平均利润足够支付一年利息、债券余额不超过净资产 40%等要求，以鼓励发行人拓宽融资渠道。

4.5 基金

4.5.1 基金的概念及分类

基金是由一定机构发起，通过公募与私募方式从投资者手中募集资金，形成财产信托，由管理人管理，托管人托管，按预定目的投向相关产业的企业与项目以获取较高收益，再按合同规定将本利回报投资者。

根据运作方式不同，分为开放型基金和封闭型基金。开放型基金的基金份额不固定，投资者可以在基金公司、银行、第三方代销机构随时买卖；封闭型基金在合同期限内规模固定，在封闭期内不能申购和赎回，但是成立后可以在交易所挂牌交易。

按照组织形式分类，有契约型与公司型两种。契约型基金也称信托型基金，是根据一定的信托契约原理，由基金发起人和基金管理人、托管人订立基金契约组建的投资基金。公司型基金，是具有共同投资目标的投资者依据公司法组成以盈利为目的、投资于特定对象（如各种有价证券、货币）的股份制投资公司，通过发行股份的方式筹集资金，是具有法人资格的经济实体。基金持有人既是基金投资者又是公司股东，按照公司章程的规定享受权利、履行义务。我国目前的基金均为契约型基金，公司型基金主要在美国。

根据交易场所不同，可分为场内基金和场外基金。场内是指股票市场，封闭式基金只能在场内购买。场外指股票交易市场之外的市场，包括银行、证券公司的代销，基金公司的直销，是开放式基金销售渠道。

根据发行方式不同，分为公募基金和私募基金。公募基金的募集对象是社会公众，即不特定投资者，通过公开方式进行募集。私募基金的募集对象则是少数特定投资者，包括机构和个人，通过非公开发行方式募集。公募基金对信息披露要求非常严格，私募基金对信息披露要求则较低，具有一定保密性。在管理上，公募基金不提取业绩报酬，只收取管理费，而私募基金则收取业绩报酬，通常不收管理费。

在资产配置上，公募基金主要分为货币型、股票型、债券型、混合型和基金中的基金。其中，货币型基金主要投资标的是债券、央行票据等安全性高的短期金融产品。股票型基金投资标的 80%以上是股票。债券型基金投资标的 80%以上是债券。混合型指投资于股票、债券以及货币市场工具的基金，且不符合股票型基金和债券型基金的分类标准；基金中的基金投资标的 80%以上是其他基金份额的基金。私募基金资产的配置包括买卖股票、股权、债券、期货、期权、基金份额及投资合同约定的其他投资标的，又可分为私募证券投资基金、私募股权投资基金、资产配置类私募基金。其中，私募证券基金主要投资于公开交易的股份有限公司股票、债券、期货、期权、基金份额以及中国证监会规定的其他资产；私募股权投资基金主要投向未上市企业股权、上市公司非公开发行或交易的股票以及中国证监会规定的其他资产；资产配置类私募投资基金，主要采用基金中基金的投资方式，主要对私募证券投资基金和私募股权投资基金进行跨类投资。

4.5.2　政府引导基金在城市开发中的作用

政府引导基金作为由政府参与并主导的产业投资基金，是财政扶持产业发展的重要资金运用方式。政府发起设立投资基金后，交由基金专业管理公司运营，由银行托管。政府负责基金管理方针政策、政府股权权益维护、公司监管等，不直接干预基金投资具体工作。政府产业基金利用双方优势资源，与项目进行产业对接，使产业与金融相结合，加强各方的优势互补。近些年，随着国内创业环境、投资环境的不断改善，政府引导基金增长较快。我国政府引导基金参与主体包括：国家级、省级、地市级、县区级四类。其中，国家级政府引导基金占比较低，市级基金数量较多，占比在半数以上。

在基金结构上，政府引导基金包括三个维度：出资方、管理方和投资目标。主要包括以下几个类型：一是政府（主要是财政）全额出资设立，政府管理，完全为政策目标服务的产业投资基金；二是政府部分出资并参与设立市场化运营的产业投资基金；三是政府发起设立，联合国有资本运营管理机构、政府平台、国企乃至民间资本出资，设定总投资方向，一般为特定的政府政策目标，政府主导投资方式、退出路径等要素，典型交易结构如图 4-1 所示（图中“GP”是 General Partner 的缩写，指的是普通合伙人；“LP”是 Limited Partner 的缩写，指的是有限合伙人）。

通过该种模式，一般可以撬动 10 倍以上的杠杆，因涉及资金量较大且期限长，参与方主要是银行或保险机构作为优先级 LP，要求固定收益，信托公司作为银行等金融机构的通道，而银行资金多为理财资金。

值得注意的是，通过设立政府引导基金为基础设施项目融资时，由于基础设施项目投

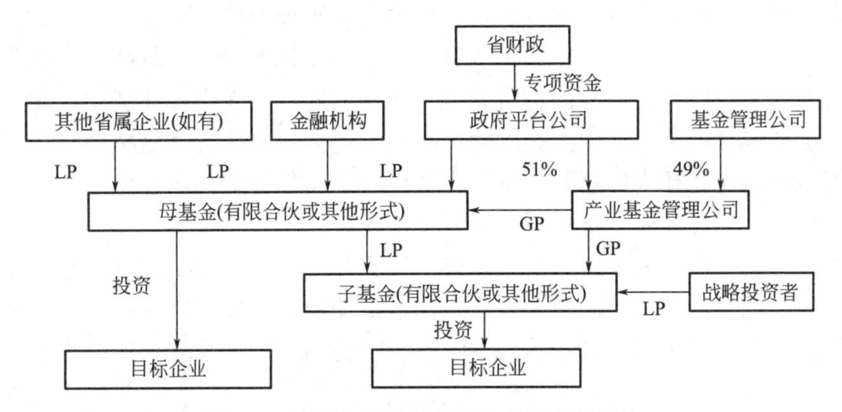

图 4-1　政府主导的产业基金典型交易结构

资体量较大、投资回收期较长，大部分政府引导基金在前期筹集资金时无法直接通过项目本身的盈利性获得金融机构的青睐，不得已要追加政府或者国企的增信，使得政府引导基金存在“明股实债”的问题，早期有政府的支持函、安慰函以及本地城投的回购等增信措施，后期随着地方政府债务管理趋严以及资管新规的出台，这种模式难以为继，开始转向真股权出资。

在城市建设开发领域，我国对于固定资产投资有明确的资本金要求，但是目前国内基础设施领域股权投资市场尚不成熟，公募不动产投资信托基金（Real Estate Investment Trusts，简称“REITs”）迈出了股权投资的重要一步，但还局限于存量项目，更多的新建项目需要解决资本金问题。市场上的一般私募股权基金主要聚焦于回报率较高的新型领域，而在城市建设开发以及近两年倡导的“新基建”，更多的是传统基础设施和公共服务的再升级，与社会民生紧密相连，但收益回报却较低，需要政府引导资金弥补资本金的缺口，也需要模式的创新和资金渠道的多元化，以便更好地引领城市经济发展。

4.6　信托

4.6.1　信托的概念及分类

信托即“受人之托、代人理财”，指委托人基于受托人的信任，将其财产权委托给受托人，由受托人按照委托人的意愿以自己的名义，为受益人的利益或特定目的进行管理或者处分的行为。既是一种财产管理制度和法律行为，又是一种金融制度，与银行、证券、保险并称为金融业四大支柱。我国于 2001 年颁布《中华人民共和国信托法》，为信托业发展奠定基础。

信托一般涉及委托人、受托人以及受益人。委托人依照双方契约或遗嘱占有、管理、使用信托财产，处置其收益。在我国金融业分业经营的环境下，信托公司连接着金融市场的各类金融机构和实体经济，将资金更加有效地投入需要的产业中，涵盖中小企业、房地产、基础设施产业、证券投资、股权投资等多个领域，是实体经济发展过程中必要的金融支持手段，在金融业的占比随着经济发展同步提升。

根据信托财产形式分类，信托业务可分为单一资金信托、集合资金信托及管理财产信托。其中，单一资金信托也称个别资金信托，指信托公司接受单个委托人的资金委托，依据委托人确定的管理方式，或由信托公司代为确定的管理方式，单独管理和运用货币资金的信托。集合资金信托指受托人把两个或者两个以上委托人交付的信托资产加以集合，以受托人自己的名义对所委托的财产进行管理、运用或处置。在实际业务中，单一资金信托的委托人地位和集合资金信托中委托人地位有较大差异，单一资金信托计划中资金运用方式和对象更多地体现委托人的意愿，贷款占比较高；而集合资金信托中，信托公司则对于信托运用和资金使用等起着主导作用，投资渠道较多。

随着资本市场发展进入大资管时代，资产证券化、家族信托、消费金融等创新业务逐步发展，信托公司与同业机构的业务合作加深，信托原有分类也随市场而变，原有分类不足以阐述信托的功能性定位。2020 年 5 月《信托公司资金信托管理暂行办法（征求意见稿）》出台，确认了资金信托、服务信托及公益（慈善）信托三大类业务分类监管逻辑。

资金信托业务是指信托公司作为受托人，按照投资者的意愿，以信托财产保值增值为主要信托服务内容，将投资者交付的资金进行管理、运用、处分的信托业务活动，是一种自益型信托，委托人和受益人为同一人。资金信托按照投向，可具体分为基础产业、房地产、证券市场（含股票、基金及债券）、金融机构、工商企业及其他。其定位于私募资管，打破刚性兑付，同时向资管新规看齐，限制杠杆比例和层级嵌套。资金信托作为信托公司实现商业价值的重要支撑业务，开始全口径纳入监管范围。

服务信托是指信托公司运用其在账户管理、财产独立、风险隔离等方面的制度优势和服务能力，为委托人提供除资产管理服务以外的资产流转、资金结算、财产监督、保障、传承、分配等受托服务。服务信托代表了信托公司的特色，表明信托公司不是纯粹的资产管理机构，但是很难仅依靠此实现可持续盈利。

公益（慈善）信托业务是指信托公司依照《中华人民共和国信托法》《中华人民共和国慈善法》《慈善信托管理办法》等有关规定，按照委托人的意愿对信托财产进行管理和处分，依法开展公益（慈善）活动的信托业务，公益（慈善）信托本质上不属于营业信托，其社会价值远大于其商业价值，其商业价值基于慈善财产的保值增值需求，将家族慈善需求与家族信托相结合。

4.6.2　信托在城市开发中的作用

信托在城市基础设施开发领域以政信业务为主，通过发行信托为地方政府基础设施建设筹集资金。典型的交易结构分两种，一是与地方融资平台共同出资成立项目公司，以资本金方式注资项目公司，为地方基础设施项目提供股权融资，二是通过信托方式为基础设施项目筹集债权资金，也有两种方式相结合，投贷联动。信托与地方融资平台合作的模式，主要由于金融市场中基础设施项目资本金匮乏，传统金融渠道股权融资困难，且随着地方政府债务管理的监管强化，传统金融机构对于基建债券融资较为谨慎，使得信托在基础设施领域有一定的发展空间，但是融资成本较高，一些项目也存在合规风险和信用风险。

同时，近些年受监管影响，银行对于房地产额度管控趋紧。由于信托投资方式灵活多样的特点，弥补了银行贷款的不足，在房地产开发中得到了快速发展应用。主要模式为信托公司作为受托人设立信托计划，将信托资金以信托计划的名义投资于房地产企业，由房地产企业用于房地产项目，进而获得信托收益，并将信托收益分配给信托计划受益人的投融资方式。根据交易结构不同，房地产信托可以分为债权型信托、股权型信托、资产收益权信托、混合型信托。

债权型信托是信托贷款业务的基础方式，债权型房地产信托即投资者作为委托人，信托公司作为信托合同中的受托人，房地产企业将其相关的土地使用权或者其他不动产等资产作为担保，此时由信托公司将从投资者手中募集的资金通过发放贷款的方式借给房地产公司，之后由房地产企业按照借款合同规定的利息和还款时间方式支付利息，并在信托计划到期时兑付信托本金的一种信托产品。其中要注意，信托贷款业务需要满足地产融资的“四三二”条件，即项目的土地使用证、用地规划许可证、工程规划许可证、工程施工许可证“四证”齐全，企业资本金达到30%，地产开发商二级以上资质。

股权型信托，是指信托公司将信托资金以股权收购或者增资协议的方式注入房地产公司，实现了对房地产企业的投资。如此一来信托公司其实就已成为房地产企业的一名股东，由此就可以通过对于公司股权的分红、减资和转让来获得投资收益。之后，信托公司再按照之前的信托文件约定向投资人返还本金和分配信托受益。所以，这种模式的优点就在于信托公司的投资实际上增加了房地产企业的自有资金，能够改善其企业资本结构，从而降低资产负债率，提高企业资信等级。但另一方面，由于涉及股权问题，信托计划的退出和流动性可能会较差。

资产收益权信托是指以资产的收益权，作为信托基础财产，来解决了开发商前期的融资困境。具体来说就是，信托公司与房地产融资方签订一份《特定资产收益权转让合同》后，信托公司会把信托资金转给融资方，而作为对价，融资方会将特定资产的“资产收益权”转让给信托公司，如租金收益权、应收账款收益权、项目收益权等资产，但特定资产的所有权和占有权并不转让给信托公司。由此，信托公司就可以通过这些资产产生的现金流来获得信托受益，并分配给投资者。而在后期，房地产企业再重新买回这些资产，从而偿还本金。

混合型信托指对前三种模式组合在一起使用，如股权投资+贷款、股权投资+财产权信托、贷款+财产权信托等，期限配置等方面更加灵活。

4.7 保险

4.7.1 保险的概念及保险资金的特点

保险，是指投保人根据合同约定，向保险人支付保险费，保险人对于合同约定的可能发生的事故因其发生所造成的财产损失承担赔偿保险金责任，或者被保险人死亡、伤残、疾病或者达到合同约定的年龄、期限等条件时承担给付保险金责任的商业保险行为。按照保险标的，可以分为财产保险和人身保险两大类。保险资金的来源属性决定了保险投资的投资特征。

一是偏好低风险投资。对于保险公司而言，保险资金主要是由各项准备金构成，注册资本、各类公积金、未分配利润等所占比重较小，而各项准备金即是由保费收入累积形成，在保险合同责任发生以后用于履行赔付义务，这部分资金即是保险公司的负债。保险资金的负债属性决定了其投资的风险偏好，追求低风险，投资稳健。

二是期限较长、稳定性强。保险资金属于长期资金，寿险平均久期在13年左右，其中万能险和分红险久期5年，长期健康险长达15年甚至终身，由此形成的责任准备金具有长期稳定的特点。随着保险公司发展壮大，吸收的大量低成本资金形成了长期又稳定的资金来源。

三是具有一定的规模。近些年保险公司保费收入不断增加，形成了规模庞大的保险资金。在投资上，为了追求可观的投资回报，并兼顾对于低风险的偏好，相比于其他金融机构，保险资金具有显著的规模性。

在资金运用结构上，根据保监会发布的《保险资金运用管理暂行办法》，保险资金运用包括：银行存款，买卖债券、股票、证券投资基金份额等有价证券，投资不动产以及国务院规定的其他资金运用形式。保险资金从事境外投资的，应当符合中国保监会有关监管规定。从保险资金投资发展阶段看，银行存款和债券是我国保险资金运用的主要形式，其中银行存款曾经占很大比重，随着资本市场的快速发展，投资渠道逐步放开，运用形式扩展到债券、股票、抵押贷款、不动产投资、基础设施建设和境外投资等。在保险资金运用风险与收益平衡下，运用于股票、基金、债券等的比重逐渐扩大，运用于银行存款等的比重逐渐缩小。

4.7.2　保险资金在城市开发中的作用

保险资金的长期性和稳定性，很适用于城市基础设施开发建设领域，在政策推动下，保险资金开始逐步深入其中。2006 年国务院发布《关于保险业改革发展的若干意见》，充分发挥保险资金长期性和稳定性的优势，为国民经济建设提供资金支持。同年，保监会出台了《保险资金间接投资基础设施项目试点管理办法》（保监会令［2006］1 号），投资范围包括交通、通信、能源、市政、环境保护等国家级重点基础设施项目，投资计划可以采取债权、股权、物权及其他可行方式投资基础设施项目。

2014 年，国务院印发《关于加快发展现代保险服务业的若干意见》（国发〔2014〕29 号），鼓励保险资金利用债权投资计划、股权投资计划等方式，支持重大基础设施、棚户区改造、城镇化建设等民生工程和国家重大工程。为了落实该文件指导精神，推进保险资产管理业务发展，2016 年，“保监会令［2006］1 号”进行修订，去掉“试点”二字，出台了《保险资金间接投资基础设施项目管理办法》，明确简化行政许可、强化风险管控、完善制度规范外，该办法进一步拓展了保险资金投资基础设施项目的行业范围，在模式上增加了 PPP 模式。

2017 年，为了加强保险资金对于实体经济的支持力度，保监会出台了《关于保险业支持实体经济发展的指导意见》（保监发〔2017〕42 号），大力引导保险资金通过各种形式，支持供给侧结构性改革、“一带一路”建设、国家区域经济发展战略、军民融合发展和中国制造 2025、PPP 和重大工程建设等。

在股权投资方面，2020 年，银保监会发布《关于保险资金财务性股权投资有关事项的通知》，明确保险机构及其关联方对所投资企业不构成控制或共同控制的，即为财务性投资，取消保险资金财务性股权投资的行业限制，允许保险资金通过股权直接投资、股权投资计划、股权投资基金等方式投资企业股权。至此，保险资金在基础设施投融资领域，不仅可以进行债权投资，也可以进行股权投资。

此后，随着中国股权融资市场的发展，2021 年，基础设施 REITs 政策的出台迈出了基础设施领域股权融资的重要一步，同年 11 月，银保监会下发了《保险资金投资公开募集基础设施证券投资基金有关事项的通知》，允许保险资金投资公开募集基础设施证券投资基金，为保险公司深入基础设施领域打开了渠道。同时，也为基础设施市场注入了最长期稳健的资金来源。

4.8 资产证券化

4.8.1 资产证券化的概念与分类

资产证券化（Asset Securitization，简称“AS”）是指将缺乏流动性，但具有未来稳定现金流的财产或财产权作为基础资产，通过结构化金融技术，将其转变为可以在资本市场上流通和转让的证券，而与之相应的资产支持证券（Asset-Backed Securities，简称“ABS”）是指将上述具有自动清偿能力的资产组成的资产池所支持的证券。

资产证券化诞生于20世纪60年代末70年代初的美国，初衷是增加金融机构的资产流动性。当时美国经济出现了滞涨，市场利率不断升高，但相关法规限制了储蓄的利率上限，导致储户大量提取存款投入资本市场，银行等金融机构资金日益枯竭，而其发放的住房抵押贷款等又以长期贷款为主，流动性风险和利率风险不断积累。为了缓解这一困境，房地美、房利美、吉利美等三家政府机构联合购买住房抵押贷款，创造了住房抵押贷款支持证券（Mortgage Backed Securitization，简称“MBS”），公开发行，出售给资本市场上的投资者。通过资产证券化，流动性较低的资产转化为流动性较强的资产支持证券，从而为金融机构增加了流动性。MBS的发行为解决婴儿潮一代的购房资金需求问题发挥了重大作用。增加流动性是资产证券化产生的动因，也被视为其最基本的功能。

此后，资产证券化在不断创新中快速发展，各机构仿照MBS的模式，将信用卡、汽车贷款、学生贷款等债权资产作为基础资产，发行各种资产支持证券。此时，参与主体除了流动性需求之外，也通过资产证券化来实现风险转移的需求。用于证券化的资产需要“真实出售”给特殊目的机构（Special Purpose Vehicle，简称“SPV”），从而从发起人的资产负债表中隔离出来，实现发起人的风险和该资产的风险的隔离。此外，ABS的优先/劣后分层设计等增信措施有助于风险的分担。因此，风险隔离和分担是资产证券化的又一核心功能。

资产证券化的实质是将可预期的未来现金流变现，表面上是以资产为支持，但实际上是以资产所产生的现金流为支持，并不一定要有具体的物质形态，如应收账款、信用卡贷款等，只要可以带来稳定的现金流都可以作为资产证券化的基础资产。因此，根据基础资产种类的不同，可以将资产证券化产品划分为债权类资产证券化、收益权类资产证券化、股权类资产证券化。

债券类资产证券化的基础资产包括银行的债权资产，如住房抵押贷款、商业地产抵押贷款、信用卡贷款、汽车贷款、企业贷款等，以及企业的债权资产，如应收账款、设备租赁等。

收益权类资产证券化的基础资产包括收费路桥、水电气公用事业、能源、公园景区等设施未来收费的收益权。

股权类资产证券化主要是权益型REITs，主要投资于可带来收入的房地产项目，例如购物中心、写字楼、酒店及服务式住宅，通过获得不动产产权来取得经营收入，投资收益来源于租金收入和房地产升值。

从资产证券化发起人角度区分，又可以分为信贷资产证券化和企业资产证券化，前者主要用于提高银行、保险机构等金融机构的资金流动性，加大金融机构的信贷资产投放；企业资产证券化则是直接作用于企业，提高企业的资产流动性，盘活企业存量资产。

从不同的发行审批备案机构，不同的资产证券化产品又可以分为资产支持票据（Asset-Backed medium Notes，简称“ABN”）、资产支持证券（Asset-Backed Securities，简称“ABS”）以及保险专项计划，其中 ABS 属证监会监管，ABN 和保险专项计划分别对应原来的银监会和保监会，2018 年二者合并为银保监会。

4.8.2　资产证券化的框架结构

以信贷资产证券化为例，有以下要素和环节：

（1）借款人。借款人向商业银行等机构举债并形成债权，然后依据合约按时缴纳本金和利息，构成了证券化产品的现金流来源。

（2）资产原始权益人（发起人）。资产原始权益人由于有融资需求，通常是证券化的发起人，也是资产的出售方。发起人负责筛选现金流稳定且可预测的同质资产，作为证券化的基础资产，并且保证从法律上将资产完全转移至 SPV，达到真实出售的效果。

（3）特殊目的机构。发起人将资产信托给 SPV，由 SPV 以资产支持证券的形式向投资机构发行受益证券，以该财产所产生的现金支付资产支持证券收益；受托机构应当按信托合同约定，分别委托贷款服务机构、资金保管机构、证券登记托管机构及其他为证券化交易提供服务的机构履行相应职责；受托机构以信托财产为限，向投资人支付资产支持证券收益。

（4）服务商。服务商是资产证券化中另一个重要交易主体，负责资产证券化交易从证券发行开始到资产全部处理完毕整个期间的大部分服务工作。在很多资产证券化交易中，发起人虽然转让了资产，但是由于其拥有现成的系统和客户关系，所以顺理成章地成为交易的服务商。服务商会按所管理资产的一定比例提取服务费，所以这种对证券化资产保留的服务权有时候是发起人重要的收入来源。由于服务商的重要性，一般的证券化交易中都会聘用一个服务商，并指定一个后备服务商，在必要时（比如服务商破产或违规）顶替服务商以保证证券化交易的正常运作。在一些资产服务工作比较复杂的交易中（比如商业房地产抵押贷款证券化交易），还会同时用到两个甚至三个服务商，如总服务商、特殊服务商和副服务商，各自承担一部分服务管理工作。

（5）增信措施。证券化产品可能面临债务人违约、拖欠的风险，为使这种产品更受投资者的青睐，通常会进行信用增级。信用增级，就是发行人运用各种手段与方法来保证能按时、足额地支付投资者利息和本金的过程。信用增级可以补偿资产现金流的不足，使证券化产品获得“投资级”以上的信用评级。信用增级措施分为内部和外部两种，其中外部措施是寻找第三方的担保，如保险公司、银行，这些提供信用担保的机构称之为信用增级机构。内部增信则是指通过对资产池的构建设计及其现金流和结构化安排，来提高证券现金流质量和信用评级的措施。内部信用增级的最大优点是成本较低，其所需的资金来源于资产池本身及其产生的现金流，具体措施包括超额抵押、优先及次级结构、设置利差账户等。此外，当证券化产品本息支付的时间和基础资产产生现金流的时间不匹配时，还有专门提供流动性的机构来保证本息的及时偿付，但所提供的资金尚需偿还。这和信用增级机构的职能是不同的，后者提供的资金支持一般情况下无须偿还。

（6）信用评级机构。投资者在面对众多的券种时往往无法识别其所面临信用风险的大小，而信用评级机构为投资者提供了这种便利。它通过审核资产池能承受的风险强度，赋予合理的评级，方便投资者对信用风险进行定价并做出相应的决策。此外，在将证券化产品分割为不同信用级别的证券时，信用评级机构决定各自规模的分配比例，以保证各层次品种达到相应的评级要求。评级机构在为资产证券化产品进行信用评级时，往往关注如下几方面：①基础资产本身的品质；②证券化产品的发行框架；③特殊目的载体能否完全隔离资产原始持有人的破产风险；④信用增级是否足以涵盖所有信用风险；⑤特殊目的载体本身因其他因素破产的可能性。但需要注意的是，信用评级仅衡量了信用风险，并没有体现提前偿付的风险、市场风险和经营风险等。

（7）证券化产品投资者。证券化产品的投资者非常丰富，以机构投资者为主，包括基金、信托公司、保险公司、证券公司、商业银行及其他投资者。

资产证券化典型的交易结构如图 4-2 所示。

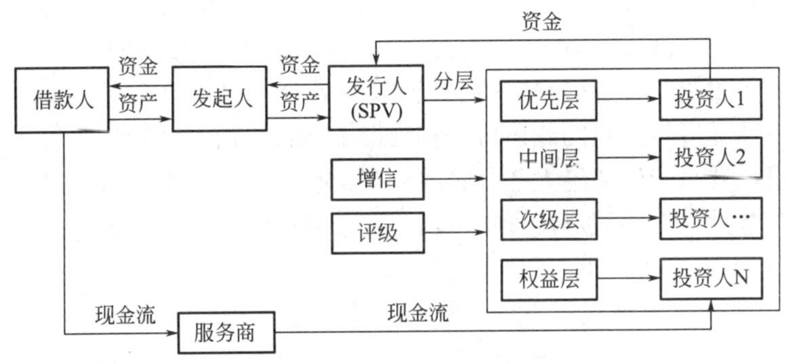

图 4-2 资产证券化典型的交易结构

4.8.3 资产证券化在城市开发中的作用

资产证券化在我国的发展从信贷资产证券化逐步延伸到企业资产证券化，进而推进到基础设施资产证券化，直接作用于实体经济。在基础设施领域，资产证券化作为一种重要的资本市场融资方式备受关注。其方式有两种，一是以企业资产证券化的方式，以企业的应收账款作为还款现金流发行资产证券；另一种是基于具体基础设施项目收费受益权的资产证券化，例如 PPP 模式项下企业对基础设施的特许经营权将带来一部分收益，以此作为基础资产发行证券，收益权类型包括高速路桥收费收益权、供热收费收益权、供电收费收益权、供水收费收益权、公交地铁收费收益权、燃气收费收益权等。

为了顺应基础设施投融资市场的发展，2016 年发展改革委和证监会联合推出了《关于推进传统基础设施领域政府和社会资本合作（PPP）项目资产证券化相关工作的通知》（发改投资〔2016〕2698 号），推进 PPP 领域的资产证券化。政策推出之后，2017 年 4 月证监会接收到上报的“PPP 证券化”项目多达 41 单。这 41 单项目中污水垃圾处理项目 21 单，公路交通项目 11 单，城市供热、园区基础设施、地下综合管廊、公共停车场等项目 7 单，能源项目 2 单，基础资产主要以收费收益权为主。此后，发展改革委、证监会、人民银行又相继推出了《关于规范开展政府和社会资本合作项目资产证券化有关事宜的通知》（财金〔2017〕55 号），扩大了 PPP 资产证券化的基础资产范畴，将股权、债券、收费收益权一并纳入 PPP 资产证券化的基础资产，同时免除了项目必须进入运营期满两年才能发行资产证券化的规定。

4.9 REITs

4.9.1 REITs 的概念及发展

不动产投资信托基金（Real Estate Investment Trusts，简称“REITs”）是指通过发行收益凭证汇集多数投资者的资金，交由专门投资机构进行不动产投资经营管理，并将投资综合收益按比例分配给投资者的一种信托基金。本质是将流动性差的实体物业资产在二级市场打包上市，变为流动性更好的可交易金融产品，由广大公众分享底层资产租金收入和资产增值收益。

REITs 最早于 1960 年出现在美国，后于 1971 年出现在澳大利亚。在亚洲市场上，REITs 最初于 2001 年出现在日本，其后于 2002 年在新加坡出现，紧接着在我国台湾和香港地区相继推出。目前，REITs 已成为股票、债券及衍生品之外的第四大类资产配置产品。2020 年 4 月，我国发展改革委和证监会出台基础设施公募 REITs 政策，全称“公开募集基础设施证券投资基金”，指依法向社会投资者公开募集资金形成基金财产，通过基础设施资产支持证券等特殊目的载体持有基础设施项目，由基金管理人等主动管理运营上述基础设施项目，并将产生的绝大部分收益分配给投资者的标准化金融产品，是一种公募创新产品，也为基础设施领域对接资本市场开辟了新的资金通道。2021 年 6 月，我国大陆（内地）地区市场上推出第一批 REITs 项目。

由于 REITs 本质上是将成熟不动产物业在资本市场进行证券化，REITs 既具有金融属性，又具有不动产属性。其金融属性体现在：REITs 作为一种金融投资产品，能够为投资者拓宽不动产投资渠道，同时，通过证券化的形式，将流动性较差的不动产资产转化为流动性强的 REITs 份额，提高了不动产资产的变现能力。REITs 的不动产属性体现在：REITs 专注投资于可产生定期租金收入的成熟不动产资产，可少量投资于土地和在建工程等，具有专业的不动产管理团队，有助于提升物业价值，实现长期稳定的回报。

根据资金投向不同，REITs 可分为权益型、抵押型和混合型。其中，权益型 REITs 拥有并经营收益型不动产，同时提供物业管理服务，获得不动产的产权以取得经营收入，收益来自租金和不动产的增值，是 REITs 的主导类型，最为常见；抵押型 REITs 是直接向不动产所有者或开发商提供抵押信贷，或者通过购买抵押贷款支持证券间接提供融资，其主要收入来源为贷款利息，因此抵押型 REITs 资产组合的价值受利率影响比较大；混合型 REITs 既拥有并经营不动产，又向不动产所有者和开发商提供资金，是上述两种类型的混合。根据资金募集与流通方式不同，可以将 REITs 分为私募和公募两种形式。值得一提的是基础设施 REITs，它是一种在基础设施领域运用资产证券化的融资工具，把流动性较低的、非证券形态的基础设施资产，直接转化为资本市场上的证券资产的金融交易过程。

4.9.2 REITs 的框架结构

基础设施公募 REITs 主要参与主体有：

1）原始权益人：指基础设施基金持有的基础设施项目的原所有人。

2）基金管理人：负责对拟持有的基础设施项目进行全面的尽职调查，聘请符合规定的专业机构提供评估、法律、审计等专业服务；负责向证监会申请注册基础设施基金，向证券交易所提交上市申请，负责基金份额的发售，投后管理等。

3）基金托管人：负责保管基础设施基金财产；监督基础设施基金资金账户、基础设施项目运营收支账户等重要资金账户及资金流向；监督、复核基金管理人投资运作、收益分配、信息披露等。

4）财务顾问：接受基金管理人委托，开展尽职调查，并出具财务顾问报告，办理基础设施基金份额发售的路演推介、询价、定价、配售等相关业务活动。

5）评估机构：接受基金管理人委托，对拟持有的基础设施项目进行评估，并出具评估报告。

6）会计师事务所：接受基金管理人委托，对基础设施项目财务情况进行审计并出具报告。

7）律师事务所：接受基金管理人委托，就基础设施项目合法合规性、基础设施项目转让行为合法性、主要参与机构资质等出具法律意见书。

8）外部管理机构：接受基金管理人委托，负责运营管理基础设施项目。

9）投资人：基础设施 REITs 的投资人分为战略配售投资人、网下配售投资人、公众投资者三类。

基础设施 REITs 交易结构如图 4-3 所示。

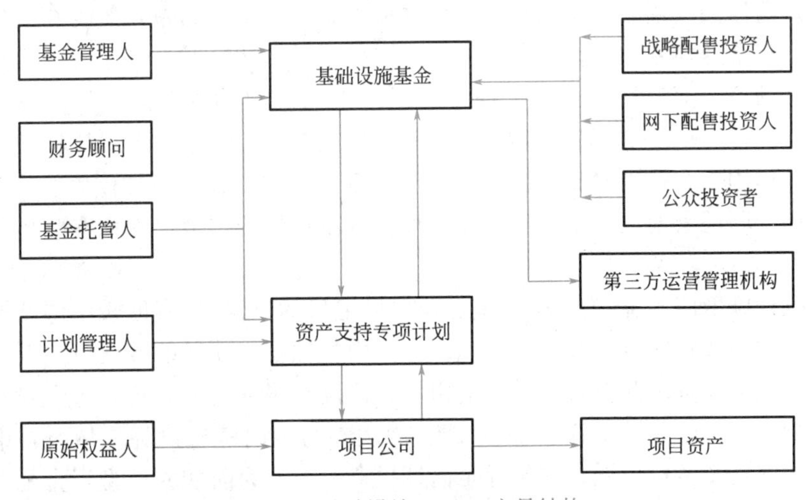

图 4-3 基础设施 REITs 交易结构

基础设施 REITs 由国家发展改革委和证监会来联合推动，国家发展改革委对项目和产业政策进行审核，证监会、交易所要对 REITs 产品所涵盖的资产证券化和公募基金进行审核。发起人（原始权益人）向项目所在地省级发展改革委报送试点项目申请材料，具体流程为：

1）发起人（原始权益人）向项目所在地省级发展改革委报送试点项目申请材料。

2）省级发展改革委对符合相关条件、拟推荐开展试点的项目，向国家发展改革委出具无异议专项意见，同时一并报送试点项目申请材料。

3）国家发展改革委将支持符合国家政策导向、社会效益良好、投资收益率稳定且运营管理水平较高的项目推荐至证监会。

4）基金管理人向证券交易所提交基础设施基金上市申请，获得无异议函后，向证监会申请注册基础设施基金。

5）证监会和交易所同步开展审核工作，建立联合审核会议机制。

基础设施 REITs 在进行项目筛选时主要遵从两个聚焦：即聚焦重点行业、聚焦底层资产质量。聚焦重点行业包括仓储物流、交通、污染治理、市政工程等传统基础设施补短板项目，5G、通信铁塔等新型基础设施项目，以及光伏/水力/风力发电、保障性租赁住房、水利工程、5A 级风景区等领域。聚焦底层资产是指底层资产应已完成竣工验收，各项前期工作手续完备；原始权益人或其所属项目公司合法持有底层资产的财产权利，权属清晰；运营模式成熟，有持续、稳定的收益及现金流。

4.9.3　REITs 在城市开发中的作用

长期以来，城市开发的投资拉动在我国经济增长中占据重要地位，但缺乏权益类融资工具，一直依靠债权融资工具或者“明股实债”方式获得资金，长期以来积累了过高的财务杠杆。同时，伴随着改革开放后数十年的经济发展，不论是企业还是居民都积累了丰厚的财富，却缺乏稳健、多元化的投资渠道。基础设施 REITs 的出台，从资本市场角度，开启了我国真正权益类融资的先河。从投资角度，基础设施具有收益稳健、抗周期波动的特性，也为机构和个人投资者打开了新的投资领域，联通了资本市场和基础设施市场，具有重要的战略发展意义。其主要作用有：

（1）有效盘活国内基础设施存量资产，降低宏观杠杆率、防范系统性金融风险，降低地方政府和国有企业债务负担，激活地方投融资效率。REITs 作为权益类的金融工具，对底层资产的负债率一般有明确要求，通常不超过 45%，实践中美国、新加坡等地 REITs 的负债率长期保持在 30%左右。因此，REITs 能够有效起到降低宏观杠杆率，防范系统性金融风险的作用。企业以基础设施存量资产发行 REITs，在不增加债务的情况下收回前期投资，可用于归还其他债务或用于补充其他投资项目的资本金，从而在整体上降低宏观杠杆率。

（2）基础设施 REITs 将为基础设施行业提供定价的“锚”，有助于中国新型城镇化背景下基础设施的投融资体制改革。长期以来，国内基础设施项目的投融资主要通过政府的行政手段来完成，而资源配置最有效率的市场手段没有得到充分发挥，导致投资的持续力度不足，影响了资金的使用效率。当 REITs 深度参与国内基础设施领域时，市场价格可以成为基础设施资产定价的锚，并传导至前期投资上，成为前期权益型资金配置的重要指引。而前期权益型资本的高效引入，将极大地促进中国基础设施的投融资模式改革，使得高杠杆、长周期、重建设的传统模式得到改变。

（3）通过 PPP+REITs 的有效组合，有利于提高 PPP 的落地数量和项目质量。PPP+REITs 可为 PPP 项目的社会资本方提供退出渠道和闭环的商业盈利模式。无论是债权型资本还是股权型资本，均可以在 PPP 项目成熟后通过 REITs 产品实现退出，从而形成新的资本金和持续投资能力。REITs 上市后，资本市场在监管、信息披露、投资者等方面的要求，及 REITs 注重分红的商业逻辑，可促使基础设施项目的管理和营运更为专业化，构成对地方政府的有效约束，提升 PPP 项目的建设和运营质量。

（4）在企业层面上，基础设施 REITs 为项目提供了退出渠道，成为新的商业模式和核心竞争力。基础设施项目一般具有投资周期较长、投资规模较大等特点，在缺乏有效退出机制的情况下，企业及其他类型社会资本的前期投资风险较大。REITs 的存在，可以使企业形成完整的业务模式，在为企业提供有效退出渠道的同时，还能成为企业投资和融资的双平台；同时，借助 REITs 对资产运营能力的实施将倒逼企业建立精细化、市场化和长期化的经营管理机制，助力企业在新形势下打造核心竞争力。

（5）推动公募基金、养老金、保险资金等投资于优质基础资产，为全民共享经济发展成果提供投资渠道。公募基金、全国社保基金、基本养老金、企业年金/职业年金、未来的第三支柱个人养老账户，以及大量以养老为目的的理财和保险资金，需要足够丰富、分散、有效的配置工具和资产标的，以满足其长期安全性与回报率要求，从而真正实现经济增长成果的全民分享，夯实社会可持续发展的根基。传统二级市场对于养老资金而言，波动大、风险高、价值投资的吸引力不强，难以提供与长期经济增长相一致的投资回报。将有稳健现金流的基础设施和公共服务项目进行资产证券化，通过公募 REITs 向全民提供具有稳定回报和长期增值预期的集合投资工具，将为全民共享经济发展成果提供理想渠道。

复习思考题

1. 城市开发建设主要融资方式有哪些？
2. 政策性金融机构融资与商业银行融资有什么不同？
3. 债券融资在城市开发建设领域如何应用？
4. 信托在基础设施领域的业务合作模式主要有哪些？
5. 保险资金运用的特点有哪些？
6. 资产证券化的交易结构中主要的参与方有哪些？
7. 基础设施 REITs 的基本交易结构包括哪些？

实践篇

第5章　城市土地开发

5.1　城市土地开发概述

5.1.1　城市土地开发的概念

（1）城市土地开发的含义

城市土地开发是为适应城市经济、社会文化发展的需要，对土地进行投资、改造和建设，提高土地的质量和价值，使其具有社会经济效益的一种经济活动。这一活动是通过一定的技术经济手段，扩大对土地的有效利用范围，提高对土地的利用深度，增加城市建成区面积或使原有城市建成区功能更符合当地社会的时代发展要求，以满足生活和生产不断变化的需要。

城市土地开发分为土地初始开发和土地再开发。城市土地初始开发也称为土地增量开发，或拓展式的土地开发，是指城市初始开发阶段，对土地进行有目的的利用，进而改变土地的原生形态和用途的行为，即是对新城区范围内的土地进行初始开发利用的过程。城市土地再开发也称为土地存量开发，是建立在城市土地初始开发的基础上，从效益最大化的角度，对原有的用地类型、结构及空间布局等进行置换升级，尤其是对城市建成区中的衰退地区进行改造重建，即所谓的城市更新。城市土地初始开发和城市土地再开发都是通过特定手段，挖掘土地内在潜力，提高土地的利用率以及土地的经济、社会或环境效益。

（2）城市土地开发的特点

1）城市土地开发的目标是"实现社会效益、环境效益、经济效益的和谐统一"，即通过政府与企业的协同努力使得城市具有完善的基础设施、便捷的交通条件、环境优美的城市空间，带动房地产投资和相关产业的发展，实现经济效益、社会效益和环境效益的统一。

2）城市土地开发是综合性的开发，以统一规划、统一设计、统一建设的综合开发方式，通过城市土地开发对城市基础设施进行综合建设，基本形成城市的水、电、燃气、通信、排水、集中供热、集中供冷等市政配套能力和道路交通网及环境景观，兼顾近期和长期效益，实现城市土地的优化、激发和增值。

3）城市土地开发具有完善的规划体系，涉及城市总体规划、土地利用总体规划、市政综合规划、园林景观规划、地下空间开发规划、道路标识系统规划等诸多规划，目的是全面提升项目设计的质量，建设自然和谐的城市区域。

4）城市土地开发是社会物质文明与精神文明成果的积淀。政府或企业发挥各个方面的优势、智慧和经验，把人类现代的物质文明和精神文明的成果，通过土地开发的方式进行最大限度的整合。

5）城市土地开发导致原有的土地数量或质量的变化。对功能落后或损坏的土地进行再开发将提高城市土地质量，使之更适应当前城市活动的要求。对未开发的土地进行开发将提高已开发城市土地面积，扩大城市的范围。

5.1.2　城市土地开发的目标

城市土地兼具资源、财产、资产的特性。作为资源，其自然供给的有限性要求城市土地利用要追求集约与高效；作为人类生存发展的自然环境载体，土地利用对环境影响的不可逆性要求城市土地的利用要注意土地利用的环境效益；作为财产，政府应对各民事主体的土地权益提供有效的法律保护；作为资产，城市土地具备了可经营性，城市土地利用影响着城市在资源要素流动过程中的竞争力。城市土地利用对城市发展的影响具有双重性，城市土地价格过低不利于政府获取土地出让收益，价格过高会增加企业和居民的生产和生活成本，影响城市竞争力。城市土地的利用应实现保证土地收益与保持合适的城市生产和生活成本的平衡、房地产业与其他产业发展的平衡、完成城市近期发展目标与提高城市竞争力、实现城市可持续发展等长期目标的平衡。所以，城市土地开发的目标是平衡土地开发的经济效益、社会效益和生态效益，实现公平、效率和环境的统一，保证人口、资源、环境和社会协调发展。

5.1.3　城市土地开发的原则

（1）政府主导

城市经营是将城市作为一个运行的经济系统，以城市经济理论为依据，运用市场机制和市场规律调控城市发展的一项经营管理活动，其目的是使公共资产保值、增值，提高城市竞争力，提升城市在国际或国内、省内、区域内的地位。由于城市土地归国家所有，土地是城市最大的资产。土地的稀缺性和不可再生性要求我们需要珍惜和合理、集约、高效配置土地资源，使有限的资源得以永续利用。因此，如何经营土地资产是城市经营的关键也是城市经营的核心。由政府主导能够统领整个城市的土地资产，在城市内部达到土地资产经营的最优化。

在城市土地开发中，政府主导体现在以下方面：制定和完善有关土地一级开发的法律、法规、规章和规范性文件，使土地开发具备有效的法律保障和统一的游戏规则；制定城市国民经济和社会发展规划、土地利用总体规划、城市总体规划、详细规划及配套的专业规划、产业发展规划，使土地开发具有空间依据和开发基础；制定土地利用年度计划、土地储备计划、土地供应计划和土地开发计划，使土地开发具有时序安排；在土地开发项目实施中，公平、公开、公正地选择项目的实施主体，履行计划管理、规划管理、建设管理等政府职能；在土地开发的资金管理中，提供必要的资金和融资渠道，履行资金监管、成本审核等职能；在土地开发项目完成后，履行公用事业管理和土地出让职能。

（2）统一规划

规划是对事务的谋划和安排。就一个城市而言，宏观层面涉及国民经济和社会发展规划、城市总体规划、土地利用总体规划、产业发展规划，微观层面牵涉详细的规划，上述规划共同指导城市的有序发展。规划的本质是政府履行其职能的重要手段。城市总体规划界定了一个城市的发展方向、目标和规模，是城市在特定时期内发展建设的总体安排和部署。在实施城市总体规划时，政府对拟开发区域结合总体规划进行深化和细化，统一组织编制详细规划和配套的专业规划既有必要也有法定依据。

（3）市场化运作

新公共管理运动的兴起改变传统的公共服务仅由政府管理的模式，把公共性企业的资产出售给私营部门，或通过转让股份、出售股票等方式交予私营企业，抑或通过招标、签订合同等形式把公共部门拥有的各种经营和服务活动转移至私营部门。上述模式打破了公共管理的单一性、垄断性，引入了竞争机制，为公民提供了公共选择权，有助于重塑公共管理的绩效。

在城市土地开发中，城市政府首先是作为土地和城市基础设施的供应者而存在。因此，可以根据土地开发不同阶段和不同基础设施的特点，选择不同的开发模式，进行市场化运作，以提高城市土地开发的绩效。

5.1.4 城市土地开发的法律体系

城市土地开发的法律体系包括城市土地法律制度、城市规划法律制度、建设工程管理法律制度、土地开发投融资法律制度等（表5-1）。

城市土地开发的法律体系　　表5-1

法律制度	概述	具体内容
城市土地法律制度	由城市土地产权制度、城市土地用途管制制度、城市土地利用规划制度、城市土地利用制度、城市土地登记制度、基本农田保护制度构成	城市土地法律制度主要体现在现行的《土地管理法》《城市规划法》《城市房地产管理法》《土地登记办法》《基本农田保护条例》等法律法规中
城市规划法律制度	城市规划法律制度的主要目的是确定城市的规模和发展方向，实现城市的经济和社会发展目标，合理地制定城市规划和进行城市建设，适应社会主义现代化建设的需要	城市规划法律制度以《城市规划法》为中心，包括城市规划的行政法规、地方性法规、部门规章和地方性规章所构成的体系，以及与此相联系的相关法规及城市规划技术标准
建设工程管理法律制度	建设工程管理法律制度的主要目的是加强对土地开发过程中各项建设工程建筑活动的监督管理，以保证建设工程的质量和安全。目前我国形成了以“三法两条例”为核心的，相关法律及专业技术标准相配套的建设工程领域的法律框架	“三法两条例”是指《建筑法》《合同法》《招标投标法》和《建设工程质量管理条例》《建设工程勘察设计管理条例》，相关法有《城市规划法》《城市房地产管理法》等，专业技术标准涉及建设工程的勘察、设计、施工、监理、造价管理等所应遵守的国家标准、规范
土地开发投融资法律制度	土地开发投融资法律制度是对土地开发过程中政府和企业投融资行为的规范和约束，这些规范和约束分别体现在我国的固定资产投资法律制度、财政法律制度和金融法律制度中	固定资产投资法律制度：包括《公司法》《物权法》《会计法》《企业会计准则》《企业会计制度》《中央企业资产损失责任追究暂行办法》《企业国有资产法》等
		财政法律制度：主要包括预算法律制度、政府采购法律制度、国库集中收付制度等法律制度
		金融法律制度：在我国没有以“金融法”命名的单独的法律，涉及金融类的具体法律通常用它涉及的金融行业的名称来命名，如《中国人民银行法》《商业银行法》等

5.1.5 城市土地开发投入与产出

城市土地开发投入与产出是指通过对城市土地投入资金和劳动，改变和增加城市土地使用价值，以提高土地利用效益的活动。土地的利用效益涵盖经济效益、社会效益、生态效益，如何提高土地的利用效益，从而形成明确、布局合理、功能清晰的城市空间开发对于土地规划、经济战略和产业调整具有重要意义。

(1) 城市土地开发投入

在城市土地开发投入过程中，新区土地开发和旧城区土地开发的投入项目存在显著差异，具体投资组成部分如下：

1）新城区土地开发投入

新城区土地开发投入由三部分组成，即补偿费、基础设施建设费和土建费。

① 补偿费

新区开发的土地对城市建设而言主要是生地（过去用于农业生产）。生地用于城市开发后，其补偿主要包括：a. 征地费；b. 青苗和土地附着物的补偿；c. 劳动力安置费；d. 土地使用费；e. 增值税、土地使用费（税）以及部分城市地方政府规定的实物地租形式的各类附加费用。

② 基础设施建设费

对生地进行基础设施建设的“七通一平”费用，包括以下两个方面：a. 开发区内的市政工程等基础设施建设费用，涉及供水、供电、排洪、供气、通信、道路建设及场地平整费用；b. 公共服务及生活设施配套费用，涉及开发区内按规划要求兴建非经营性的中小学校、幼儿园、医院、派出所、居委会等公共服务设施及生活配套设施而产生的费用。

③ 土建费

包括设计和施工两部分：a. 勘察设计费，包括工程地质勘察、钻探地形测量、小区规划、建筑设计、模型制作等发生的费用；b. 全部建筑物或构筑物所发生的施工及设备购置费，包括人工费、材料费、机械使用费、施工管理费、设备购置费及安装费等。

2）旧城区土地开发投入

当一个城市在大规模开展住宅建设一定时期后，在老城区的住房由于人口疏散、居住条件差等原因，其价格在房地产二级市场将有所下降，其居住价值低于土地重新开发的价值，因此对旧城区的住房进行改造能够带来显著的经济效益。对于旧城区土地开发的投入主要包括以下方面：

① 拆迁补偿费

拆迁人应对被拆除房屋及其附属物的所有人，依据国家或本地区关于城市房屋拆迁的规定，给予补偿。拆迁补偿实行产权调换、作价补偿或两者相结合的方式。但拆除违章建筑、超过批准期限的临时建筑不予补偿。

② 基础设施改造费

城市旧区基础设施大多配套不完善，且设施陈旧，超载运营，不能正常满足人们的日常生活和工作。在旧城的改造中，首先要改造基础设施系统，并具有一定的超前性，满足城市在今后长期的运营要求。

③ 土建费

指对旧有建筑进行维修、功能改造的费用，或在拆迁区新建建筑的费用。

（2）城市土地开发产出

城市土地开发产出主要包含投资性增值、供求性增值以及用途性增值。

1）投资性增值

投资性增值是指对土地进行直接、间接投资所形成的劳动价值量增加而使土地产生的增值。其中又包括两种形态：一是宗地直接投资性增值；二是外部投资辐射性增值，即投资的外部辐射效应所形成的外部性效益。宗地直接投资性增值，是指对某一宗地进行“七通一平”类的开发所形成的土地增值。外部投资辐射性增值，是指某一地带或某一宗地以外的基本建设投资对该地带或该宗地产生的辐射作用，而使其价格增加。该投资虽然存在于某一地带或宗地之外，但其形成的固定资产的作用却具有辐射度和外溢性，从而使受益的其他土地的价格有所增加。

2）供求性增值

供求性增值是指随着经济、社会的发展，形成了日益增加的需求与相对有限土地的矛盾，造成土地的供不应求，从而使地价不断上涨。这种上涨与对土地的投资并无直接关系，其本质是土地物质的稀缺性所引起的价格上涨。因此，供求性增值又被称为稀缺性增值。

3）用途性增值

用途性增值，是指当投资水平和供求状况不变时，同一宗地由低收益用途转为高收益用途时，由于收益水平提高，地价也相应提高。如农地转为非农地，工业用地变为住宅用地、商业服务用地时，就会发生用途变更性增值。不仅如此，当土地用途可能发生变化而尚未发生变化时，人们对未来收益的预期提高，也会使土地增值。

（3）城市空间开发利润

城市空间开发的利润是由开发经营利润加上营业外收入，再扣除营业外支出得到的，如图 5-1 所示。

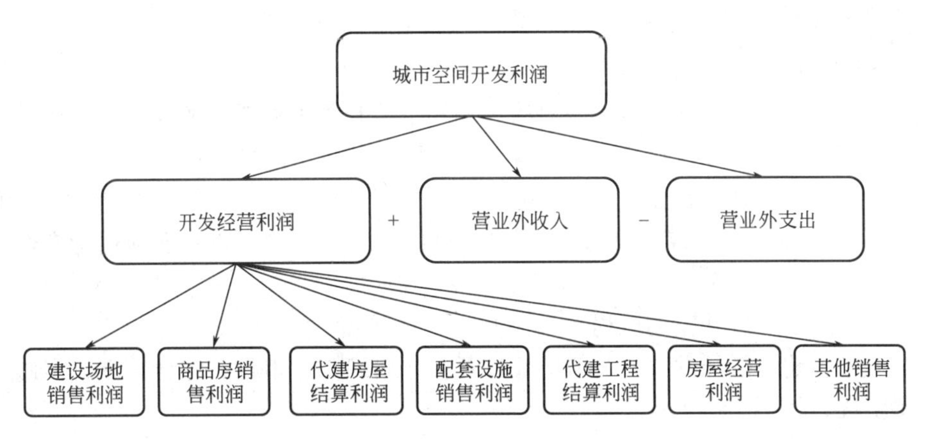

图 5-1　城市空间开发利润

1）开发经营利润

开发经营利润主要包括建设场地（熟地）销售利润、商品房销售利润、代建房屋结算利润、配套设施销售利润、代建工程结算利润、房屋经营利润和其他销售利润。

建设场地销售利润是土地出售开发的土地收入，即扣除开发土地成本和税金后的收入；商品房销售利润是企业出售商品房后，再扣除商品房的成本和缴纳税金后得到的收入；代建房屋结算利润是开发企业接受委托，代为开发建设房屋的收入减去代建房结算成本和税金后的利润；代建工程结算利润是企业接受委托，代为开发建设场地，如住宅等房屋之外的工程结算收入减去结算成本和税金的剩余利润；房屋经营利润指企业房屋经营收入减去房屋经营成本和税金；其他销售利润包括企业对外销售材料、物资、劳务、交通运输等环节形成的利润。

2）营业外收入

营业外收入指的是不属于业务经营的各种收入，例如固定资产、经营房、周转房清理收入以及无法支付的应付账款等。

3）营业外支出

营业外支出，是由国家有关财务制度统一规定的项目，此类支出不能列入成本，也不属于业务经营的各种支出，例如固定资产、经营房、周转房清理损失、无形资产清理损失、行政罚款支出、非常损失[①]等。

5.2 城市土地开发流程

根据我国土地产权制度的特点，中国城市土地市场形成了三级模式，即国家控制的土地使用权出让一级市场；房地产开发公司或土地开发公司等土地使用者在一级市场中获得土地使用权后，经过房地产开发投资，可以依法在二级市场上进行转让、抵押、出租等交易活动；其他土地使用者在二级市场通过转让方式获得房屋产权和土地使用权，可以依法在三级市场上进行再转让、抵押、出租等。由于城市土地三级开发一般是指运营，比如产业运营、商业运营等，所以本章节重点介绍城市土地一级开发流程和城市土地二级开发的流程。

5.2.1 城市土地一级开发

（1）城市土地一级开发的概念

城市土地一级开发指在符合城乡总体规划和土地利用规划要求的前提下，由政府或者政府委托授权或通过招标投标确定的企业对一定区域范围内的城市国有土地与利益相关者沟通后进行征收、拆迁、补偿、安置并进行市政配套设施建设，使该区域内的土地达到“三通一平”“五通一平”或“七通一平”的建设条件（熟地），再对熟地进行有偿出让或转让的过程。

（2）城市土地一级开发的流程

一个城市土地一级开发项目一般应经过开发计划编制、审批、综合策划、实施、验收五个主要阶段，如图 5-2 所示。

1）开发计划编制阶段

在开发计划编制阶段，政府土地管理部门（自然资源部门会同发展改革、住房城乡建设、财政、交通、环境等行政主管部门和各区县政府）根据所在地区城市国民经济发展规划、城市土地利用总体规划、城市总体规划和土地供应计划等制定城市土地储备计划，根据土地储备计划制定土地一级开发计划。同时，政府组织编制拟开发地块所在地区的控制性详细规划或修建性详细规划。

2）审批阶段

在审批阶段，首先，原土地所有者或使用者征得所在政府或上级主管部门同意，向自然资源部门提出土地开发申请。自然资源部门受理申请并进行土地预审，确定土地开发实施方式。土地开发实施方式有两种：第一，政府所属土地储备机构负责实施土地开发；第二，由土地开发企业负责土地开发。有批准权的政府或政府部门对土地一级开发计划、控

---

① 非常损失是由于非常事故所引起的各项损失。如因遭受火灾、水灾、风灾等发生的流动资产和固定资产的毁损，造成停工损失、善后清理费用等。

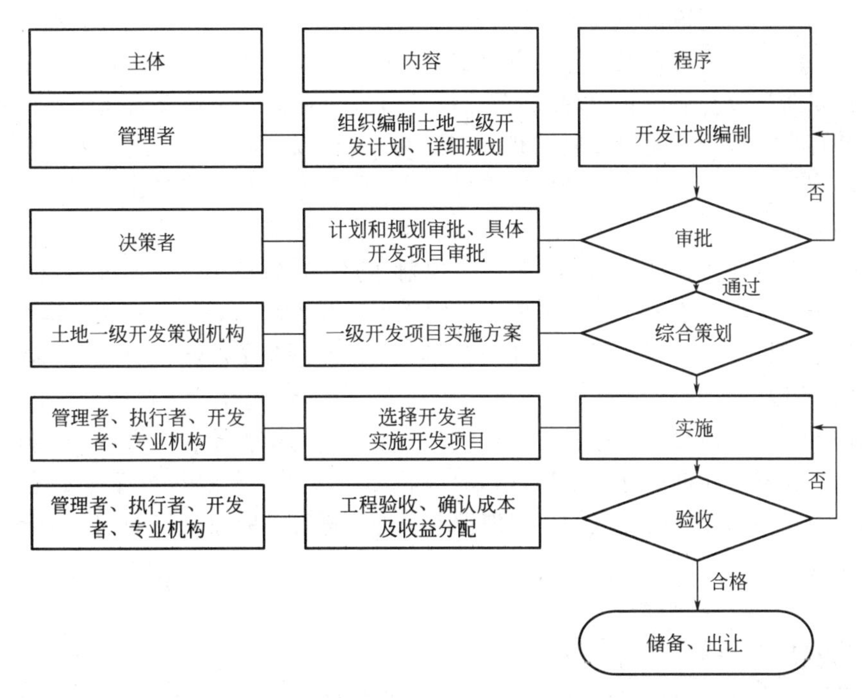

图 5-2 城市土地一级开发流程图

制性详细规划、修建性详细规划进行审批。

3）综合策划阶段

在综合策划阶段，专业的土地一级开发策划机构就项目概况、项目开发建设的必要性分析、项目开发的控制性详细规划方案、项目交通影响分析、项目环境影响分析、项目征地拆迁补偿方案、项目成本测算方案和项目效益分析、项目投融资方案、项目开发的标准和品质要求、项目进度与实施方案、项目建设期和建成后的经营管理方案等内容编制项目实施方案，该方案经政府发展改革、住房城乡建设、交通、环境、自然资源等部门通过联审会议后，作为一级土地开发项目编制招标文件和实施一级土地开发的依据。编制土地开发项目实施方案是调查研究开发区域的现状情况，结合城市规划和土地利用规划，结合土地、政策、资金、技术条件等各种资源的优势和制约作用，统筹土地开发和房屋开发，就土地开发各项工作内容安排工作计划，预测开发成本，根据各项工作对资金的需求和土地的收益做出资金的使用计划，指导开发实施过程中的各项工作。

4）实施阶段

在实施阶段，政府土地管理部门就具体的开发项目通过招标或委托等方式选择一级开发的开发主体，由开发主体办理相关手续，进行征地拆迁，实施市政设施建设。分为以下三个步骤：首先，组织招标确定土地开发主体。经过自然资源部门会同发展改革、住房城乡建设、交通、环境等部门在土地、产业政策、规划、资质、交通、环境保护等方面对土地开发实施方案会审后，根据土地开发实施方案确定土地开发主体。如果选择由土地开发企业负责土地开发，则需要通过招标方式选择开发企业负责土地开发具体管理。自然资源部门或委托的土地储备机构根据经批准的计划、规划、征地等文件和相关材料，组织编制招标文件，报经自然资源部门批准后，组织招标。土地开发项目标底由自然资源部门会同其他部门所组成的小组审定。通过招标确定土地开发主体，这对形成公开、公平、公正的土地开发市场，保证土地开发质量，有效控制土地开发成本都具有重要的意义。其次，签订《土地开发管理委托协议》。以招标方式确定开发企业后，土地储备机构与中标的土地开发单位签订《土地开发管理委托协议》。该协议包括以下内容：土地开发合同各方；土地开发的内容和标准；土地开发费用的支付方式和期限；土地开发的工程进度；工程监理及验收；违约责任、争议的解决方式；合同各方认为须明确的其他事项。最后，实施土地开发。土地开发主体负责项目的资金筹措、规划办理、项目核准、征地拆迁及基础设施建设等手续并组织实施。土地开发主体在组织实施拆迁和市政基础设施建设过程中，应按照有关规定通过招标方式选择评估、拆迁、工程施工、监理等单位。

5）验收阶段

在验收阶段，土地开发完成后，由自然资源主管部门组织验收，进行成本确认及收益分配事宜，将开发土地进行储备、出让；验收将严格按照《土地开发管理委托协议》、发展改革部门的立项和计划批复文件、规划批准文件等进行。验收合格的建设用地，纳入政府土地储备库。

5.2.2 城市土地二级开发

（1）城市土地二级开发的概念

城市土地二级开发通常是指房地产开发，土地供应是土地一级开发与二级开发的分界点，供应之前的开发属于一级开发，之后为二级开发。在城市土地二级开发中，土地使用者将达到规定可以转让的土地通过流通领域进行交易，包括土地使用权的转让、出租、抵押等。土地二级开发的典型为房地产开发，即土地使用者经过开发建设，将新建成的房地产进行出售和出租的市场，一般指商品房首次进入流通领域进行交易而形成的市场。

（2）城市土地二级开发的流程

城市土地二级开发流程以房地产开发流程为例，主要涉及五个阶段，即可行性研究和项目决策阶段、建设前期准备阶段、规划设计和建设阶段、销售阶段和交付使用阶段，如图5-3所示。

1）可行性研究和项目决策阶段

在可行性研究和项目决策阶段，首先进行房地产开发项目书面决议（股东大会、董事会均可形成书面决议文件）。其次进行项目可行性研究并出具可行性研究报告（项目可行性研究专家会涉及律师、房地产市场分析师、环境评估师、会计师、税务师等），可行性主要涉及三个方面的内容：投资收益的可行性，总体的可行性方案与详细的可行性论证。可行性方案包括法律方案、选址方案、财务方案、涉税方案、环境方案等。除此之外，对于房地产开发潜在的项目融资方式的选择，法律顾问可以在早期介入决策。

2）建设前期准备阶段

在建设前期准备阶段，首先获取土地使用权。获取土地使用权后，需及时办理《国有土地使用权证》。开发商获取土地使用权的主要方式包括：通过行政划拨方式取得；旧城改造取得中标地块国有土地使用权；转让取得；出让方式取得（招标、拍卖、协议出让三种方式）；联合开发并报有关主管部门立项、审批后取得；通过司法裁决取得；通过兼并、收购等股权重组方式取得。其次征地拆迁，申办并取得《房屋拆迁许可证》。拆迁的主要内容包括：房屋拆建，如危旧房改造；城市功能、用地布局和空间结构的调整，如居住

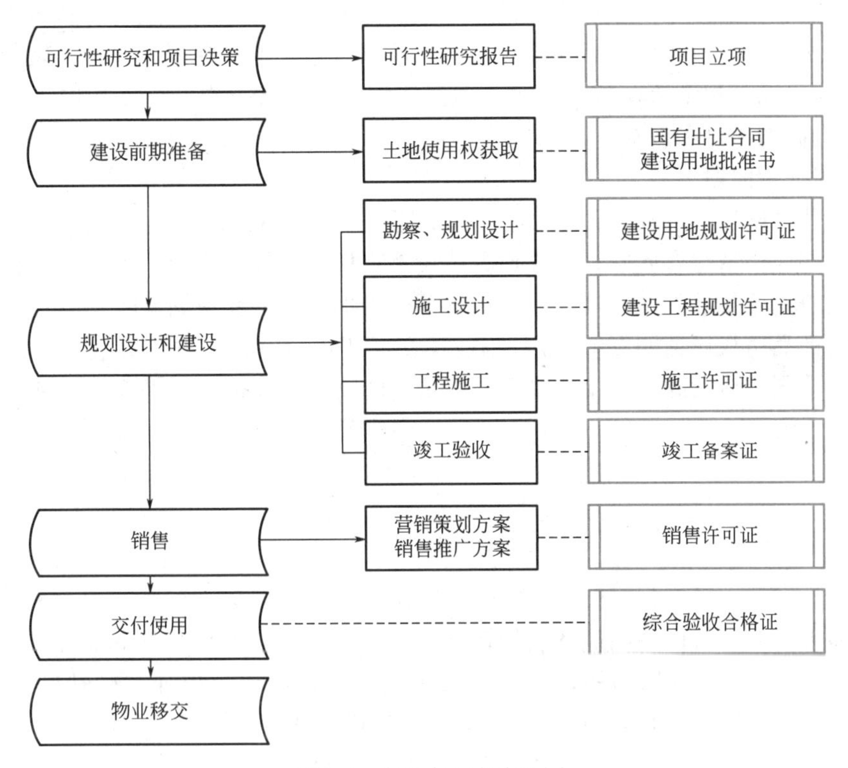

图 5-3 房地产开发流程图

区、商业区、车站、生活服务设施等公共建筑的建设和改造；环境治理，如扩展绿地、治理污染工程等。因此，城市房屋拆迁是伴随着城市建设项目进行的，是城市建设的重要组成部分，处于建设项目的前期工作阶段。在申办拆迁许可证时应提交以下材料：城市房屋拆迁申请表；建设项目审批文件；建设用地规划许可证；国有土地使用权批准文件；拆迁代办单位和评估机构资料；拆迁安置计划和方案等。

3）规划设计和建设阶段

在规划设计和建设阶段，首先报发展改革部门进行项目立项，取得批复及立项核准，然后，报自然资源部门申办项目选址定点，取得《建设项目选址意见书》和附件以及《建设用地规划许可证》；其次，根据规划方案和建筑方案图纸至建设行政管理部门申请审查，取得《项目建设方案批准意见书》，进行人防、消防、园林的专项审查和建筑单体图纸审查，取得建筑核位红线图和施工图；第三，申办红线定位与验线，取得建筑红线图定位图；第四，缴纳城市基础设施配套费用，取得《建设工程规划许可》，持建筑红线图到市城管局固体废弃物管理处缴纳垃圾处理费；将施工图设计文件报送当地图审中心进行施工图审查；第五，开发商至建设行政管理部门进行建设项目报建登记，申请招标，办理招标投标手续，确定勘察、设计、监理、施工单位；凭建筑工程施工图审核批准书和施工单位中标通知书到建设行政管理部门申领《建设工程施工许可证》；第六，项目竣工后，进行消防、环保、防雷、燃气等专项部门和规划质检等部门竣工验收，取得《竣工备案证》。

4）销售阶段

在销售阶段，首先申办《销售许可证》，商品房预售实行许可证制度。商品房预售许可证一年一换，根据规定，未取得《商品房预售许可证》的，不得进行商品房预售。开发商进行商品房预售，应当向城市、县房地产管理部门办理预售登记，取得《商品房预售许可证》；其次是商品房销售及按揭办理，包括销售前期准备工作（可委托销售代理公司进行）、销售合同的签订和按揭办理。

5）交付使用阶段

在交付使用阶段，首先申请竣工验收，取得《建筑工程竣工验收备案证》，属成片开发小区的，还应申请综合验收；其次申办建设工程规划验收，建设工程竣工验收后 3 个月内，开发商应向原批准的城市规划行政主管部门申报建设工程规划验收；第三进行权属登记，取得《商品房权属证明书》；最后物业移交，开发商应当与物业管理企业订立前期物业管理服务合同，该合同至业主委员会与其选聘的物业管理企业订立物业管理服务合同生效时终止。

5.3　城市土地开发典型投融资模式

5.3.1　城市商业和居住性用地开发典型投融资模式

（1）城市商业和居住性用地开发的特点

商业用地出让使用年限最短，根据《城镇国有土地使用权出让和转让暂行条例》规定，商业用地出让用地最高年限为 40 年，土地利用价值高，区域选择性强，其开发受节约集约用地原则的限制。而居住用地的出让使用年限最长，最高为 70 年，市场交易量大，具有保值增值的特点。商业和居住用地开发均具有建设投资大、开发周期长、建设环节多、资金周转慢、市场风险高等特点。

投资信托基金是商业及居住用地开发的重要模式之一，其可以分为股权型、债权型和混合型三种类型。股权型是完全获得土地开发项目的股权，其收益与土地开发项目的运营情况密切相关，适用于回报高且有稳定升值空间的商业及居住性用地开发项目，比如大型商场、写字楼等。债权型主要以提供贷款的方式受益，向贷款方收取贷款的利息和手续费，其收益与市场情况挂钩。当市场利率较低时，选择债权型的融资成本较低，不需要债权人参与到土地开发流程中，运行模式简单。混合型则是混合了股权型和债权型的特点，兼具两者的优点，在投融资的不同阶段选择不同的方式从而满足不同的需求。

（2）典型的投融资模式——投资信托基金模式

投资信托基金模式发展历史悠久、各项基本完善，在国内外应用频率都较高。投资信托基金模式较其他融资方式更具灵活性，对企业没有过高的要求和限制，更能灵活应对房地产企业资金发展的需求。同时其可采用公募形式发行，信息更为透明，流动性强，可以降低开发企业融资风险。并且，投资信托基金模式能够吸收大量的社会投资，增加商业和居住土地开发的融资来源，降低融资成本。

投资信托基金实质上是一种证券化的产业投资基金，通过发行土地开发投资信托基金将所拥有的部分资产套现。投资信托基金运营主要有三个参与者，分别是持有人、管理人和托管人。

购买投资信托基金的投资者即持有人，根据购买的基金份额来享受收益，同时也承担土地开发项目的风险。为了保障收益，持有人一般将基金交给投资机构运营，投资机构对土地开发项目进行专门的管理和运营，经营获得的收益按照收益凭证的比例给投资者分红。管理人管理投资的土地开发项目，分为两种。第一种为基金管理人即信托公司承担对内对外的角色，是投资信托基金运营的主导者。基金管理人通过选择投资项目、与投资者进行沟通以及后期管理来影响基金的收益。第二种是物业管理人，物业管理人一般是开发方专门请来管理项目物业，其物业管理的水平高低会影响潜在客户对土地开发项目的意向。托管人负责保管投资信托基金资产，维护投资人的利益，与基金管理人形成制约关系，发挥制衡基金管理人的作用。

投资信托基金的运作通常分为四个阶段：成立、筹资、经营、利润分配。成立阶段即依法成立投资信托基金；筹资阶段，通过向特定或不特定的投资者发行投资信托基金的受益凭证或股份来筹集资金；经营阶段，将募集到的资金投入到与土地开发相关的投资项目中，并将实际经营管理工作承包给独立的物业管理公司或者自行管理，并从中获取租金、利息和资本增值等投资收入；利润分配阶段，上市投资信托基金的受益凭证或股份的持有者通过股息分红或低买高卖的方式实现投资收益，而未上市的投资信托基金则通过股息分红的形式实现利润分配。投资信托基金模式如图 5-4 所示。

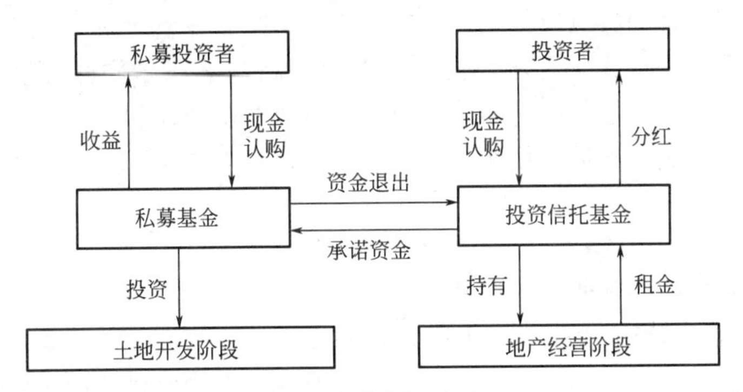

图 5-4　投资信托基金模式图

5.3.2　城市工业用地开发典型投融资模式

（1）城市工业用地开发的特点

工业用地的出让最高年限为 50 年，开发涉及的宗地面积大，开发收益偏低，主要分布在城市郊区及经济开发区。工业用地开发一般分为两种，即政府和开发商合作开发赚取利润或开发商获得土地使用权之后自建再进行出租或销售。工业地产的开发商除了要有良好运营土地和资金的实力外还要具备更加专业、复杂的后期运营管理能力，这种管理能力不仅是局限在物业管理上，更多的是强调配合制造商进行生产所具备的专业化技能。同时工业用地开发的投资风险较大，但获取土地的成本较其他用途土地较低。正确高效的投融资操作模式不仅能有效地完成工业用地开发时基础设施的建设、公共服务平台的搭建、相关企业的引进，而且可以极大地节约成本，为政府减轻财政负担。

针对不同情况的工业用地开发，一般采用不同的投融资模式。政府统筹建设模式下，资金来源主要是财政投入和开发区土地出让收入的返还。土地开发中政府负责道路、绿化、供水、排水、供热、燃气、电网等建设，而专业公司（如自来水公司、燃气公司、电信公司等）分别负责各自专业的基础设施建设。但该模式存在资金渠道单一，政府投资的压力大，剩余土地出让收入不足以支撑庞大的基础设施投资，使开发进程缓慢甚至陷于停滞。

股权合作模式通常采用地方政府和投资人共同出资组建负责工业土地开发建设的平台公司。在此种模式下，地方政府采用财政拨款入股、开发区固定资产入股等方式出资，在平台公司中占据控股地位，而投资人一般通过自筹资金的方式入股。在运营模式上，前期所需资金自筹，后期依靠土地滚动开发获取收益。但对于工业用地开发初期，此种模式难以吸引投资人进行投资，投资风险较大。项目合作模式，即地方政府选择工业用地开发中的个别项目，以招标投标的方式，承诺投资方一定的资金回报，并以财政担保、第三方担保等方式保证投资人的收益。一般在涉及基础设施建设的项目中采用此种模式。政府提供具体项目，投资方承担风险获取收益。前期所需资金为投资者自有资金，后期投资方根据项目进展程度可以从商业银行贷款弥补资金缺口，而政府则通过项目收益和财政预算对项目进行回购。该模式要求开发商具有雄厚经济实力基础，以确保覆盖土地整理和基础设施开发的成本的资金充足。

以上投融资模式存在的融合情况，其中股权和债券投融资模式的融合是常用的形式。债权融资所获得的资金，企业首先要承担资金的利息，另外在借款到期后要向债权人偿还资金的本金。债权融资的特点决定了其用途主要是解决企业营运资金短缺的问题。而股权融资所获得的资金，企业无须还本付息，但新股东将与老股东同样分享企业的盈利与增长。股权融资的特点决定了其用途的广泛性，既可以充实企业的营运资金，也可以用于企业的投资活动。因此股权＋债券投融资模式有助于拓宽工业用地开发的资金来源，减少政府财政支出的压力。

（2）典型的投融资模式——股权＋债券投融资模式

债券融资是有偿使用企业外部资金的一种融资方式，包括银行贷款、银行短期融资（如票据、应收账款、信用证等）、企业短期融资券、企业债券、资产支持下的中长期债券融资、金融租赁、政府贴息贷款、政府间贷款、世界金融组织贷款和私募债权基金等。股权融资是指企业的股东愿意让出部分企业所有权，通过企业增资的方式引进新股东的融资方式。股权＋债券投融资模式是将以上两种融资模式相结合，在工业土地开发的不同阶段使用或者在全流程中加以融合。债券融资中参与方是债券持有人与债券发行人。债券发行人发行土地债券以获得融资，而债券持有人按时获得利息并在到期时收回本金，但无权参与工业土地开发过程的事项决策。而股权融资的参与方是各股东，股东们持有股权并拥有工业土地开发过程中事项的决策投票权。股东可以进行投票选举董事，组成董事会，对工业土地开发流程的各种事项都有决策权和监督权。例如，美国亿泰证券与渝富资产管理公司签署协议，双方组建了西部第一家合资私募股权基金管理公司——重庆亿泰股权投资基金管理公司，并规定 25％的资金用于投资重庆项目，有助于降低当地政府财政支出的压力。股权＋债券投融资模式如图 5-5 所示。

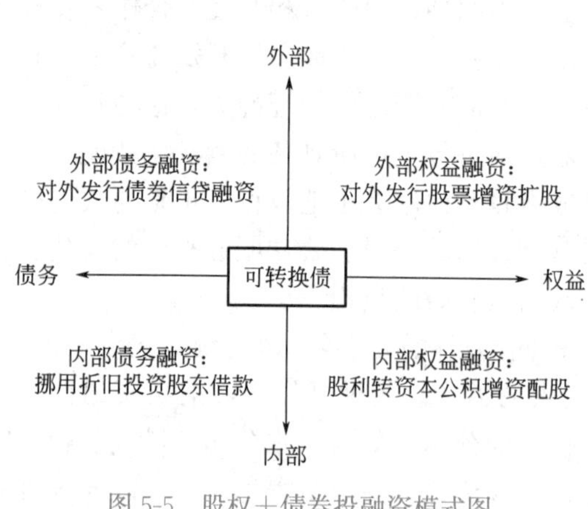

图 5-5　股权＋债券投融资模式图

5.3.3 城市交通导向型土地开发典型投融资模式

(1) 城市交通沿线土地开发的特点

作为城市基础建设项目之一的城市轨道交通项目，因具有投资大、影响广的特点，其建设与运营能促进工业、运输、房地产等相关产业的发展，刺激就业，促进沿途土地升值，拓展城市发展空间，具有显著的外部性效益。

我国的轨道交通项目早期以政府直接投资为主，即以政府部门或地方国有企业为投融资主体，政府财政提供资本金，基于政府财政信用进行债务融资。然而，政府直接投资对财政造成的压力大，融资量也受政府财政能力和信用水平的限制，受制于融资困难，诸多项目无法加速建设。另外，政府直接投资造成政府负债，加剧了系统性金融风险。随着社会资本的介入越来越深，市场化运作的城市交通项目不断涌现，政企合作的模式也呈现出多种形式。随着 PPP 政策的日益完善，诸多轨道交通项目采取 PPP 的形式实施，即社会资本方承担投资、建设、运营、维护的主要工作，并通过“使用者付费”及必要的“政府付费”获得合理投资回报，同时，政府部门对产品和服务的价格和质量进行监管，以保障公共利益的实现。由于轨道交通对城市既有引导规划、协同开发的重要意义，又关系到财政和金融体系的健康，因此，轨道交通项目的投融资，需要系统地考虑投入产出，构建清晰的资金平衡机制。

(2) 典型的投融资模式——“轨道＋开发”的政企合作投融资模式

轨道交通与沿线开发的联动，是指依托“交通引导城市”的发展理念，从项目审批、资金平衡机制构建、融资策划、规划设计、建设管理等层面将轨道交通与其沿线的土地开发相结合，实现对健康、科学的投融资平衡机制的有效探索。

“轨道＋开发”的投融资模式，是在政企合作模式基础上的延伸。“轨道＋开发”的政企合作模式可以理解为基于 TOD 的 PPP 模式，即以实现站城一体化，实现轨道项目与城市开发项目的同步规划、同步建设为目标，由政府与社会资本共同设立作为操作平台的项目公司。政府和社会资本结成项目共同体，共同为项目公司增信，并明确责任分工和合理的风险分摊机制。由政府负责轨道项目及沿线区域开发项目的规划、审批、土地处置等，由社会资本负责设计、融资、开发、建设、运营和移交。

政企合作的项目公司作为操作主体，通过合规流程，获得轨道及沿线开发的特许权，特许内容包括轨道的投资建设运营权和沿线地块的建设用地使用权。沿线的城市规划依据一体化设计成果进行调整，并由政府发布。轨道建设与沿线的物业开发、产业导入、城市运营，由项目公司主导，政府职能部门监管，相关设施在特许权期满后移交给政府。项目公司的沿线开发可以采取自主开发、委托开发、合作开发等多种方式。例如，合作开发可以通过与其他投资人联合体摘地、股权合作、收益权合作、代建等方式实现。沿线开发应结合城市规划和经济社会发展规划，合理布局业态，协调站城融合发展。

“轨道＋开发”既是以轨促地，又是以地养轨。一方面，轨道项目的运营可以提升沿线地块的价值，增加沿线地块开发收入；另一方面，轨道沿线开发既可以创造收入，弥补轨道项目收入的不足，又能够减轻政府财政负担，使财政资金更多地用于公共服务和社会福利。政企合作融资模式如图 5-6 所示。

5.3.4 城市游憩用地开发典型投融资模式

(1) 城市游憩用地开发的特点

休憩用地开发建设项目是国民经济的主导产业，也是支撑一个地区经济发展的核心部

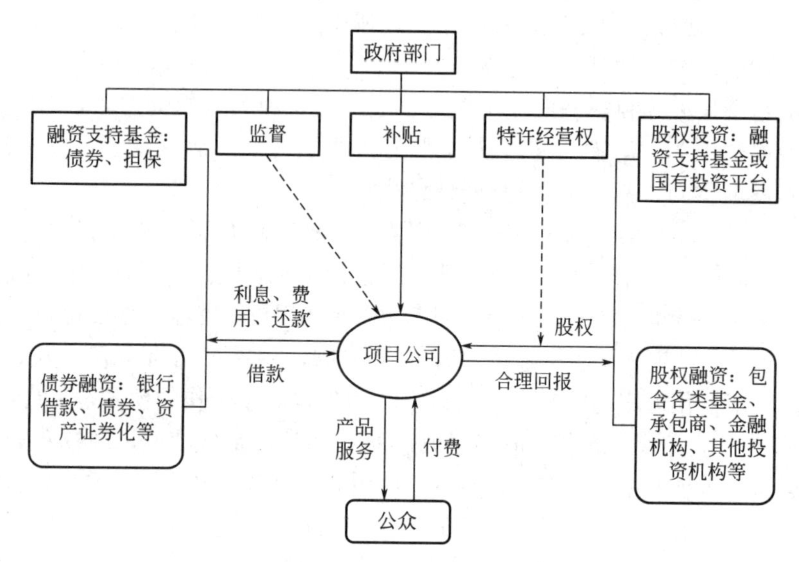

图 5-6　政企合作融资模式

分。休憩用地建设属于复杂性的工程项目，需要从政策、市场、企业、客户等多个层面拟定战略方案，实现项目融资改革目标。我国休憩用地建设项目具有周期长、资金多、风险大、融资难等诸多特点，增加了企业参与市场融资的难度，制约了项目开发与融资流程。因此，目前休憩用地建设项目的主要投融资模式为政府主导的财政投融资模式。

（2）典型的投融资模式——财政投融资模式

财政投融资模式是一种以财政资金为主，以银行贷款、债券、中期票据等直接或间接融资工具为辅的投融资模式。该模式以政府或政府委托的企业，进行工程项目工作的组织和实施。政府在项目建设过程对项目进行整体把握，政府的工作包括依法组织公开招标选定勘察、设计、监理、施工组织项目前期研究、设计管理、施工管理等。此种财政投融资模式具有公共性的特点，致力于实现公共利益的最大化。

财政投融资模式中，政府对项目具有完全主导权，能够在基础设施项目、公共配套服务设施建设中发挥关键作用，但是在面临大规模城市区域开发建设项目中面临挑战。例如，政府全权负责项目的投资、建设和运营，将承担较大的风险；在融资方面，根据《关于规范土地储备和资金管理等相关问题的通知》（财综〔2016〕4号）、《自然资源部办公厅关于进一步规范储备土地抵押融资加快批而未供土地处置有关问题的通知》（国土资办发〔2019〕3号）等相关文件规定，各地区应当将现有土地储备机构中从事政府融资、土建、基础设施建设、土地二级开发业务部分，从现有土地储备机构中剥离出去或转为企业，严禁新增以政府储备土地抵押融资行为，政府向金融机构融资的规模和条件受到限制；在项目建设管理方面，对于专业技术人员的需求量较大，且项目规模大，时间长，对于项目管理人员的选择有较高的要求。财政投融资模式如图5-7所示。

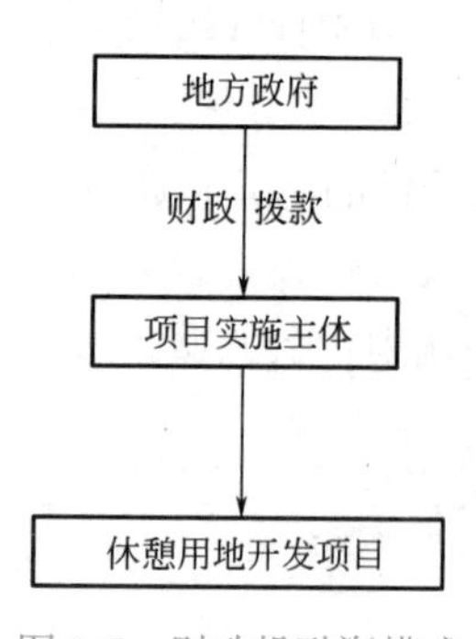

图 5-7　财政投融资模式

本节梳理了不同用地类型适用的土地开发模式，并分别阐述每种模式的特点，如表5-2所示。

城市土地开发典型投融资模式　　表 5-2

用地类型	模式	特点
城市商业和居住性用地	投资信托基金模式	对企业没有过高的要求和限制，更能灵活应对房地产企业资金发展的需求；可采用公募形式发行，信息更为透明，流动性强，可降低开发企业融资风险；吸收大量社会投资，增加商业和居住土地开发的融资来源，降低融资成本
城市工业用地	股权＋债券投融资模式	债权融资的用途主要是解决企业营运资金短缺的问题；股权融资用途广泛，既可以充实企业的营运资金，也可以用于企业的投资活动。因此股权＋债券投融资模式可以拓宽工业用地开发的资金来源，减少政府财政支出的压力，是典型且常用的模式
城市交通导向型土地	"轨道＋开发"的政企合作投融资模式	政府和社会资本结成生命共同体，共同设立操作平台，为项目公司增信，并明确责任分工和合理的风险分摊机制；轨道项目的运营一方面可以增加沿线地块开发收入，另一方面能够减轻政府财政负担
城市游憩用地	财政投融资模式	以财政资金为主，以银行贷款、债券、中期票据等直接或间接融资工具为辅；具有公共性的特点，以政府或政府委托的建设业进行工程项目工作的组织和实施，政府在项目建设过程对项目进行整体把握

复 习 思 考 题

1. 城市土地开发的含义是什么？城市土地开发和房地产联合开发的区别有哪些？
2. 简述国内外城市土地开发模式及其特点。
3. 影响城市土地开发投入与产出的因素有哪些？
4. 简述城市土地一级开发和房地产开发的流程。
5. 简述城市土地开发的典型投融资模式。

第6章　城市基础设施开发

6.1　城市基础设施开发概述

6.1.1　城市基础设施概念

（1）基础设施。基础设施（infrastructure）的词缀“infra-”具有底层、基础的含义，而词干“structure”具有结构物的含义。广义的基础设施既包括制度性（无形）基础设施，如法律、政治制度、政策法规，也包括物质性（有形）基础设施。物质性基础设施包括经济性基础设施和社会性基础设施两大类。经济性基础设施也称为生产性基础设施，涉及永久性工程构筑物、设备、设施及其所提供的经济生产服务，涵盖公用事业（如电力、管道煤气、电信、供水、环境卫生设施和排污系统、固体废物的收集和处理系统）、公共工程（如大坝、灌渠、堤防和道路）以及其他公共部门（如铁路、港口、水运和机场）等；社会性基础设施是指提供生活和文化服务的基础设施，主要包括科、教、文、卫、体育和商业服务等设施。狭义的基础设施通常是指经济性基础设施。

随着新技术和信息网络的发展，出现了“新型基础设施”的概念，主要包括5G基站、特高压、城际高速铁路和城市轨道交通、新能源汽车充电桩、大数据中心、人工智能、工业互联网七大领域，是以信息网络为基础、技术创新为驱动，提供数字转型、智能升级、融合创新等服务的基础设施。

（2）城市基础设施。城市基础设施是为城市经济社会发展和人民生活创造条件和提供服务的部门和行业，是基础设施在城市空间范围内的具体呈现。城市基础设施不仅强调“硬件”设施，同时也强调通过运行管理“硬件”设施所带来的“软件”服务。类似地，狭义的城市基础设施主要是指城市经济性基础设施。若非特殊说明，本章的城市基础设施主要是指经济性基础设施。

6.1.2　城市基础设施构成

按照承担功能的不同，城市基础设施主要包括以下六大系统：

（1）城市能源动力系统，主要包括城市电力、燃气（天然气、人工煤气、液化石油气等）、供热生产供应系统以及燃煤、充电桩等其他城市生活生产能源子系统。

（2）城市供排水系统，主要包括城市取水、净水生产供应、排水等子系统。

（3）城市交通运输系统，主要包括城市航空、水运、轨道交通等子系统，以及城市道路交通子系统。

（4）城市通信信息系统，主要包括邮政、电信、广播和电视、信息网络等子系统。

（5）城市生态环境系统，主要包括城市园林、绿地、环境卫生等子系统。

（6）城市防灾系统，主要包括城市消防、防洪排涝、抗震、防震子系统以及城市人防（战备）等子系统。

6.1.3 城市基础设施类型

城市基础设施的开发模式与其经济特性密切相关。按照经济特性，城市基础设施可以进行以下分类。

（1）按产品和服务是否可以进行市场销售，城市基础设施可以分为经营性、准经营性和非经营性城市基础设施三类。

① 经营性城市基础设施，是指有收费机制，且收入能够弥补成本费用、产生盈利的基础设施，如收费路桥等。

② 准经营性城市基础设施，是指有收费机制和现金流入，但收入不能完全弥补成本费用，或虽然能够弥补成本费用，但仅能实现“保本微利”经营，难以有效吸引市场资源进行有效配置的基础设施，如城市轨道交通项目、供水（气、热）项目、大数据中心等。

③ 非经营性城市基础设施，是指无收费机制和资金流入的基础设施，如城市绿地、防灾基础设施等。

（2）按行业市场集中度，城市基础设施可以分为自然垄断城市基础设施和竞争性城市基础设施两类。

① 自然垄断城市基础设施，是指为实现规模经济而只能有一家或少数若干家企业提供产品和服务，呈现垄断或寡头垄断特点的基础设施项目，比如城市供水（气、热、电）管网设施等。

② 竞争性城市基础设施，是指产品和服务可以由彼此竞争的企业提供，市场集中度相对较低，比如城市发电、自来水厂等。

（3）按提供产品和服务的公共属性，城市基础设施可以划分为提供纯公共产品、准公共产品和私人产品三类基础设施。

① 具有纯公共产品属性的城市基础设施，是指所提供的产品或服务具有明显的非排他性和非竞争性的特点，如城市防灾和城市绿化等基础设施。

② 具有准公共产品属性的城市基础设施，是指所提供的产品或服务具有非排他性或非竞争性的特点，如具有排他性，但在使用未达到“拥挤”之前具有非竞争性的城市公交等基础设施。

③ 具有私人产品属性的城市基础设施，是指所提供的产品或服务具有排他性和竞争性特点，即少数主体可以单独使用和消费，效用可以分割，没有外部利益，供给易于排除，比如“拥挤”的新能源电动车充电站等基础设施。

6.1.4 城市基础设施特点

城市基础设施投资具有不可逆性，体现出一般意义上的工程项目特征，如空间的固定性、产品的单件性、具有“期货”生产交付特征等，但也具有其自身的特殊性。结合生产、供给和消费三个环节，城市基础设施自身的特殊性主要体现为以下方面：

（1）资产专用性强，沉没成本高。城市基础设施的空间固定性及其设计功能的专项性，通常难以变化使用功能，比如城市燃气管道工程，一旦建成后若因城市更新改造或区域规划的改变，导致终端用户的流失，则该城市燃气管道工程将会废弃或拆除。

（2）建设的超前性与服务的同步性。建设的超前性主要包括建设时间的超前性和规划的超前性。基础设施被称为社会先行资本，是城市发展需要具备的前置条件，当供水、供气、供电、电信通信等基础设施建成交付，其他的城市建筑物或构筑物如住宅校区、工业厂房方才能投入使用。规划的超前性是指容量上要适度超前，城市随着经济和人口的发展不断扩张，对城市基础设施的需求也不断增长，而城市基础设施一旦建成，服务能力在较长的时期内相对稳定，因此城市基础设施的容量（规模）规划需要考虑未来需求的增长。

服务的同步性是指城市基础设施具有网络特征，要与其他城市设施同步形成能力，才能发挥效益。比如城市轨道交通形成交通网络以及城市轨道交通沿线的商业服务性设施、住宅小区基本建成等，才能带动城市轨道交通服务流量的上升。因此，城市基础设施能力过于超前形成会造成浪费或效益不佳，而滞后则会影响其他设施的使用效率。

（3）自然垄断性与竞争性。自然垄断性一般体现在城市基础设施各子系统的基础网络部分，如供水（电、气、热等）、电信通信网络等，需要寻求规模经济，即城市基础设施必须达到特定的生产规模或空间规模才能实现最低经济效果。竞争性主要体现在供水（电、气、热等）的生产方面，不同部门之间以及同一部门之内，存在业务竞争性。

（4）服务的公共性与效益的间接性。该特点针对的是城市基础设施中的纯公共产品。城市生态环境系统、城市防灾减灾系统和城市市政道路交通系统，由于其提供的产品和服务具有非排他性、非竞争性和效用的不可分割性，难以向使用者收费而具备现金流，为所有使用者免费使用，因此此类服务具有公益性，其效益是间接和外部化的，不能直接通过市场获得经济效益，而主要表现为社会效益和环境效益。

6.2　城市基础设施开发流程

由于城市基础设施项目资产专用性强、沉没成本高，加之服务的公共性，一旦投资失败，对经济社会影响巨大，因此政府部门必须对城市基础设施开发建设和运营（行）的关键环节进行规制。城市基础设施规制制度（如进入、价格等规制）因国家或地区体制不同而不同，也因城市基础设施类型和开发建设模式不同而不同。

狭义的城市基础设施生命期包括项目决策立项、项目建设实施和项目竣工验收与交付三个阶段。而每个阶段又存在不同的可交付成果，需要通过政府部门的审批，才能进入下一阶段。本节根据投资主体的不同，介绍城市基础设施开发的一般流程。

6.2.1　政府投资城市基础设施开发流程

根据我国《政府投资条例》，政府投资是指政府直接投资或资本金注入的项目。政府投资项目立项实行审批制度，尽管不同行业项目开发流程存在差异，但开发一般流程见图 6-1。

（1）决策立项阶段。政府投资城市基础设施决策立项进一步分为三个子阶段，即项目建议书、可行性研究报告和初步设计及概算，每个子阶段均要获得政府相关部门，如发展改革委的审批或批复文件才能进入下一个子阶段。可行性研究报告或初步设计及概算文件获得批复，意味着城市基础设施立项。立项审批需要递交的主要支撑材料如表 6-1 所示。

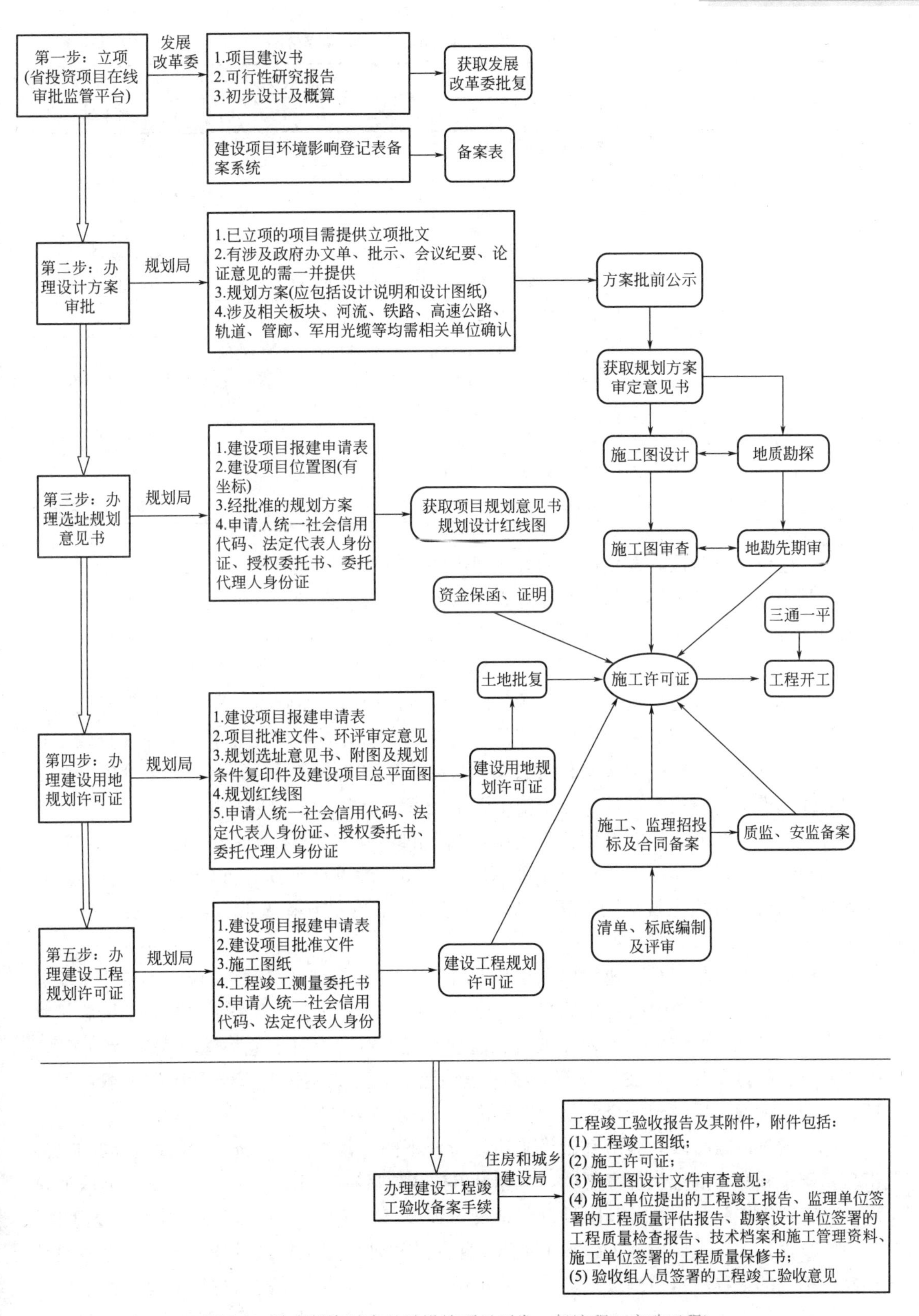

图 6-1 政府投资城市基础设施项目开发一般流程（市政工程）

政府投资城市基础设施决策立项审批支撑材料　　表 6-1

序号	决策立项审批	支撑材料	
		材料名称	准备主体
1	项目建议书	资金落实情况证明	申请人
		项目建议书文件	申请人
		项目建议书审批申请文件	申请人
2	可行性研究报告	用地(海)预审意见(必要)	政府部门核发
		项目可行性研究报告(含招标事项核准申请表)(必要)	申请人
		可行性研究报告审批申请文件(必要)	申请人
		航道通航条件影响评价审核意见、移民安置规划审核、社会稳定风险评估报告及审核意见、节能审核意见、项目建议书批复文件(非必要)	相关政府部门核发
3	初步设计及概算	项目初步设计文本	申请人
		项目初步设计审批申请文件	申请人
		项目可行性研究报告批复文件	相关政府部门核发

（2）建设实施阶段。建设实施阶段主要围绕城市基础设施的设计、采购和施工任务而开展，其中关键性节点工作依次有办理设计（规划）方案审批、选址规划意见书、建设用地规划许可证、建设工程规划许可证、土地批复文件和施工许可证。每个关键节点需要递交的支撑材料详见图 6-1。其中，设计方案、选址规划审批，以及用地规划、工程规划许可和土地批复的主管部门均为自然资源部门下设的规划局，而施工许可证的颁发部门为建设行政主管部门，即住房和城乡建设部门。此外，在施工图审查过程中，由建设行政主管部门认定的施工图审查机构按照有关法律、法规，对施工图涉及公共利益、公众安全和工程建设强制性标准的内容进行审查。施工图未经审查合格的，不得使用。

此外，对于政府投资的城市基础设施，在采购环节还实行审查备案制，即招标文件、招标控制价文件需要获得相关行政主管部门或其委托的审查机构进行审查，审查通过后，需到相关的行业行政主管部门备案；采购结束后，采购双方签署的合同也需要办理备案手续。

为保证工程质量安全，建设单位在开工前，需按照质量验收的相关规定编制质量验收与项目划分表，递交质量与技术监督机构核备；同时施工单位还需编制安全施工措施规划和方案，由施工单位技术负责人和项目总监理工程师审查，对于危险性较大的专项工程，如深基坑、起重吊装、爆破等分部分项工程编制的施工方案，若有必要还需组织专家论证，审查论证通过后，到安全监督管理机构办理备案手续。

（3）竣工验收阶段。城市基础设施所处行业不同，其竣工验收管理制度也存在差异。市政基础设施实行的竣工备案制度，由建设单位或项目法人组织竣工验收，竣工验收通过后，将工程竣工验收报告及其附件资料递交给建设行政主管部门办理竣工验收备案手续。竣工验收报告附件主要包括工程竣工图纸、施工许可证、施工单位的竣工报告、勘察设计和监理单位的工程质量检查报告、工程质量保修书和验收组人员的工程竣工验收意见等。

对于城市防灾减灾工程（如水利工程），实行政府竣工验收制度。例如在水利工程中，政府不仅组织竣工验收，而且还负责组织专项验收和阶段验收，比如征地移民专项验收、水下工程验收、下闸蓄水验收等；而项目法人主要负责分部工程验收、单位工程投入验收、合同完工验收，或者中间机组启动前验收，但项目法人可以委托监理单位主持分部工程验收，有关委托权限应当在监理合同或委托书中明确。分部工程验收的质量结论应当报项目的质量监督机构核备；未经核备的，项目法人不得组织下一阶段的验收。

6.2.2 企业投资城市基础设施开发流程

对于企业不使用政府投资建设的项目，不再实行审批制，区别不同情况实行核准制和备案制。其中，政府仅针对重大项目和限制类项目从维护社会公共利益的角度进行核准，其他项目无论规模大小，均改为备案制，项目的市场前景、经济效益、资金来源和产品技术方案等均由企业自主决策、自担风险，并依法办理环境保护、土地使用、资源利用、安全生产、城市规划等许可手续和减免税确认手续。对于企业使用政府补助、转贷、贴息投资建设的项目，政府只审批资金申请报告。企业投资城市基础设施开发流程与政府投资项目的区别主要在于决策立项阶段和竣工验收阶段，而建设实施阶段的许可和监管环节基本类似。因此，此处主要介绍决策立项阶段和竣工验收阶段的开发流程。

（1）决策立项阶段。根据联合国工业发展组织（United Nations Industrial Development Organization，简称“UNIDO”）的建议，投资项目前期工作主要分为机会研究、预可行性研究和详细可行性研究三个阶段，不同阶段研究侧重点和深度存在差异。机会研究侧重于企业投资方向或投资机会的研究，属于战略分析和选择层面；预可行性研究侧重于经济维度的研究，主要论证经济的合理性，即项目的盈利能力；详细可行性研究是一项全面的决策分析论证工作，涉及技术、经济、社会、生态环境、融资、组织管理和风险等方面的内容。根据投资项目规模、复杂程度和企业投资方的能力不同，机会研究、预可行性研究和详细可行性研究工作可以由企业投资方自行展开，也可委托中介咨询机构进行。如果详细可行性研究报告获得企业决策者的通过，即可进入政府核准或备案流程。该阶段具体流程以及所要求的支撑文件详见图 6-2。核准或备案部门一般为国家（省、市）发展改革委员会，各级权限依据投资规模、影响程度等因素确定。

（2）竣工验收阶段。企业投资城市基础设施竣工主持单位为企业投资者，实行竣工验收备案制度。以市政基础设施工程为例，县级以上地方人民政府住房和城乡建设主管部门负责本行政区域内工程的竣工验收备案管理工作。建设单位应自工程竣工验收合格之日起 15 日内，向工程所在地的县级以上地方人民政府住房和城乡建设主管部门备案。办理工程竣工验收备案应当提交的文件包括：

① 工程竣工验收备案表；

② 工程竣工验收报告，竣工验收报告应当包括工程报建日期，施工许可证号，施工图设计文件审查意见，勘察、设计、施工、工程监理等单位分别签署的质量合格文件及验收人员签署的竣工验收原始文件，市政基础设施的有关质量检测和功能性试验资料以及备案机关认为需要提供的有关资料；

③ 法律、行政法规规定应当由规划、环保等部门出具的认可文件或者准许使用文件；

④ 法律规定应当由公安等部门出具的对大型的人员密集场所和其他特殊建设工程验收合格的证明文件；

⑤ 施工单位签署的工程质量保修书；

⑥ 法规、规章规定必须提供的其他文件。

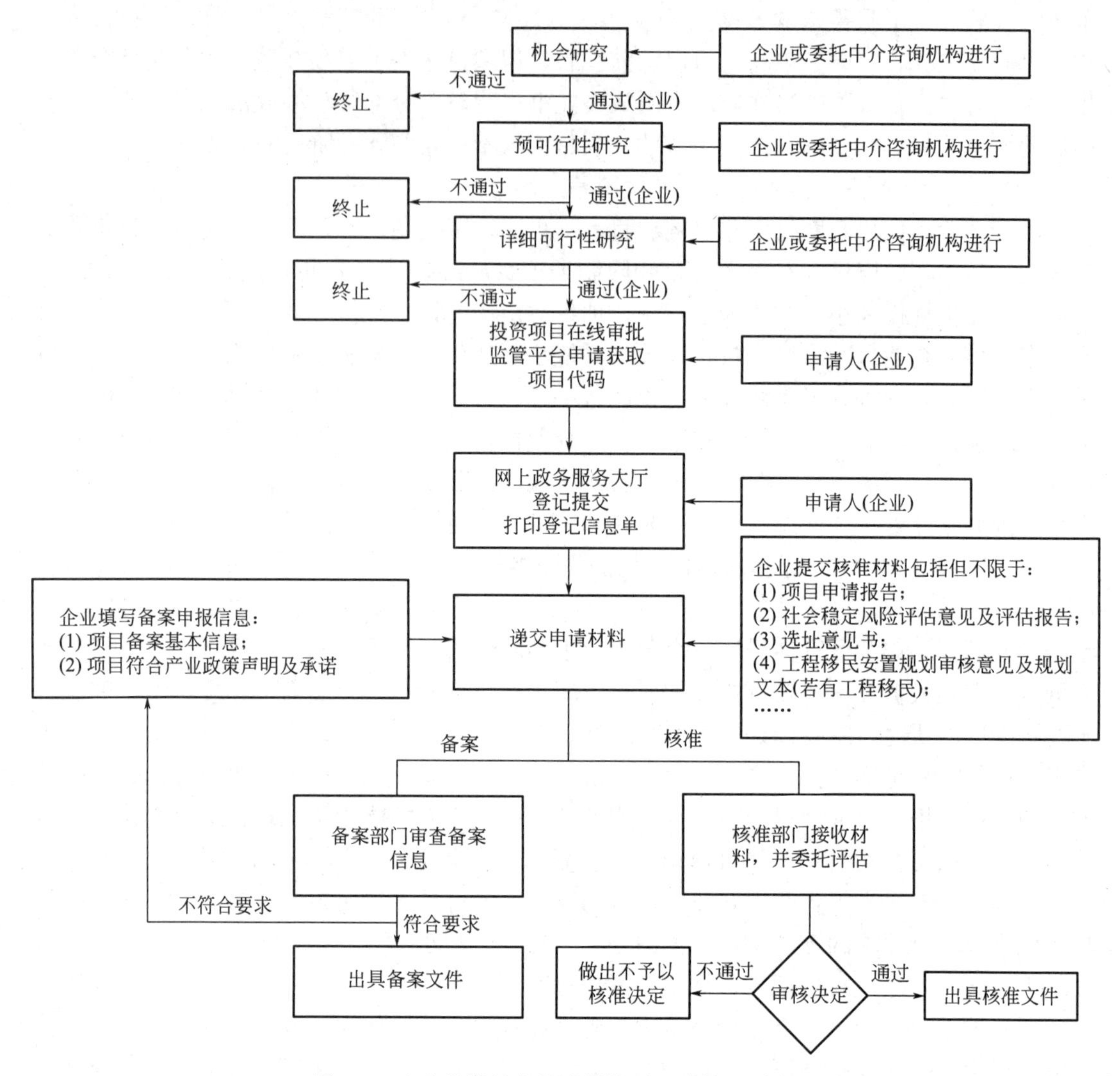

图 6-2　企业投资城市基础设施项目决策立项流程

根据住房和城乡建设部于 2020 年 4 月 1 日颁布的《建设工程消防设计审查验收管理暂行规定》，对特殊建设工程实行消防验收制度，而对其他建设工程实行消防验收备案制度。县级以上地方人民政府住房和城乡建设主管部门承担本行政区域内建设工程的消防设计审查、消防验收、备案和抽查工作。

对于城市轨道交通、隧道工程，大型发电、变配电工程等这类特殊建设工程，建设单位应当向消防设计审查验收主管部门申请消防验收；未经消防验收或者消防验收不合格的，禁止投入使用。建设单位应当在工程竣工验收合格后，向消防验收主管部门申请消防验收，需提交材料有：

① 消防验收申请表；

② 工程竣工验收报告；

③ 涉及消防的建设工程竣工图纸。

对于实行规划、土地、消防、人防、档案等事项联合验收的建设工程，消防验收意见由地方人民政府指定的部门统一出具。

竣工验收流程见图 6-3。

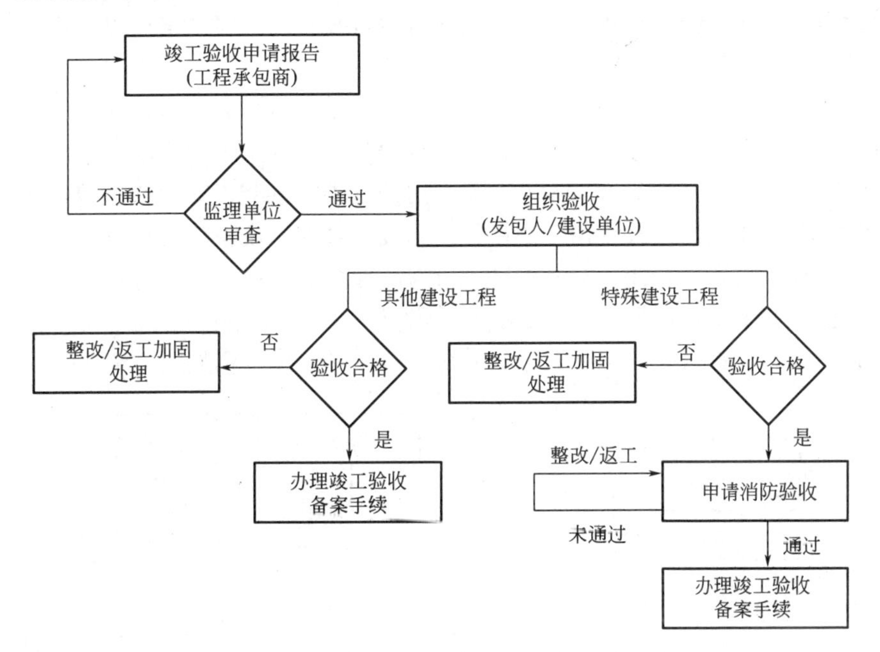

图 6-3 企业投资城市基础设施项目竣工验收流程

6.2.3 政企合作投资城市基础设施开发流程

根据《政府投资条例》(国务院令第 712 号)，政府采取直接投资方式、资本金注入方式投资的项目（即政府投资项目），应当编制项目建议书、可行性研究报告、初步设计，按照政府投资管理权限和规定的程序，报投资主管部门或者其他有关部门审批。在政企合作投资中，如果政府方采取资本金注入方式合作投资，那么此类政企合作投资城市基础设施应该遵循政府投资项目的开发流程（见 6.2.1 节）；反之，如果政府方采取投资补助、贷款贴息等方式参与基础设施开发，则该类政企合作投资城市基础设施应当遵循企业投资项目的开发流程（见 6.2.2 节）。

6.3 城市基础设施开发典型投融资模式

模式是从实践经验中总结出来的一种可用于推广复制的做法或行动方案，是介于实践与理论之间的一种抽象，但尚未上升到系统的理论。城市基础设施投融资模式是项目投资主体、融资主体、融资方式和资信担保等要素的组合或是上述要素形成的一种“结构”，要素不同的组合或不同的特征，即形成了不同的投融资模式。

6.3.1 财政投融资模式

政府作为城市基础设施项目的投资主体和融资主体，项目资金来源主要为：

(1) 财政收入。主要包括一般公共预算收入、政府性基金收入和国有资本经营预算收入等。

(2) 政府债券，即以政府信用为担保发行的债券。主要有中央政府发行的国债（亦称公债或国库券）和地方政府发行的地方政府债券。地方政府债券又可进一步细分为一般债券（普通债券）和专项债券（收益债券）两大类，一般债券主要投向没有收益的项目，偿还以地区财政收入作担保；专项债券主要投向有一定收益的项目，偿还以对应的政府性基金或对应的项目收入作担保。

结合实践中实行的项目法人责任制和代建制，常见的运作方式包括两种：一种是针对公益性项目而言，采用“财政投融资＋代建”（见图 6-4）或“财政投融资＋公益性项目法人”（见图 6-5）运作方式，即政府财政出资、融资，项目的建设交由代建单位或公益性项目法人承担，项目建成后再移交给使用单位或运维（管理）单位负责运维管理。另一种是对于战略地位高，且有现金流入机制的基础设施，如南水北调工程、港珠澳大桥，一般采用政府财政投入资本金，出资成立一家新机构作为项目法人，由项目法人作为融资主体，采用发行企业债券、银行贷款等方式进行外源融资，其运作结构如图 6-6 所示。

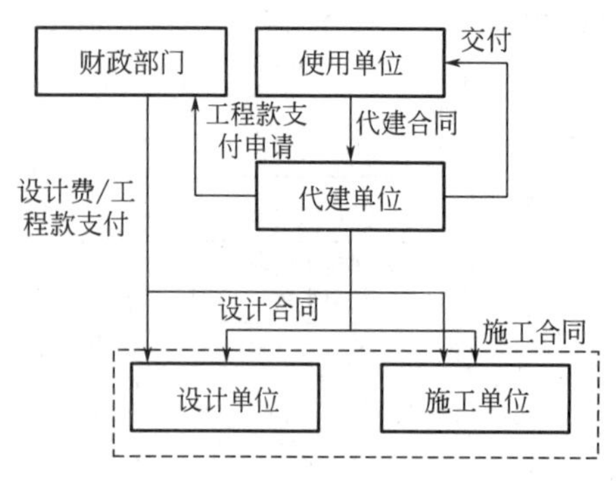

图 6-4　财政投融资＋代建模式示意图

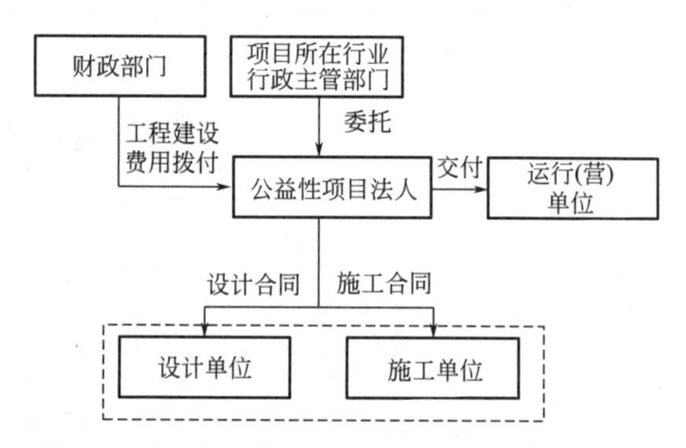

图 6-5　财政投融资＋公益性项目法人模式示意图

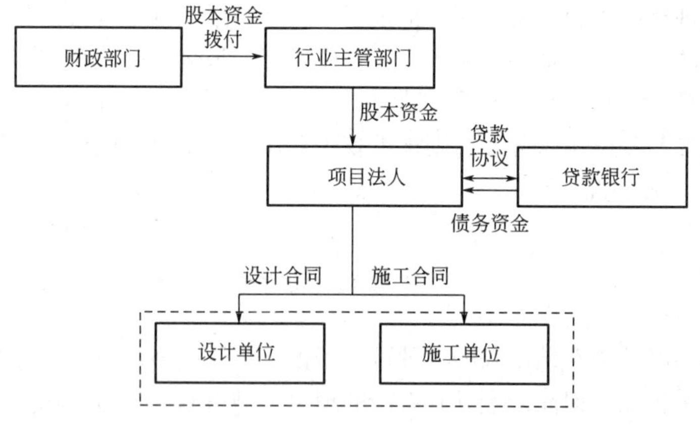

图 6-6　项目法人融资模式示意图

6.3.2　地方政府融资平台投融资模式

地方政府为了解决财政收入难以满足基础设施建设需求的矛盾，同时也为了适当降低地方政府融资的风险，提出设立融资平台，以融资平台作为基础设施投融资主体，负责基础设施的投融资和建设等工作。

地方政府融资平台是指由地方政府及其部门和机构、所属事业单位等通过财政拨款或注入土地、股权等资产设立，并拥有独立企业法人资格的经济实体，包括各类综合性投资公司，如建设投资公司、建设开发公司、投资开发公司、投资控股公司、投资发展公司、投资集团公司、国有资产运营公司、国有资本经营管理中心等，以及行业性投资公司，如交通投资公司等。地方政府融资平台的初始功能是为政府投资项目融资，但由于地方政府融资平台并不具备彻底的融资风险隔离作用，导致地方政府隐性债务风险加剧。地方政府融资平台通过向公司转型，提升自我盈利和可持续发展的能力。

地方政府融资平台公司投融资模式将银行资金优势、政府信用优势和市场力量有机结合，在城市基础设施建设中发挥着重要的作用。地方政府融资平台公司投融资模式下，其运作方式与图 6-6 类似。

6.3.3 政府与社会资本合作模式

政府与社会资本合作模式（PPP 投融资模式），是政府（公共部门）和私人部门共同出资设立项目公司，由项目公司在一定时期内负责城市基础设施的投融资、建设、运营，并在运营期满将城市基础设施有偿或无偿移交给政府（公共部门）。

PPP 投融资模式在实践中的运作方式多样化，主要有 PFI（Private-Finance-Initiative，私人主动融资）、BOT（Build-Operate-Transfer，建设-运营-转移）、BOOT（Build-Operate-Own-Transfer，建设-运营-拥有-转移）、BOO（Build-Operate-Own，建设-运营-拥有）、ROT（Renovate-Operate-Transfer，扩建-运营-转移）等方式。PPP 投融资模式由于前期论证时间长，且论证费用高，因此常适用于规模较大的城市基础设施开发项目，无论是纯粹公益性还是（准）经营性基础设施和公用事业项目均可运用。对于（准）经营性基础设施和公用事业项目而言，PPP 投融资模式隐含了特许经营这一概念，比如南京长江二桥建成后即采用 TOT（Transfer-Operate-Transfer，移交-经营-移交）模式进行经营权转让，所获得特许经营权费用于南京市其他拟建长江大桥的开发建设。

PPP 投融资模式典型运作结构如图 6-7 所示。

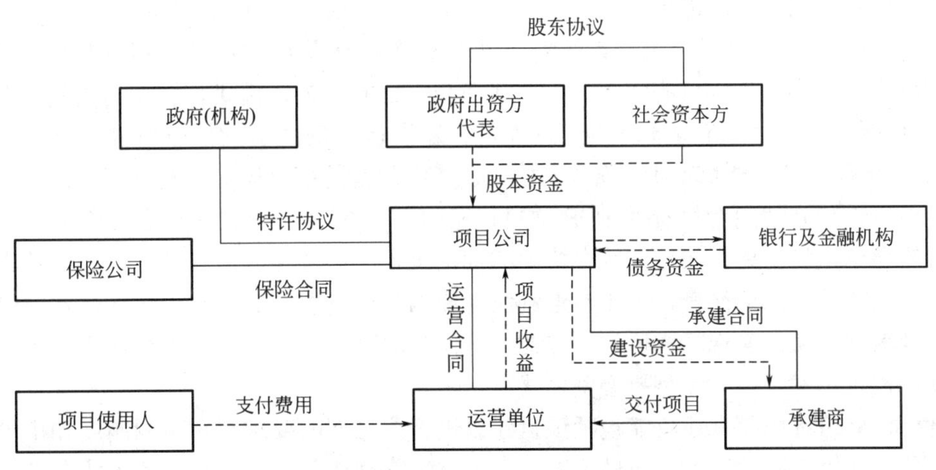

图 6-7 城市基础设施 PPP 投融资模式示意图

6.3.4 授权-建设-运营融资模式

授权-建设-运营融资模式，也称 ABO（Authorize-Build-Operate）融资模式。地方政府采用竞争性方式或直接签署协议的方式授权相关企业作为项目业主，并由其向政府方提供项目的投融资、建设和运营服务，合作期满负责将项目设施移交给政府方，由政府方按约定给予一定财政资金支持的合作方式。项目业主可以是由地方政府融资平台公司和社会资本方组建的新公司，也可以是社会资本方单独设立的新公司，甚至也可以是社会资本方的既有公司。如北京市政府通过与京投公司签署《北京市轨道交通授权经营协议》，授权京投公司履行北京市轨道交通业主职责，京投公司按照授权负责整合市场主体资源，提供北京市轨道交通项目的投资、建设、运营等服务。政府履行规则制定、绩效考核等职责，支付京投公司授权经营服务费。京投公司充分发挥自身的投融资职能，筹集其余建设资金，保障项目用款。

6.3.5　选择投融资模式的影响因素

城市基础设施开发投融资模式的选择受到诸多因素的影响，涉及制度和市场环境、政府部门需求和能力偏好、项目自身属性等。

（1）制度和市场环境。首先是融资制度环境，世界各国具有不同的融资政策和法律法规，在不同经济发展时期，规定不同的投融资模式的合规性。例如，在我国计划经济时代，城市基础设施开发投融资均主要利用财政直接拨款，极少涉及市场化融资模式。税收会计政策也会影响投融资模式的选择，比如在结构化融资模式中，通常会设立特殊目的单一项目公司。当采用公司制时，存在二次征税的可能性，从而增加了融资成本。其次是市场环境，主要是指市场主体的数量、能力和经验偏好。在传统经济学理论观点中，城市基础设施开发主要是政府负责投融资。但传统的政府投融资模式存在固有缺陷，如存在资金能力不足、公共产品和服务供给质量和效率低下等，导致公共产品和服务无法满足社会公众的需求。新公共管理理论的兴起提出政府和市场握手，共同向社会公众提供公共产品和服务。而由市场提供公共产品和服务的能力，与市场主体的数量和能力（如市场主体的投融资能力、建设能力和运营能力）有关，同时也与市场主体的偏好有关。此外，外部环境的变化，包括政治、经济和社会等方面，都有潜在的影响作用于市场环境。

（2）政府部门需求和能力偏好。

① 政府部门需求，通常表现为融资、风险转移以及服务质量和效率的提升需求。在特定制度和市场环境下，具有法律适应性并契合市场的投融资模式，会得到优先。在传统财政投融资模式下，城市基础设施开发投资、建设运营的风险均由政府部门承担，而在PPP 投融资模式下，城市基础设施开发投资、建设运营的部分风险由政府部门部分转移给市场主体。例如，使用者付费的 PPP 项目通常会将工期延误、成本超支风险和市场需求风险等转移给市场主体。按照传统经济学的理论观点，市场主体通常具有更好的技术创新能力。相较于政府部门而言，由于追逐利润的原因，市场主体更有动力降低成本、提高服务质量和效率，从而实现降本增效。因此，即使政府部门财政充裕，也会从提高服务质量和效率的需求出发，探索新型投融资模式。

此外，政府部门需求还可能包括项目建设进度或工期的要求。在不同制度和市场环境下，不同投融资模式的法律适应性不同。在现有法律框架下，部分投融资模式存在着法律风险。例如，许多国家和地区要求针对 BOT 项目单独立法，或加强与政府部门的沟通协调，获得相应的政策支持。因此，在工期紧迫的项目中，往往会采用法律确定性强的投融资模式，以降低项目实施的不确定性。

② 政府部门能力。首先是指政府部门的监管能力。在不同的投融资模式下，政府部门对城市基础设施开发的控制权具有显著差异。例如，在 PPP 模式下，由于信息不对称和市场主体的机会主义行为，市场主体损害社会公共利益的行为较为隐秘，对政府方的监管能力和手段提出了更高的要求。特别是在"放管服"深化改革的背景下，在从直接监管走向间接监管的过程中，要求政府方具有更高的信息搜集能力和响应能力。其次是指政府部门的商务能力。政府与市场主体合作需要尊重市场规律，因此对政府部门的商务能力具有更高的要求。

③ 政府部门的偏好。政府部门与政府官员之间存在委托代理关系，作为代理人的政府官员是理性的，在选择投融资模式时，会受到过去经验和未来的期望值等因素影响。从委托人角度审视，投融资模式往往作为一种制度安排，而制度安排具有刚性和"路径依赖性"，决策者更加倾向于选择上级部门政策文件中建议的投融资模式。

（3）项目自身属性。具体表现为：

① 项目经济属性。项目经济属性分为经营性、准经营性和公益性三类。对于（准）经营性城市基础设施项目，具有使用者付费回报机制，通常适宜采用基于特许经营的投融资模式、地方政府融资平台公司投融资模式或 ABO 投融资模式；对于公益性城市基础设施项目，一般适宜采用财政投融资模式。

② 项目技术属性。对于部分城市基础设施，比如污水处理项目，市场主体拥有技术优势，将项目交由市场主体投资建设运营往往更有效率、成本更低，此时可能更倾向于采用基于特许经营的投融资模式。

③ 项目战略地位。项目战略地位是指项目对项目所在地国民经济或产业结构的影响程度，对国民经济或产业结构影响大的项目一般会慎用由私人部门拥有产权或实际控制权的 PPP 模式，而更倾向于采用"财政直接投资""政府资本金投入＋政府组建项目法人融资"模式或地方政府融资平台公司投融资模式。

复习思考题

1. 城市基础设施有哪些类型，其特点是什么？城市基础设施对经济社会发展有哪些作用？

2. 请结合我国投融资体制改革的历程，梳理我国城市基础设施投融资模式的发展演变特点。

3. 政府与社会资本合作融资模式发展动因有哪些？政府与社会资本合作融资模式的适用条件有哪些？

4. 地方政府融资平台模式有哪些利弊？

5. 选择城市基础设施开发投融资模式的影响因素有哪些？

第7章　城市功能区开发

7.1　城市功能区开发概述

城市功能区主要分为三种：①生活区，位于商业区或工业区的外围，是城市的主要区域，密度中等，配套设施齐全；②商业区，位于城市中心或副中心，具有高密度、高人流的特点；③工业区，位于城市外围，具有低密度、高物流的特点。城市功能分区工作是规划中带有战略意义的工作，必须掌握城市的自然条件、经济等基础资料，经过现场的实地踏勘，制定城市发展的技术经济依据，确定城市的性质和规模，规划拟建的工业项目以及居住用地的数量等。

功能分区是一项规划过程中较复杂的综合性工作，必须遵守：①各功能分区应结合自然条件和各区功能特点合理配置，避免相互交叉干扰和混杂分布；②生活居住区应选择城市中卫生条件最好的地段，要求远离沼泽，地势高，空气干燥，不受洪水淹没威胁，土壤清洁或受污染后已无害化，靠近地面水，地形宜向南或东南，获得较多的日照；③工业用地应当按当地主导风向配置在生活居住用地的下风侧，按水源卫生防护要求，工业用地应位于河流的水源下游，如果按上述要求发生矛盾，则可把排放废气和废水的不同工厂分设在不同工业区内，工业用地与生活居住区用地之间应保持适当的防护距离；④保证各功能分区到达规划期时，仍有进一步的发展余地，并保证各部分用地协调发展等原则。

7.1.1　城市生活区开发

住是人类生活的四大要素之一，人的一生三分之二的时间在住宅及其周围的环境中度过。自1933年《雅典宪章》明确提出，现代城市解决好居住、工作、游憩、交通四大功能之后，居住就作为城市规划中的重要内容而倍受重视，人们越来越意识到居住在人类城市生活中的重要地位。

（1）城市生活区基本理论

1）生活区的概念

生活区泛指不同居住人口规模的居住生活聚居地或特指被城市干道或自然分界线所围合，并与居住人口规模（30000～50000）相对应，配建有一整套较完善的能满足该区居民物质与文化生活所需的公共服务设施的居住生活聚居地。

从居民生活空间规模的角度讲，住宅单体是生活的最基本空间，若干单体组合形成住宅群，若干住宅群组合成为街坊或小区，多个街坊和小区加上大型生活服务设施形成完整生活区。

居住区的规划建设就是对城市居住区的住宅、公共设施、公共绿地室外环境、道路交通和市政公用设施所进行的综合性具体安排，主要侧重对住宅区物质环境的塑造和基本功能的完善。

一般规模的房地产开发以居住区为单位，大规模房地产开发往往以生活区为单位。

2）生活居住区类型

按照建筑类型分有高层居住区、多层居住区、别墅区等。按照开发时间分有历史街区、传统社区等。按照居住对象分有经济适用房小区、高档社区等。

(2) 城市生活区开发的含义与特点

1）城市生活区开发的含义

从城市规划的角度看，当前城市生活区的开发就是在城市的居住用地和与该地块密切联系的城市绿化用地、公共设施用地上，依照城市发展目标和原则运用城市规划和市场经济的手段，有计划有目的地建设满足城市居民要求的生活空间。

2）城市生活区开发的特点

由于生活区的主要建设内容为住宅，服务对象针对城市居民，它具有不同于一般房地产开发项目的一些特点。

① 个性化的消费对象。生活区开发的主要产品——住宅是以居民（或家庭）为消费对象的，消费者的经济、教育、社会等方面的背景都是影响其选择生活空间的重要因素，开发产品的定位与规划设计的内容必须对这些方面的影响有所反映，并对消费心理进行了解和分析。这与消费对象为机构或者团体要求相对比较单一的写字楼或商场等房地产不同。

② 大批量的产品开发。每个人都需要一定的生活居住空间，生活区开发建设的规模效益也要求住宅的大批量建设，我国又处在城市化的高速发展时期，城市住宅无论是需求量还是供应量都非常大。

③ 复杂多样的市场流通。住宅使用寿命较长，价值较高，不仅具有使用价值，还具有很好的投资保值作用。在市场经济体制下，住宅的销售、转卖、租赁抵押等活动都非常活跃，不同的市场需求和流通方式对住宅开发以及配套设施与环境的安排都具有各自具体的要求。

(3) 我国目前城市生活区开发的特点

对当前生活区开发类型的分析也是对当前生活区开发状况的了解过程，城市的经济发展与住房政策的改革使我国当前生活区的开发处在一个特殊的时期，出现了一些新的特点。一方面对当前和未来的生活区开发提出了新要求，另一方面科学的开发方法也十分必要。

1）我国进入住宅需求平稳期

据新居住消费调查报告显示，2021 年底我国城镇人均住房建筑面积已经达到 39.8 平方米，世界各国的经验表明，在人均住房面积达到 30～35 平方米之前，该国将保持较为旺盛的住房需求。

表 7-1 为我国 2011—2021 年房地产投资规模及年均增速情况，近十年来，我国房地产投资规模呈现稳中有进的趋势。按照中国目前的建设能力，到 2035 年，可望人均 50 平方米，户均 150 平方米，国内生产总值比 2000 年翻一番，人均国内生产总值将超过 1500 美元，那时的住宅建设投资占国内生产总值的比重可能达到峰值。这从另一个方面反映出我国已经进入住宅建设的转型期。

我国2011—2021年房地产投资及增速 表7-1

年份	房地产投资(亿元)	年均增速(%)	住宅投资(亿元)	年均增速(%)
2011	61740	27.9	44308	30.2
2012	71804	16.3	49374	11.4
2013	96013	19.8	58951	19.4
2014	95036	10.5	64352	9.2
2015	95979	1	64595	3.7
2016	102581	6.9	68704	6.4
2017	109799	7	75148	9.4
2018	120264	9.5	85192	13.4
2019	132194	9.9	97071	13.9
2020	141443	7	104446	7.6
2021	147602	4.4	111173	6.4

如此巨大的住宅市场，如果政府没有合理统一的开发策划作为引导，不仅会造成开发建设上的盲目和低效，更有可能影响居民解决住房问题的速度，造成资源的浪费和社会的不公平。

2）生活区开发处于激烈市场竞争之中

我国确立了以社会主义市场经济为主体的经济体制，住宅建设也由福利分配转向了商品住宅的市场开发，这个转换过程对城市生活区开发提出了新的要求。城市生活区的开发的实质就是城市中大规模的生活设施开发，其中住宅是比重最大的部分。一般情况下，在城市的开发建设总量中，住宅建设总量一般占有50%的份额，而在居住功能为核心的生活区内，住宅建设的比重一般占有70%以上。住宅也和商品经济中的其他内容一样面临着竞争，不同类型的生活区也处于市场竞争之中。在这样的经济背景下，市场竞争是影响生活区开发的关键。这就决定了生活区的开发建设也要遵循优胜劣汰的市场规则。

生活区的开发规划设计并不是开发成功的核心要素，而只是基本要素。在市场经济的背景下，竞争是来自全方位的，市场需求对规划设计条件的确定发挥着重要作用，任何单一或者片面的优势都难以保证建设市场满意、群众接受的良好生活社区，而要更好地满足居住者对物质生活与精神条件的要求就需要在开发前期从内外环境、土地资源价值、居住空间供给以及文化内涵、个性服务等全方位进行考虑并提出具有现实性和针对性的策略。规划设计是将以上策略落实到物质形态的一个必要过程，如果没有前期大量细致深入的工作，再好的规划设计也是盲目且脱离实际的。

3）社会经济发展对生活区开发的要求

评价一个城市的物质环境建设，居住生活环境是不能忽视的内容，评估人的生存环境一般也要关注居住生活场所。所以说生活区可以视为城市发展和社会文明程度的重要标志之一。而城市生活居住问题，也是长期以来困扰着城市开发与规划建设的主要问题。

自20世纪40年代以后，建筑规划专家、社会学家、心理学家、生态学家从不同角度进行探讨和研究，对现代城乡居住区逐渐形成了比较系统的认识。国民经济水平的提高和科学技术的进步给人们的生活带来了巨大的变化，这就给城市生活区的各项内容带来了新的要求，“以人为本”和“可持续发展”的观念已经得到全社会的认同，并在建设实践中被广泛运用，对生活区建设又有了新的标准。

可以说，在经济和社会的不断进步与发展中，生活区的内容和质量都在发生着变化，同时在市场机制的作用下，生活区的规划设计应该比以往更多地考虑市场的因素。可持续发展的目标对城市建设开发提出了更高的要求，也对生活区开发的合理性与科学性提出了更高的要求。经济的可持续发展与环境社会的可持续发展都是保证一个城市良性运转的必要条件，因此进行生活区的开发不可避免地受到社会、经济、环境等方面的制约，反过来又影响着社会、经济、环境的发展。在进行关于生活区开发的决策过程中，需要从社会、经济与环境的要求出发，才能有助于实现城市可持续发展的管理目标。

7.1.2 城市中心区开发

古代社会的统治是以王权和神权为中心的，所以古代城市的中心由宫殿及神庙组成。同样，中世纪的欧洲有统一而强大的教权，因此教堂占据了城市的中心位置。到了近代，城市中心得到快速发展，商业中心、行政中心成了城市中心区。

(1) 城市中心区的概念

城市中心区是城市结构中一个特定的地域概念，从城市整体功能演变过程来看，城市中心区是一个综合概念，是城市结构的核心地区和城市功能的重要组成部分，是城市公共建筑及第三产业的聚集地，为城市及其所在区域集中提供政治、经济、文化、社会等活动设施和服务空间，并且在空间特征上有别于城市其他地区。它包括城市的主要零售中心、商务中心、服务中心、文化中心、行政中心、信息中心等，集中体现城市的社会经济发展水平和发展形态，承担经济运作及管理功能。

(2) 城市中心区的功能与构成

中心区的类型可按功能分为：商业、金融、文化、行政、体育等；按位置可分为：形心、重心、主次。此外还可按中心区的级别与规模、发展与变化以及组织结构分类。

城市中心区是城市发展过程中最具活力的地区。当代城市的大部分高级服务设施都相对集中在城市中心区内，城市中心区作为服务于城市和区域的功能聚集区，其功能也必然要受制于城市本身的要求和城市辐射地区的需要，不同功能的分区组合形成城市中心区不同的景观和活力，城市中心区在服务功能上主要包括以下几方面：

1) 商务功能

商务功能是城市中心区的基本功能，它承担着城市及其辐射区域经济的运作、管理和服务，其商务设施包括诸如公司总部办公（生产和经营管理）、国际国内贸易（商品流通）银行、证券、保险（货币投资和信贷）等。城市商务功能增多与城市经济发展、产业结构升级有着直接的关系。在不同规模和等级的城市中，其商务中心功能的构成比例有很大的差异，全球性城市或国际性大都市中办公、贸易、金融功能的比例和绝对规模都很大，而在中小城市中，商务功能弱小，商业零售则占有很大的比例，形成商业零售为主的城市中心。

2) 信息服务功能

信息服务业是使用信息设备进行信息搜索、加工、存储、传递等信息服务，是提供高度专业化信息的产业，是城市中最具活力和生长力的产业。信息服务中心主要包括会计、法律服务审计、广告策划、信息咨询、技术服务等功能。它们的外在物质表现多以办公楼为载体，对城市经济的发展、城市文明与城市景观的形成都具有重要意义。

3）生活服务功能

生活服务业是与居民生活密切相关的行业，包括餐饮服务、商业服务、旅游服务等，其中，商业零售业是城市中心区重要的组成部分，而旅游产业的上升势头使其成为城市经济的新贵，与旅游相关的一系列配套服务设施如宾馆服务等在城市中心区内占有一席之地。

4）社会服务功能

社会服务业主要包括文化活动、教育培训、医疗保健、社会福利等服务行业。科学研究、文化的创作和传播及全民终身教育将是 21 世纪信息城市的重要功能。在未来的城市中心区发展中，文化娱乐功能的地位会越来越重要。文化娱乐所生产和交换的是文化产品或无形商品，它作为地方性文化的代言者和传播者更具有独特的价值。因此，剧场、博物馆等文化建筑在城市中心区占有越来越重要的位置。就业培训及继续教育培训是在未来知识经济条件下经济发展和企业组织变化的必然产物，随着知识周期的缩短，培训功能将是未来城市中心区功能的重要组成部分。

5）专业市场

专业市场包括批发市场、各类专业街等。

6）行政管理功能

行政管理功能历来是城市中心区的功能之一，行政管理部门作为宏观管理和政策制定的实施者，是城市功能正常运转的重要保证。

7）居住功能

居住是城市中心区的传统职能，在未来经济全球化和一体化的趋势下，人员流动加快，中心区内办公式公寓将逐渐增多。适量的公寓和住宅以及与此相配套的公园绿地等开放空间，能够避免城市中心区成为夜间无人的“办公区”，因而在世界上许多城市中心区内都配置有一定比例的住宅和公寓。

（3）城市中心区的发展趋势

城市中心区发展至今，其地域范围迅速扩大，并出现了专门化的倾向。在更新改造的同时，城市中心区的职能结构也发生着变化，其中最主要的特点就是商务办公职能的加强。尤其在国际性大城市中，中央商务区（Central Business District，简称“CBD”）已经成为城市中心区的主要组成部分，这里聚集了大量跨国公司的总部，还有高层次专业化的商务服务。跨国公司的聚集为其在全球运转自如起到了重要作用。从本质上看，现在的城市中心区仍然是一个功能混合的地方。

从全球范围来看，未来的城市中心必将是以生态、高效、可持续发展为目标的绿色中心区。当前面临着全球变暖及极端天气状况、人口老龄化、住房价格上涨及供应紧张、城市交通拥堵等一系列社会问题，城市中心区作为城市人口、建筑、交通及城市活动最集中的地区，也是能源消耗的高密集区域。为保证城市的可持续发展，城市中心区的发展不能过分关注城市形象和经济效益，应当在城市发展和保护之间寻求动态平衡，增强城市的韧性和弹性，以更好地应对未来不可预知的发展变化。

很多西方国家对本国未来 20 年的城市中心区的发展做出了预判与展望。例如悉尼市政府提出的《悉尼 2030 战略规划》中未来主要的三个发展方向分别为：绿色、全球化及高度联通。

(4) 城市中心区的开发建设管理模式

本节探讨CBD的开发建设管理模式，世界上没有两个相同的城市或中心区，其开发建设模式也各有特点，以下是几种国内外典型的开发模式及其利弊：

1) 政府集中管理模式

政府集中管理模式是指政府全面负责一级开发建设管理。政府专门设立CBD行政管理机构，负责全面建设和统筹管理CBD区内各项工作，管理机构职能相当于一个区政府职能的"简化版"。政府全面全程负责CBD开发建设和区内管理，将CBD视为一个特定地区，采取类似"行政区"的传统管理模式。

这种模式的点是政府管理力度大，可以长期把握规划建设和管理效果。缺点是行政成本大，且受到政府换届等行政工作的影响，实现CBD既定目标存在诸多不确定因素。在国内现有体制下，完全由政府财政投资的开发模式已经逐渐不适合高效发展的需要。

2) 政府分散管理模式

政府分散管理模式是指政府没有专门设立CBD行政管理机构，而是按照政府相关部门职能分工分别管理CBD区内各项工作；或是仅在政府某一部门内设立一个CBD小型管理办公室，将该部门职能范围内的几项工作合并归到CBD管理办公室，并仅负责土地收储、整理和出让的开发模式。

政府主导CBD开发建设的作用仅局限在城市规划有效实施，但由于政府层面的工作缺乏统一协调管理，部门权责难以把握实施进度和实施效果，对实施后的区内管理也缺乏统一管理。

3) 国企市场化运作管理模式

国企市场化运作管理模式，即由政府主导、国企投资为主体的管理模式。该模式以"政府主导、企业主体、市场化运作"为指导思想，由政府（管委会）和国有企业共同实施土地一级开发和市政设施、配套设施等的投资建设。部分CBD建设中，政府和国企还深度介入了公共空间及重要项目的二级开发。在政府主导下，CBD的土地开发、公共投资不再由政府财政大包大揽，而是让CBD土地收益和投入自我平衡、盈亏。从全市层面来看，这种模式可以避免政府过度投资CBD而影响其他领域的平衡发展。如果负责CBD建设开发的国企不以营利为目的，而以国企承担的社会责任为重心，在这个前提下的"国企市场化运作管理模式"与"非营利机构运作管理模式"较为接近。

这种模式必须建立在国企廉洁高效运作的基础上，既发挥了政府行政主导的优势，又有企业经济核算及长远运营的目标责任优势。

4) 上市公司管理模式

上市公司管理模式是由地方政府牵头、联合其他企业共同成立企业负责中心区开发建设，或是利用既有国企负责中心区开发建设，然后该企业逐步走向上市公司的开发管理模式，不仅负责土地收储、整理、出让、整体规划设计和基础设施建设，还负责重要项目的开发和建设。

这一模式中，上市公司仍由政府控股，政府仍然承担应尽职责，且把廉洁高效的运作透明公开给市场股民监督。"政府主导＋上市公司"的管理模式在保证城市公共利益和长远目标前提下兼顾经营者个人利益，使得CBD开发建设运营的长期效果得以实现，是一种公私兼顾的制度化管理模式。

5）非营利机构运作管理模式

非营利机构运作管理模式是指在政府的授权下由非营利的第三方机构组织进行土地管理、规划编制及其实施、建筑管理及市政公共设施建设等的建设管理模式。第三方机构可由政府成立，具有非营利的性质，其管理模式同时具有政府与企业的双重模式，以确保城市中心区开发的高效。

工商性质的非营利性公共机构是该管理模式的关键所在，这类机构集中了政府和企业的双重职能，既能行使征地、地政管理、城市规划、市政交通建设、建设管理方面的政府职能，同时又是企业化运作管理的公共机构，这样双重职能的机构运行效率较高。

7.1.3　城市产业区开发

早前工业区完全是以工业生产为核心，以产业集聚为目标。1977 年的《马丘比丘宪章》提出后，城市开发强调了生产生活配套的理念，原来的纯工业区被有生活配套的工业园区替代。改革开放以后，这种区域的城市功能更综合，在综合协调开发理念指导下，形成了经济技术开发区，并进一步根据产业特点发展成为高科技特色的高新技术园区。

（1）城市产业区的概念

城市产业区是指以促进产业发展为目标的特殊区位环境，是区域经济发展、产业调整升级的重要空间聚集形式，担负着聚集创新资源、培育新兴产业、推动城市化建设等一系列的重要使命。产业园区能够有效地创造聚集力，通过共享资源、克服外部负效应，带动关联产业的发展，从而有效地推动产业集群的形成。

（2）产业开发区开发指导思想与原则

1）可持续发展的原则

目前绝大多数的产业开发区规划程序为：首先完成开发区总体规划和开发区控制性详细规划（具有一定的空间形态），然后以此为基础形成投资指南进行引资行为，最后对每一投资地块进行修建性详细规划（图 7-1）。

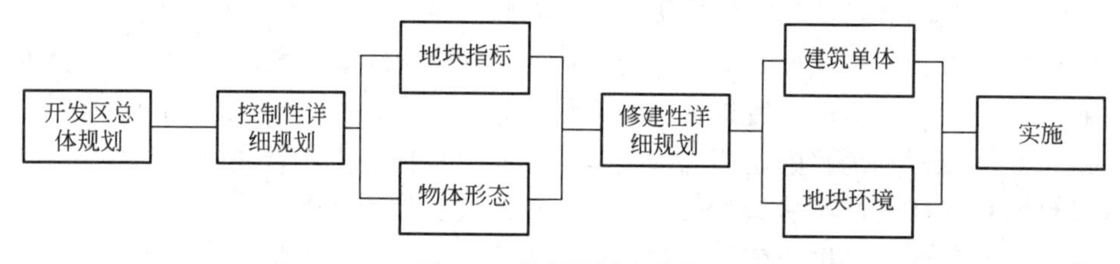

图 7-1　规程设计程序图

但是，在招商和开发的过程中，不确定因素甚多，在不同利益的驱动下，诸多规划内容都发生了变化。而且开发区的管委会为了投资的引入也会不惜牺牲一些条件，由投资方“分割”土地，从而导致土地开发的用地功能上的混乱。致使规划在前期过程中起到了一定的指导与引资的作用，但后期由于建设中布局比较混乱，与原规划形成较大偏差，最终规划的龙头作用“失职”。

因此在产业开发区的开发规划中应以可持续发展为原则，引入持续规划（Sustainable Planning）思想。

将规划过程作为一个持续地进行和完善的阶段性过程，不将开发区固定在一个终点上，而是根据现在具有的对开发区的客观预测能力，对开发区的主要因素进行预测和规划，在开发中不断更新，收集发展的新信息及时地做出反馈和决策，对规划进行修改和调整，进一步指导实施，同时，完成更深层次上的规划（图 7-2）。

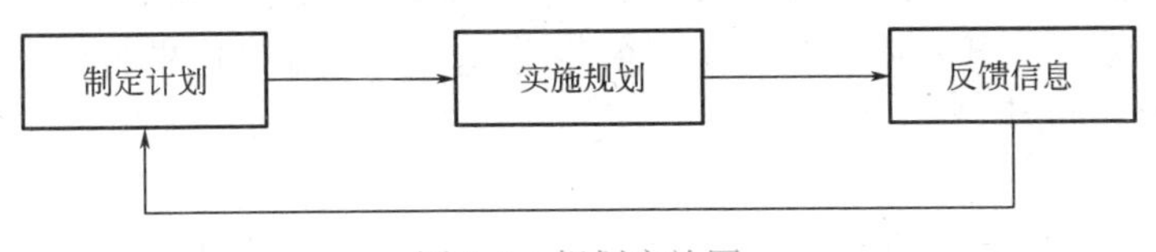

图 7-2 规划实施图

2）以人为本的原则

我国以往产业开发区在规划建设过程中，往往片面强调其经济效益，而忽视了生活在其中的人们的其他需求，从而导致开发区配套设施不完善、居住条件恶劣、开发区环境质量低下等不良现象，使产业开发区的吸引力锐减，投资意向降低，从而造成恶性循环。随着产业结构调整和升级，人们已不再将便利的交通和低廉的土地价格作为投资的唯一标准，而是越来越重视熟练技术性人才和创造性人才的密集程度。纵观国外产业开发区的成功案例，人的需求都是首要考虑的因素之一，越是能吸引人的地区就越是充满活力与创新的场所。因此，在产业区开发规划中应始终贯彻“以人为本”的原则，创造亲切宜人的工作、生活空间。

（3）城市产业区开发

1）产业开发区的发展思路

产业开发区的发展思路必须立足于现有的各种条件，把近期开发与中长期发展结合起来，在激烈的市场竞争中寻找各种发展契机。把握发展契机关键问题是充分利用和发挥现有的优势条件，尽量减弱和转化不利因素的影响，概括地说，有以下几点：

① 在“本地资源”上做文章，集中力量发展产业化龙头企业，并根据产业发展的总体目标对基础设施和公共部门的建设进行统一规划，并保持弹性，随时可以调整，从而在体制上和基础设施建设上不受旧格局的影响。同时，重视开发区内的政策优势，以提高结构的灵活性。

② 立足于发挥优势，培育产业开发区特色产业。经济开发区必须一开始就注重形成自己的产业特色。在推进和开发中培育产业特色，要重视这样几个问题：一是产业项目的选择要注意其发展前景，并考虑产业配套和结构转换；二是要注意环境污染和环境保护问题；三是对高耗能粗加工的项目始终要加以限制，即使在招商困难的情况下也要这样；四是对于各地均全力追求的“热点项目”的引进要持谨慎态度，尤其要注重产业的比较优势和竞争优势。

③ 全面了解其他产业开发区发展动向，适当调整发展目标，在产业结构的变动中加强产业发展的优势。产业结构总是在变动中趋于高度化，20 世纪 90 年代以来，国际产业结构变动速度明显加快，我国产业结构也正处于调整和升级时期。产业开发区的产业结构调整必须适应这一变动趋势，从世界出口加工区的情况看，一般要经历形成、扩张、成熟、衰落等几个阶段。形成阶段是产业结构逐渐形成的过程；扩张阶段则是产业结构变动的升级转换时期；到了成熟阶段，产业结构将出现大幅度调整和转换，否则就会较快转向衰落。因此产业开发区如何在结构变动中加强产业发展优势，是一个重要的

战略问题。

2）产业开发区的开发进程

产业开发区的开发进程可以概括为三个阶段：聚结—吸引—辐射。

首先产业开发区的开发需要具备良好的培养基础——地区内的经济条件、科技条件、社会或环境条件。同时，它的开发启动需要外部促进条件，即产业开发区的政策导向和资本与科技的投入。

在此基础上，区内各工程项目在内外因素的作用下开始"聚结"，随着功能的聚结，产业开发区开始由产生转向发展，这样就形成了规模，具备了更好的投资条件，形成了吸引力进而加速它的发展。在发展过程中又形成一定的与其他地区相抗衡的竞争力，这样便聚集了更多的社会生产和社会生活产业，产生巨大的辐射力影响并促进其他相关区域的建设与发展。

产业开发区不是孤立存在的，它必须同其他各种环境因素相联系。它的开发进程不是线性的，而是在稳定与不稳定、均衡与不均衡的矛盾运动中进行的。节奏并不是始终如一的，随着环境因素的变化，开发区的开发进程时而呈现大幅度、高速度，时而呈现小幅度、低速度。

产业开发区开发进程的这种特征是由两个规律共同支配的，一个是自然系统的规律，一个是人工系统的规律。所谓自然系统的规律是市场规律开发区的土地开发受到市场中价值规律的调节；所谓人工系统的规律，是人们对客体特有的主观性、计划性的规律，人们在开发区的开发中，通过人工系统规律一方面能发挥主观能动性，促进并引导开发区的进程，另一方面可以通过计划性避免因市场性而引起的盲目和外部负效益。

为了促进产业开发区的开发，必须了解它的进程和内在规律。在整个开发过程中运用自然系统规律与人工系统规律，促进产业的聚结、吸引和辐射，并通过创造条件和积极引导为这一进程的发展提供硬件环境和软件环境。尤其在聚结这一阶段，它是整个开发过程的决定阶段，如果在该阶段通过良好的软硬环境的创造促进了资本与科技的聚结，那么在市场规律的作用下，将使其自然走向非平衡态，产业产生吸引力，导致规模的扩大，最终具有区域的辐射力。

3）产业开发区的开发特点

产业开发区是一个具有独特性的新型城市开发区。无论从它的工程系统还是从它的发展方向来看，它都具有其自身的特点。

产业开发区的开发是一项复杂的工程系统，从该角度来看，它具有六个基本特点：

① 工程前期工作复杂

它的开发首先要进行充分的区域选址分析和发展条件论证，其次要完成复杂的软件系统，它包括目标系统、管理系统、可操作系统等。

② 工程项目多

首先产业开发区是一个多功能综合开发区，因此工程项目的层次比较复杂，有生产功能、科研功能（高新技术开发区）、居住功能、商业办公功能文化娱乐功能等。其次，每一个工程项目类型中的工程量都比较大。

③ 建设周期长

产业区开发是一个科研（高新技术产业开发区）生产—管理办公—生活—商业服务的

一系列的建设行为，因此建设周期比较长。

④ 品位高

时代进步对新开发提出了更高的要求，决定了它的开发是高品位的。一方面要提供良好的产业开发环境，吸引投资，吸引科技人才；另一方面，它是一个面向新世纪的工程，应具有现代气息和较好的环境面貌。

⑤ 涉及面广

一方面，产业开发区其自身功能层次复杂；另一方面，它不仅以周边区域的科技环境、经济环境、社会与自然环境为发展条件，而且它也对周边相关产业起到积极的辐射作用。

⑥ 投资量大

从客观上讲，产业开发区功能齐全、基础设施要求高以及建设周期长等因素，使整个开发区的开发投资量大。

7.2 城市功能区开发流程

城市功能区是一个庞大的系统工程。在开发过程中，具有开发规模大、投资大、涉及专业众多的特点，开发经营较普通项目要求更高。因此其开发与经营过程也与一般房地产项目开发迥然不同。

7.2.1 城市功能区定位

定位是项目开发中最重要的环节，尤其是城市功能区专案，它决定项目的发展方向、开发模式、开发节奏、营销策略、效益水平，为项目的规划设计、开发策略、资源整合、营销规划工作提供依据。城市功能区的定位与单体项目不同，主要包括整体项目的定位与各功能物业的分项定位两大部分。

例如，英国伦敦码头区再造项目，位于国际大都市伦敦，在国际金融业具有巨大影响力，因此，码头区再造项目定位为国际金融、商务商业区。在城市功能区整体定位前提下，开展功能区项目内各类物业的分项定位。

(1) 项目的整体定位

项目的整体定位是一项系统工程，涉及项目发展面临的城市背景、区域背景、行业背景、文化背景和本身先天条件等多方面因素，其结果与项目团队整体管理运作水平密切相关。

在进行城市功能区的整体定位时需要重点强调项目的主题理念，独特的主题理念是城市功能区项目的灵魂。在信息化社会，消费者的消费方式发生了很大变化，尤其是在一个集商务、休闲、购物等多功能的项目内，个性化与情感化的倾向越来越明显。因此，根据不同物业消费者的不同需要、消费心理特点、区域文化及不同功能物业的发展趋势，还需要为城市功能区确定一个整体主题形象定位。通过统一的形象定位，在空间处理、环境塑造与城市功能区内外的有机联系方式等方面对城市功能区进行一致性表现，使其真正起到都市文化中心的作用。

(2) 城市功能区分项定位

在城市功能区分项定位中最重要的是定量（规模）研究与商业研究。

1）城市功能区的定量研究

城市功能区的定量研究主要是研究不同物业的体量与规模。其主要物业通常包括：商务物业、零售商业、娱乐休闲、居住物业及公共设施的建筑面积和用地面积。城市功能区开发从规划到完成一般需要5～10年，甚至更长的时间。因此，城市功能区中各物业的规模是动态的。

在城市功能区的综合开发过程中，各种开发类型物业之间是存在一定的价值联动关系的，物业的规模一定要预留未来发展的空间。确定不同物业合理的规模，并充分考虑其未来的发展空间，将影响项目的整体规划布局及最终的综合价值最大化的实现。

2）城市功能区商业研究

城市功能区的商业是城市功能区中一个重要的功能部分，需要单独分析研究。包括商业的市场研究、商业的定位研究、商业的定量研究、商业的业态研究、商业的规划研究、商业的营销推广、商业的经营管理研究。不同的商业有不同的基本特征，对于每一个具体项目，都应在规划前期考虑引进什么样的商业，对此有一个基本的市场定位，才能确定适合终端市场差异化的竞争策略。

（3）城市功能区规划

在前期定位的基础上，城市功能区的规划内容涵盖广泛，包括整体规划、空间规划、交通规划、景观规划、建筑立面、户型设计等。在此阶段城市功能区一般面临的主要难点是交通规划与空间规划。

1）城市功能区交通规划

城市功能区的功能及其区位特点，确定了其具有如下基本交通特征：

城市功能区发挥着区域中经济管理、控制和金融运作等中枢性职能，建筑密度大、土地利用强度高，以及高层化的集聚形态，导致交通规划成为城市功能区规划建构的核心问题之一。

城市功能区的功能运作使其交通出行在时间上分布不均衡，商务等就业岗位量大而集中，与城市交通流量在时间上分布特征基本相符，在早晚通勤时段交通流量出现峰值；夜间多为购物、娱乐、休闲车辆，与日间交通流量出现互补现象。

城市功能区内部的交通网络是城市交通运输网络的重要组成部分，因此城市功能区交通规划在保持内部交通结构完整性的基础上，应加强与城市交通运输系统的有机联系和衔接，其交通组织方式和系统构成形态成为城市功能区规划特色的体现和关键要素之一。

在城市功能区的交通运作中，需要大量的停车位及完整的停车系统给予支撑。停车系统、人行交通系统、人流与车流的衔接系统等在城市功能区规划中极为重要，其规划的合理性直接影响城市功能区的正常运作。

在对城市功能区项目的交通进行研究时，主要从两个方面进行具体分析：一是处理好城市功能区交通结构层次关系；二是优先考虑多种形式的公共交通。

2）城市功能区空间布局

从综合体项目开发角度而言，地价高低程度将直接决定各具体位置的租金水平，两者呈现密切关系。从项目后期运营角度而言，因受制于租金成本，不同经营业态也会相对形成与不同位置基本对应的选择关系。

在一个城市进行城市功能区开发时，首先要分析研究该城市的各种零售功能、服务金融办公功能以及具体功能的经营现状与发展趋势，其次要分析其经营物业场所的选择习惯特点，结合其对辅助配套条件（可达交通方式、停车位、货物运输等）的要求程度，确定综合体中规划的每一种功能的地价区位选择相对位序。为了实现综合体内各个物业综合价值的最大化，可以在规划中结合城市功能区的土地价值梯度分析来研究各个功能空间布局。

此外，在进行城市功能区规划的过程中，应参照《中华人民共和国城乡规划法》《城市居住区规划设计标准》《城市规划编制办法》《开发区规划管理办法》等相关法律、规范和文件。

7.2.2 准备阶段和建设阶段

（1）策划决策阶段

策划决策阶段，又称为建设前期工作阶段，主要包括编报项目建议书和可行性研究报告两项工作内容。

1）项目建议书

对于政府投资工程项目，编报项目建议书是项目建设最初阶段的工作。其主要作用是为了推荐建设项目，以便在一个确定的地区或部门内，以自然资源和市场预测为基础，选择建设项目。项目建议书经批准后，可进行可行性研究工作，但并不表明项目非上不可，项目建议书不是项目的最终决策。

2）可行性研究

可行性研究是在项目建议书被批准后，对项目在技术上和经济上是否可行所进行的科学分析和论证。根据《国务院关于投资体制改革的决定》（国发〔2004〕20号），对于政府投资项目须审批项目建议书和可行性研究报告。《国务院关于投资体制改革的决定》指出，对于企业不使用政府资金投资建设的项目，一律不再实行审批制，区别不同情况实行核准制和登记备案制。对于《政府核准的投资项目目录》以外的企业投资项目，实行备案制。

3）可行性研究报告

可行性研究报告是从经济、技术、生产、供销到社会各种环境、法律等各种因素进行具体调查、研究、分析，确定有利和不利的因素、项目是否可行，估计成功率大小、经济效益和社会效果程度，为决策者和主管机关审批的上报文件。

（2）勘察设计阶段

1）勘察过程

复杂工程分为初勘和详勘两个阶段，为设计提供实际依据。

2）设计过程

一般划分为两个阶段，即初步设计阶段和施工图设计阶段，对于大型复杂项目，可根据不同行业的特点和需要，在初步设计之后增加技术设计阶段。

初步设计是设计的第一步，如果初步设计提出的总概算超过可行性研究报告投资估算的10%以上或其他主要指标需要变动时，要重新报批可行性研究报告。

初步设计经主管部门审批后，建设项目被列入国家固定资产投资计划，方可进行下一步的施工图设计。

施工图一经审查批准，不得擅自进行修改，必须重新报请原审批部门，由原审批部门委托审查机构审查后再批准实施。

（3）建设实施阶段

1）建设准备阶段

建设准备阶段主要内容包括：组建项目法人、征地、拆迁、“三通一平”乃至“七通一平”；组织材料、设备订货；办理建设工程质量监督手续；委托工程监理；准备必要的施工图纸；组织施工招标投标，择优选定施工单位；办理施工许可证等。按规定做好施工准备，具备开工条件后，建设单位申请开工，进入施工安装阶段。

2）施工阶段

建设工程具备了开工条件并取得施工许可证后方可开工。项目新开工时间，按设计文件中规定的任何一项永久性工程第一次正式破土开槽时间而定。不需开槽的以正式打桩作为开工时间。铁路、公路、水库等以开始进行土石方工程的时间作为正式开工时间。

3）生产准备阶段

对于生产性建设项目，在其竣工投产前，建设单位应适时地组织专门机构，有计划地做好生产准备工作，包括招收、培训生产人员；组织有关人员参加设备安装、调试、工程验收；落实原材料供应；组建生产管理机构，健全生产规章制度等。生产准备是由建设阶段转入经营的一项重要工作。

（4）竣工验收阶段

竣工验收指建设工程项目竣工后，由投资主管部门会同建设、设计、施工、设备供应单位及工程质量监督等部门，对该项目是否符合规划设计要求以及建筑施工和设备安装质量进行全面检验后，取得竣工合格资料、数据和凭证的过程。工程竣工验收是全面考核建设成果、检验设计和施工质量的重要步骤，也是建设项目转入生产和使用的标志。验收合格后，建设单位编制竣工决算，项目正式投入使用。

（5）考核评价阶段

建设项目后评价是工程项目竣工投产、生产运营一段时间后，在对项目的立项决策、设计施工、竣工投产、生产运营等全过程进行系统评价的一种技术活动，是固定资产管理的一项重要内容，也是固定资产投资管理的最后一个环节。

7.2.3　城市功能区的营销推广

城市功能区相对于单一功能地产项目来说，由于开发周期长、物业形态多、各物业形态利益点不同等特征，其推广策略不能仅仅着眼于项目当前利益与项目单体价值的推广，而要将项目整体价值的推广及项目对区域与城市发展的价值作为更高目标。

城市功能区在我国属于刚刚起步阶段，其销售与推广模式仍然处于摸索阶段。在城市功能区的实践案例中，营销推广仍存在以下关键问题：

1）如何推广项目的整体价值及实现整体价值最大化？

2）如何解决大体量综合体整体推广与分期推广的问题？

3）项目品牌形象如何与企业品牌形象互动？

4）如何避免过度商业化或过度利益最大化而失去城市文脉和生态平衡的风险？

目前城市功能区主要的销售模式有全部销售、租售结合、整体出租、分散出租四种形式。针对不同的销售模式采取不同的营销推广策略。

营销策划主要包括了三部分服务内容：市场定位与产品设计定位，市场推广策划，项目销售策划（项目销售阶段）。

（1）市场定位与产品设计定位

根据前期市场分析，确定项目的整体市场定位，并确定目标客户群定位，进行目标客户群体分析，在市场定位和营销策划总体思路下，提出产品规划设计基本要求，协助确定符合市场需求和投资回报的产品设计方案、产品规划和设计理念，最终完成产品定位。

具体内容包括：项目总体市场定位、目标人群定位、项目开发总体规划建议、组团规划建议、交通道路规划建议、户型设计建议、整体风格建议、外立面设计建议、园林景观规划建议、社区配套设施、会所建议、楼宇配套建议、装修标准建议、装饰材料建议、物业管理建议等。

（2）市场推广策划

根据市场竞争环境分析和项目自身优劣势分析，针对目标市场需求，制定有效的市场推广计划，为产品上市销售做好准备。内容包括市场推广主题策略、营销策略、销售策略、市场推广工具设计（VI 设计及宣传品、销售工具设计）、广告设计创作、媒体投放、公关活动策划等。

具体内容是：

1）市场推广主题定位：市场推广主题、市场推广概念、项目核心卖点提炼、项目案名建议；

2）销售策略：开盘时机选择、定价方法、付款方式、销售组织、销售计划、销售控制；

3）广告策略：广告推广阶段计划、广告推广目标、诉求人群、项目诉求重点、各类广告创意（报纸、户外等）；

4）媒体投放策略：媒体选择、媒体组合、投放预算、媒体计划、媒体排期；

5）公关策略：媒体公关、软文撰写、公关活动策划、协助活动执行等。

（3）项目销售策划（项目销售阶段）

此阶段主要是帮助发展商制定销售计划，协助展开促销工作，做好销售现场管理顾问，帮助发展商实现预定销售时间计划和收入计划。

7.2.4 城市功能区经营管理

城市功能区中各种物业功能有其各自的特性，因此，其物业的经营管理也有不同特性。主要包括零售商业的经营管理、酒店的经营管理、写字楼的经营管理、公寓住宅的物业管理等。以下以零售商业为例说明。

城市功能区中零售商业管理模式共有以下四种：

（1）开发商自行管理

由出资方共同组建联合发展总公司，进行管理和提供服务，尝试进行统一的物业管理。该种模式的产权形式都是统一的，如深圳的华润中心。

（2）国外的管理机构参与合作管理

部分由国外的管理机构参与合作管理，还有部分待零售商业建成后输入管理或委托国外机构管理。如深圳的金光华都是自己的物业管理公司管理，但又聘请了国际知名的管理公司做顾问。

（3）专业的物业管理公司进行市场管理

部分零售商业在管理上采用租赁模式，以租代管，统一策划布局，统一培训人员，统一促销，统一对外公关，并提供基本的公共设施（如中央空调、自动扶梯和水电供应等），此外，承租方提出方案和资金，由物业管理公司协调开发商统一进行装修。专业的管理公司不直接从事商业经营，而是从事整体策划和管理，具体包括租赁管理、营销管理、服务管理和物业管理。

（4）主要承租者进行经营的同时开展管理

承租者在承租期间自行承担管理服务，包括策划布局，管理人员的培训以及相应基础设施的完善等。

7.3　城市功能区开发典型投融资模式

城市功能区开发模式主要包含以下几种：第一种是最早的政府直接投资建设开发的模式，即政府直接作为投资主体进行区域的建设开发，资金来源主要以财政性资金为主。第二种是完全市场化的操作模式，由企业享有土地溢价分成或通过一二级联动开发取得收益，政府投入较少，但随着政策的收紧，该模式已基本陷入瓶颈。第三种是在政企开发的改革趋势下，政府和社会资本共同出资进行功能区开发与建设；同时，随着城市的不断发展，发展模式上也有了新的创新，例如交通导向、生态导向的发展模式，更注重城市绿色发展和可持续的发展。本节重点研究政府主导的开发模式、城投公司开发模式、政府与社会资本合作模式以及其他综合开发创新模式。

7.3.1　政府主导的开发模式

政府主导的开发模式是指在城市功能区的开发建设过程中，行政力量处于主导地位。政府根据地区发展的客观需要，新划出一块区域，制定有序的发展规划，提供配套服务，重点发展某些产业，并集中大量投资建设这些产业赖以生存发展的基础设施，实行招商引资特殊优惠政策，吸引大量区外企业入驻，最终形成特定产业集聚区。

政府主导模式下，政府直接出资进行项目建设，直接参与项目融、投、建、管等各个环节。政府直接投资资金来源可以大致分为两类：一类是财政拨款。中央财政拨款主要流向于关系到我国国计民生的一些大型基础建设项目，而地方财政拨款主要流向于所管辖区域内的一些大型的建设项目。另一类是专项债券等其他融资手段。其融资模式如图 7-3 所示。

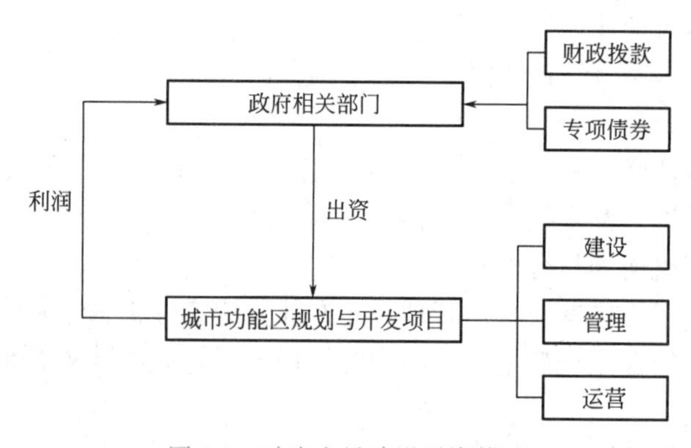

图 7-3　政府主导建设融资模式

政府主导模式一般针对特别是一些重大的公共项目，政府在此方面的投资力度往往很大，如地铁、道路、医疗、教育等。该发展模式的优点主要体现在以下三方面：一是政府规划引导的城市功能区空间布局一般较为合理。该类城市功能区，在建立之初就明晰了功能区的发展思路、重点产业、主导功能以及开发建设阶段等关键问题，并根据其产业和功能定位进行合理的空间布局和功能区位划分，从而为功能区未来的进一步拓展和提升预留足够的空间，使其能够很好地规避拥挤效应突出的发展阶段。二是政府能够为产业发展、产业集聚提供良好环境。这一环境不仅包括政府政策法规的完善和落实、市场行为的监管和政府办公效率等软环境，而且也包括各种基础设施、公共设施等硬环境。通过政府的统一规划与开发，城市功能区建设能够较好地协调经济效益、社会效益和生态效益，实现综合效益的最大化。三是在政府规划开发下，招商目标较为明确，有利于区域形成若干优势集群。政府通过重大项目招商、园区招商、品牌招商等一系列市场化运作手段，能够引入一系列经营规模大、经济效益好、符合产业政策的行业重点企业及配套企业，促进集聚区快速形成与发展，而且政府一些重大项目的品牌效应能迅速提升整个区域形象，提升该区域的影响力与吸引力。该模式推进城市功能区发展要注意以下两个方面：一是要依托现有的产业基础和区域资源环境特点来规划聚集区产业发展方向。二是要注重发挥市场机制的作用，根据市场发展需求，加强宏观规划引导。

7.3.2 城投公司开发模式

城投公司开发模式是指在区域规划开发过程中，政府充当监督者、指挥者，城投公司作为重要抓手进行城市功能区的建设。地方政府是规划方、监督方，城投公司是主导方，承担各项投资、建设、管理工作。

在此模式下，其融资主体为城投公司，城投公司以市场化方式引进资本在片区综合开发中发挥主导作用。功能区综合开发所需要的资金量非常庞大，且开发前期涉及征地、拆迁、基础设施建设费用的缺口较大，更需要城投公司保障资本供给。对此，城投公司要改变单一的融资模式，建立多元化的融资渠道。比如，银行融资要同时跟政策性银行、商业银行对接，以项目为单位制定个性化的融资方案。另外，要切实通过重组整合壮大自身实力，通过企业债券融资。另外可以通过股权多元化、混改、IPO/借壳上市等方式进行股权融资，探索设立产业基金等，充分发挥国有资产、国有资本的带动作用。此开发模式的融资模式如图 7-4 所示。

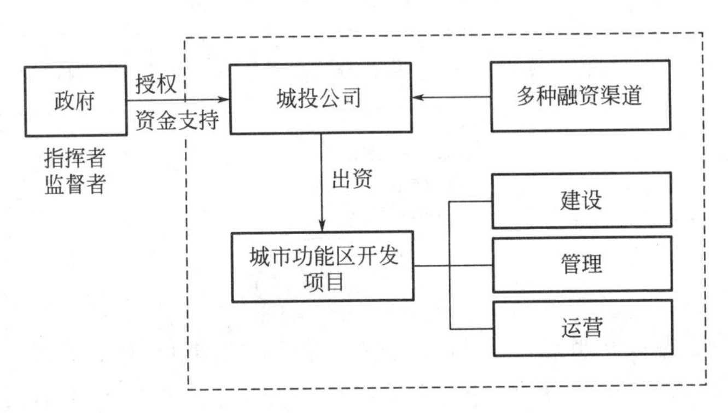

图 7-4 城投公司开发融资模式图

城投公司担负一定的政府职能，是独特性市场经营体。因其性质此模式一般用于经营规模大，限期长，建设和经营环境要求平稳的涉及民生工程和基本建设类项目。该模式除了具有政府主导模式所呈现的空间布局合理、产业环境完善、招商目标明确等优势外，还具有一些自身独特的优势，这主要表现在：一是发挥了市场化机制在功能区综合开发中的作用；二是减少了政府的压力，拓宽融资渠道；三是能够充分体现政府规划意图，有效地引导了功能区产业发展方向，实现了功能区、客户和公司三者的多赢。但是，该模式对开发模式的合规性、项目策划包装、投资结构设计等要求很高，政企边界不好把握，收益机制不明晰，有隐性债务的风险。

7.3.3　政府与社会资本合作模式

城市功能区建设是一项系统性工程，具有资金需求大、涉及利益主体多、规划程序复杂、开发周期和收益回报不确定等特点，单纯靠地方政府或者城投公司进行融资将带来较大的财政压力，因此出现了政企合作建设模式，政府不用操心融资、投资、建设、运营问题，社会资本方以市场化方式独立运作，也不会有增加地方隐性债务的风险。其中政府与社会资本合作模式是此类建设模式中的典型融资模式，即 PPP 模式，指政府公共部门与社会资本合作进行功能区开发，让社会资本参与功能区的开发，使其所掌握的资源参与提供公共产品和服务中去。通过这种合作和管理过程，可以在适当满足社会资本的投资营利目标的同时，更有效率地进行功能区建设，更好地提供服务，使有限的资源发挥更大的作用。

PPP 模式下政府与社会资本共同出资建设项目公司，由项目公司进行城市功能区的建设与管理，一般设置特许经营期，在特许经营期内的收益为社会资本所有，期满无偿移交给政府。其融资模式如图 7-5 所示。

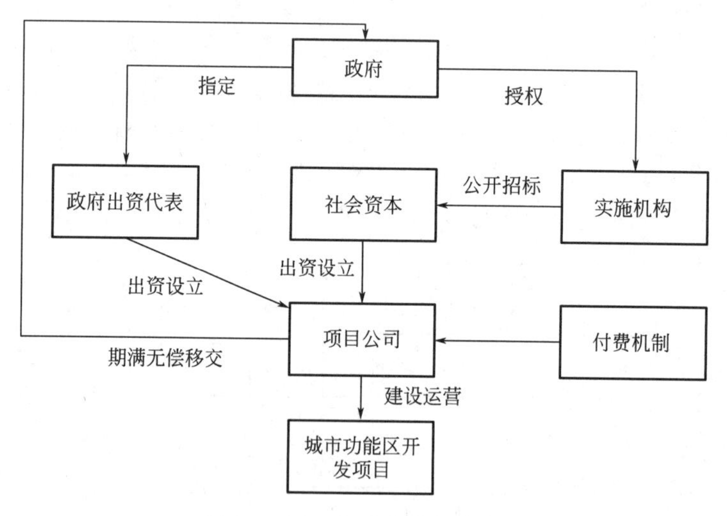

图 7-5　PPP 模式的融资模式图

此模式适用于经营需求明确，回报机制较为成熟的功能区建设项目，同时当城市功能区规模巨大，所需资金额大，政府和城投公司都不能解决资金问题，财政压力大的情况可考虑采用 PPP 模式。PPP 模式具有如下优势：第一，PPP 方式的操作规则使社会资本参与到功能区建设项目的确认、设计和可行性研究等前期工作中来，这不仅降低了社会资本的投资风险，而且能将社会资本在投资建设中更有效率的管理方法与技术引入功能区建设中来，还能有效地实现对项目建设与运行的控制，从而有利于降低建设投资的风险，较好地保障国家与社会资本各方的利益，缩短城市功能区建设周期。第二，减轻政府财政压力，提高建设质量。城市功能区建设一般涉及范围广，所需资金额巨大，而与社会资本合作建设很大程度上减少了政府的财政压力，同时还可以将项目的一部分风险转移给社会资本，从而减轻政府的风险。同时双方可以形成互利的长期目标，更好地为社会和公众提供服务。第三，对于社会资本，PPP 模式可以保证其“有利可图”。因城市功能区建设关系到城市发展，政府高度重视，会给社会资本一定的便利，例如税收优惠、贷款担保、给予私人资本沿线土地优先开发权等，保障了社会资本的权益。目前政府在功能区建设中面临的主要困难就是：缺少建设资金，缺少懂得管理的专业人员。PPP 模式很好地解决了政府所面临的困境。

7.3.4 其他综合开发创新模式

在城市发展进程中，随着人类需求变化，对高质量、绿色发展的要求使得城市功能区开发模式也发生了变化，TOD、EOD 等模式得以产生和发展。

（1）TOD 模式

TOD 模式（Transit-Oriented Development，公共交通导向发展模式）主要内容可以概括为：将城市发展核心聚焦于公共交通场站，并以慢行交通为出行方式，在公交场站周边紧凑、混合而高强度地展开居住、商务、商业等城市功能，从而实现紧凑的城市空间形态、便捷的交通体系与优质的慢行环境。

公共交通项目具有投资大、自身现金流难以覆盖建设运营亏损、带动周边土地溢价的特征，TOD 模式内涵在于设计投资回报机制，用投建公共基础设施带来的周边土地增值溢价反哺公建项目建设及运营亏损，有以“谁受益、谁负担”为原则，由使用者和受益者分摊建设运营成本的日本模式；也有政府利用规划的信息优势，先按非城市建设用地价格征地，然后通过公共交通设施实现预征地土地增值，利用地价差平衡建设成本的中国香港模式。两种模式均能实现轨道交通正外部效应的内部化，两种思路在国内有不同程度的应用。

TOD 模式之所以被视为具有广泛理论价值的规划范式，一方面在于当下城市，尤其是区域中心城市普遍存在着无序郊区化的问题，亟需缓解城市蔓延带来的沉重经济与环境负担；另一方面，TOD 模式可以为城市品质提升打造行之有效的正反馈循环——通过将人口和经济社会活动在场站周边的空间集中，促进公共交通效率最大化，从而激发场站周边土地价值的提升。在我国城市逐渐进入存量规划与城市更新时代的背景下，TOD 模式的指导价值在于通过城市层面的系统性谋划与激励性政策缓解多层级地面交通压力、提高城市运行效率，并由精细化的交通场站设计、土地利用规划与慢行系统设计提升土地资产价值、重构城市更新空间，塑造高效、人本的人居环境。

（2）EOD 模式

美国学者霍纳蔡夫斯基最早提出了 EOD 模式（Ecology-Oriented Development，以生态为导向的城市发展模式）。结合中国实际，EOD 模式的内涵得以丰富，即以生态文明建设为引领，以特色产业运营为支撑，以城市综合开发为基础，以可持续发展为目标的城市发展模式。其重点是应用“规划优先生态引领”，通过一体化的规划将生态理念贯穿于

“规划—建设—运营管理”整体链条的每一个环节和全过程，使生态理念产生实际效益。通过规划、建设、运营与管理，保持和改善城市生态系统服务功能，实现人与自然和谐共处，生态、生产与生活统筹兼顾，从而为居民提供可持续福利，实现区域的可持续发展。

EOD 模式对未来中国城市发展具有普遍的指导意义，是建设和发展从数量型到质量型，再到生态型不断升级发展的高级阶段，应当逐步成为被普遍遵循的模式。EOD 模式不仅可以解决城镇建设和发展的可持续性问题，而且能进一步解决生态环境质量提升和改善的难题。新型城镇发展要看得见山、望得见水（体现出自然山文水脉），记得住乡愁、反映出地域文化（体现出城镇发展的脉络纹理）。EOD 模式的目的不仅仅是实现城市的可持续发展，解决和保护城市开发中出现的生态环境问题，更重要的是追求更加美好的城市生活，永无止境地改善生态环境问题，提升生态环境质量。

除此之外，还有 IOD 模式（Industry-Oriented Development，以产业为导向的开发模式），SOD 模式（Service-Oriented Development，以社会服务设施建设为导向的开发模式）等。

复习思考题

1. 城市功能区分为哪几种？城市功能区规划应遵循什么原则？城市功能区开发的特点是什么？
2. 如何进行城市功能区的定位和开发？
3. 城市功能区开发的典型模式是什么？分析各开发模式的特点。

第 8 章　城市更新

随着城市快速发展，土地资源日益稀缺，城市布局和功能正面临着重新调整的局面。2022 年的《国家新型城镇化规划（2021—2035 年）》文件中指出加快新型城镇建设，有序推进城市更新。2023 年的政府工作报告中提出，加快实施“十四五”重大工程，实施城市更新行动。

城市是伴随人类社会发展不断演变的生命体。城市更新活动古已有之。从古罗马时期的城市中心广场群改建，到我国北京、南京等古城基于历史原址的不断重建扩建等，形式多种多样。城市更新是城市发展到一定阶段需要经历的再开发过程，不同的时代背景和地域环境中的城市更新具有不同的动因机制、开发模式、权力关系，进而产生不同的经济、环境、社会效应，因此，城市更新的概念内涵、实践方式与价值导向也表现出较为明显的差异性。

8.1　城市更新概述

8.1.1　西方国家的城市更新

当代的城市更新概念与理论发展，起源于西方第二次世界大战后大规模的城市推倒重建式更新活动。第二次世界大战后，为解决住房问题、清理贫民窟、改善交通，欧洲许多国家在开展大规模新城建设的同时，也积极更新旧城，对城区内老化的基础设施进行改建。由于这种机械的物质环境更新破坏了城市原有社会肌理和内部空间的完整性，而受到广泛的质疑，因此，“城市重建”（Urban Renewal）往往指政府机构主导的推土机式大拆大建，带有一定的贬义。

随着历史的不断演变，西方国家涌现了许多与城市更新相关的概念，例如“城市更新”（Urban Regeneration）、“城市复兴”（Urban Renaissance）、“城市振兴”（Urban Revitalization）、“城市再开发”（Urban Redevelopment）等。这些术语被频繁使用，也常常被相互替换，但却有各自不同的内涵（表 8-1）。

城市更新相关术语对照　　表 8-1

相关术语	英文	主体	含义	出现时间
城市重建	Urban Renewal	政府机构主导	受公共建设驱动，对城市受损区域及贫民窟等进行大规模的重建	第二次世界大战后
城市再开发	Urban Redevelopment	政府及私人开发商	将城市的某一有损市容的区域如贫民区进行重建的计划，多以政府与私人开发商合作的形式出现	20 世纪 50 年代
城市振兴	Urban Revitalization	城市开发集团、社会团体	对城市特定区域赋予新生的改造行为	20 世纪 70～80 年代

续表

相关术语	英文	主体	含义	出现时间
城市复兴	Urban Renaissance	政府、私人开发商、社会团体、公众等多方协作	归入更宽泛的可持续社区议题中	20 世纪 80～90 年代
城市更新	Urban Regeneration	政府、私人开发商、社会团体、学者、公众等多方协作	针对城市衰退现象而言的城市再生，往往和城市经济增长联系在一起	20 世纪 90 年代

“城市更新”一词最早是指西方尤其是英国在经历全球产业链转移后衰败旧工业城市的一种城市复兴策略，以及其他改善内城及人口衰落地区城市环境，刺激经济增长，增强城市活力，提高城市竞争力的城市再开发活动，这些城市更新策略和活动，对城市的物质形态和社会结构产生深远影响。由于不同时期发展背景、面临问题与更新动力的差异，其更新的目标、内容以及采取的更新方式、政策、措施亦相应发生变化，呈现出不同的阶段特征。整体来看，西方国家城市更新的实践发展自“二战”后可以分为推倒重建、社区更新、旧城开发、有机更新四个基本阶段（表 8-2）。

第一阶段：以清除贫民窟为代表的推倒重建。战后的欧洲百废待兴，西方许多城市开始大规模清理贫民窟运动，取而代之的是新建的购物中心、高档宾馆和办公室。这一阶段城市更新的特点是推土机式推倒重建，通过大面积拆除城市中的破败建筑，建设各种提供高税收的“国际式”高楼，全面提高城市物质形象。这个阶段的城市更新更重视产业结构和生产布局的调整及优化，解决了工业化带来的工业污染、拥挤等问题，但是也带来了地价飞涨、加剧职住失衡以及交通堵塞问题，使中心区的吸引力下降。居住人口大量外迁导致大城市的中心区在夜晚和周末变成死城，带来治安、交通等一系列社会问题。

第二阶段：关注社会公平的综合更新。20 世纪 60～70 年代，西方国家经济快速发展，人们对前一阶段清除贫民窟行动进行了反思，因此，这一阶段，城市更新运动的重点出现了变化，加强了对综合性规划的通盘考虑，在更新时不仅考虑物质和经济因素，还综合考虑了就业、教育、社会公平等多种因素，关注弱势群体以及被改造社区原居民所能享受的社会福利和公共服务。

第三阶段：市场导向的旧城再开发。20 世纪 70 年代以后，西方很多城市陷入严重经济危机。20 世纪 80 年代西方国家城市更新政策出现明显转变，从政府导向改变为市场导向，从以福利为主的社区更新，改变为以地产开发为主的旧城再开发。这个阶段平衡了城市交通的压力，促进了市区邻里复苏，但同时，市场导向下的中产阶级化（Gentrification）也挤占了市区贫民阶层的土地资源与生活空间，社区原居民的意愿被剥夺。

第四阶段：以人为本和可持续发展的有机更新。20 世纪 90 年代，在人本主义思想和可持续发展思想影响下，西方城市更新目标、内容、方式更趋向理性，高度注重人居环境，强调从社会、经济、物质环境多维度综合治理城市问题，强调多元参与。城市居民纷纷成立自己的组织，如街区俱乐部、反投机委员会、社区互助会议等，通过居民协商，维护邻里和原有的生活方式，并利用法律同政府和房地产商进行谈判。社区居民在社区品质得到提升的同时，教育环境、经济条件也获得了提升，社会地位有所提高，更有主动性直接参与社区规划决策，形成一种自下而上的社区规划（Community Planning）。以改善环境、创造就业机会、促进邻里和谐为主要目标的社区规划已成为西方国家城市更新的主要方式。

西方城市更新发展历程归纳　　表 8-2

	第一阶段	第二阶段	第三阶段	第四阶段
关键词	推倒重建	社区更新	旧城开发	有机更新
时期	第二次世界大战后至20世纪60年代	20世纪60～70年代	20世纪80～90年代	20世纪90年代后期
发展背景	战后繁荣 形体规划主义	经济增长	经济下滑	人本主义和可持续发展
主要政策	英国:《格林伍德住宅法》(1930) 美国:《住宅法》(1937)	美国:现代都市计划(1965) 英国:《地方政府补助法案》(1969)	英国:城市开发公司、企业开发区(1980) 美国:税收奖励措施(1980)	英国:城市挑战计划(1991) 欧盟:结构基金(1999)
更新特点	推土机式重建	福利性质的社区更新	地产开发导向	多维度的社区复兴
战略目标	清理贫民窟 提升城市形象	向贫穷开战 提升居住环境 解决人口社会问题	吸引中产阶级回归 复兴旧城经济活力	提供城市多样性、多用途性 保护社区历史价值 保持社会肌理
更新对象	贫民窟、物质衰退地区	政府选择的旧城贫民社区	旧城区域	城市衰退地区、规划欠佳地区
参与者	中央政府主导	中央政府与地方政府合作	政府与私有部门双向伙伴关系	政府、私有部门和社区的三方合作
资金来源	公共部门投资 少量私人投资	中央财政为主 地方财政补充	私人投资者为主 政府少量启动资金	政府补贴 大量私人投资
管制特点	政府主导,自上而下	政府主导,自上而下	市场主导,自上而下	三方合作,自上而下与自下而上相结合

8.1.2 中国的城市更新

相比起“城市更新”,“旧城改造”这一术语更长期存在于中国过往数十年的学术专著、政策文件与媒体报道中，是具有中国特色的历史产物。“旧城改造”的组合用法从使用历程来说，是在中华人民共和国成立后从首都北京开始的。

旧城改造是指局部或整体地、有步骤地改造和更新老城区的全部物质生活环境，以便从根本上改善其劳动、生活服务和休息等条件，它既反映城市的发展过程、城市空间规划组织以及建筑和社会福利设施的完善过程，又展示物质成果，反映当时的建筑和福利设施状况。过去几十年，我国一直处在快速大规模的旧城改造活动之中。旧城改造的主要内容如下：一是改造城市规划结构，在其行政界限范围内，实行合理的用地分区和城市用地的规划分区；二是改善城市环境，通过采取综合的相互联系的措施来净化大气和水体，减轻噪声污染，绿化并整顿开阔空间的利用状况等；三是更新、调整城市工业布局；四是更新或完善城市道路系统等基础设施；五是改善城市居住环境和公共服务设施等。从实际操作看，旧城改造包括棚户区改造、旧住宅小区改造、旧建筑（居住建筑和非居住建筑）改造等。

城市更新作为旧城改造的替代发展模式，摈弃了旧城改造单一的“拆迁—新建”模式，向“拆迁+保留—新建+保护+升级”转变，尊重历史、以人为本、改善配套、因地制宜，降低了拆迁带来的社会矛盾、保护了区域历史文脉、改善了居民生活配套设施、优化了建筑形体及空间布局、转变和升级了地区经济发展模式，逐渐为政府和开发商接受。随着城市更新理念的不断发展，国内城市更新的相关术语也出现越来越多新词汇，例如微改造、微更新、渐进式更新等。

根据我国城镇化进程和城市建设宏观政策变化，将中国城市更新划分为相应的四个主要发展阶段。

第一阶段：计划经济下的填补式更新。新中国成立至改革开放时期，我国城市的建设和发展是在政策和政府的全面干预下，按社会主义计划经济模式运作的。城市建设以生产性建设为主，而等待更新的旧城在“充分利用，逐步改造”的政策下只是局部、小规模地进行危房改造和一些基础设施建设。其工作特点是依靠国家投资，资金匮乏，改造速度缓慢，标准较低。管理方面条块分割，设施配套不全。复杂的社会历史原因，导致我国目前的旧城交织存在着结构性衰退、功能性衰退和物质性老化等严重问题。旧城发展状况与目前中国城市发展呈现高速增长和高速变化的趋势形成强烈反差。

第二阶段：经济转型期下的延续性更新。改革开放至20世纪90年代初期，社会经济环境的改善为城市发展创造了良好的条件，但是计划经济发展思想仍然贯彻了城市发展建设基本过程。这一时期我国城市建设“重生产、轻生活”的思路有所改变，非生产性建设的投资比例逐年上升。采用“拆一建多”的方式在老城区和新区分别建设了一批多层盒型布局兵营状住宅区，希望以较少的资金解决大部分人的居住问题，但同时又无意间破坏了城市的肌理，使城市失去特色。

第三阶段：市场经济下的大范围城市更新。20世纪90年代以来，社会主义市场经济体制逐渐完善和确立，整个社会政治经济环境处于大改革的转型期。土地使用权出让与财政分税制的建立，释放了土地使用权从国有到私有的“势能”。这一阶段的城市更新涵盖了旧居住区更新、重大基础设施更新、老工业基地改造、历史街区保护与整治以及城中村改造等多种类型，城市更新由过去单一的“旧房改造”和“旧区改造”转向“旧区再开发”。这一时期，虽然城市空间职能结构、环境等问题得到一些改善，但也产生了大量负面影响，如城市中心开发过度、缺乏活力，社区失去多样性，城市空间出现社会等级分化，各类保护建筑遭到破坏，城市的文脉被切断，城市特色正在消失，走向雷同等。

第四阶段：新时期下的有机更新。2010年以后，我国城镇化率超过50%，经历了改革开放四十多年的经济增长奇迹后，面对空间资源趋向匮乏、发展机制转型倒逼的现实情境，我国社会开始迈入经济“新常态”和“存量发展”的新阶段。城市更新由此成为新时期我国城市土地“存量盘活”发展的重要路径之一。这一阶段的城市更新目标明确为“实施城市更新行动，推进城市生态修复、功能完善工程”。在新的历史时期，城市更新的原则目标与内在机制均发生了深刻转变，城市更新开始更多关注城市内涵发展、城市品质与活力的提升、产业转型升级以及土地集约利用等重大问题。我国的城市更新在多样性动力机制推动下逐渐进入以包括物质性更新、空间功能结构调整、人文环境优化等社会、经济、文化内容的多目标、有机更新阶段。

总体而言，我国的城市更新与西方国家有很大的区别，有其自身的独特性。西方国家在城市化基本完成后才开始进行大规模的城市更新，而我国的城市更新则是伴随着城市化的进程同时进行的。西方国家在经过城市化后拆除破败建筑、政治建筑面貌，维修和建设公共设施，完善城市功能，而我国在城市化高潮的初、中期就开始了城市更新的高潮，城市化与城市更新两股洪流交织，形成了世界城市发展史中的独特风景（表 8-3）。

中国城市更新典型案例　　表 8-3

阶段	案例名称	更新问题	策略与启示
二	广州旧城改造	解决城市住房紧张	贯彻“充分利用，加强维护，积极改造”的方针，以“公私合建”政策推行旧城改造
	上海南京东路改建	商业街更新	对百余家名特商店进行全面改造，实施步行街更新与建设
	北京菊儿胡同整治	居住区更新	以“类四合院”体系和“有机更新”思想进行旧居住区改造，保护了北京旧城肌理
三	北京 798 艺术区	旧工业区更新	早期通过艺术家的自发聚集，实现“自下而上”的地区复兴；后期依托政府投资，进行文创园区的商业化再开发
	南京老城保护与更新	历史城区与街区更新	将老城发展的重点放在展现历史、改善环境、提升功能等方面
	广州、佛山“三旧”改造	旧城镇、旧厂房、旧村庄更新	成立广州市“三旧”改造工作办公室，开展以改善环境、重塑旧城活力为目的的城中村拆除重建和旧城环境整治工作；聚焦利益再分配的难题，在地方政府和村集体之间达成共识，重构“社会资本”，建设利益共同体，顺利推动“三旧”改造
四	三亚“城市双修”	生态修复与城市修补	以治理内河水系为中心，以打击违法建筑为关键，以强化规划管控为重点，优化城市风貌形态
	深圳“趣城计划”	社区微更新	通过创建多元主体参与、项目实施为导向的“城市设计共享平台”，吸引公众参与城市更新设计，促进社会联动与治理
	上海世博会城市最佳实践区	旧工业区更新	将后世博园区建设为集中了绿色建筑、海绵街区、低碳交通、可再生能源应用的可持续低碳城区

8.1.3 城市更新的发展规律与趋势

城市更新的发展规律与趋势主要如下：

(1) 由单一价值观转向多元价值观

面对城市的复杂问题，城市更新的思想与理论日趋丰富，呈现出由物质决定论的形体主义规划思想逐渐转向协同理论、自组织规划等人本主义思想的发展轨迹，同时也直接反映了城市更新价值体系的基本转向。早期城市更新主要是以“形体决定论”和功能主义思想为根基，静止地看待城市发展，指望能通过整体的形体规划总图来解决城市发展中的难题，对城市的后续发展不利。之后学者对大规模改建进行了尖锐批判，主张进行不间断的小规模改建，认为小规模改建是有生命力、有生气和充满活力的，是城市中不可缺少的。至“邻里复兴”运动兴起，交互式规划理论、倡导式规划理论又成为新的更新思想来源，多方参与成了城市更新最重要的内容和策略之一。20 世纪末，城市更新研究不再停留于表面的资金平衡、多方参与和协调，开始深入到更新机制背后的空间权利、资本运作与利益博弈的交互关系，提出“空间正义”“社会公平”“新自由主义”等概念。

在中国，伴随中国城市发生的急剧而持续的变化，城市更新日益成为城市建设的关键问题和人们关注的热点。其中代表性的有吴良镛的"有机更新"思想和吴明伟的"走向全面系统的旧城改建"思想。城市更新作为城市转型发展的调节机制，意在通过不断调节结构与功能，提升城市发展的质量和品质，增强城市整体机能和魅力，使城市能够不断适应未来社会和经济的发展需求，以及满足人们对美好生活的向往，建立一种新的动态平衡。城市更新应从总体上面向提高城市活力、促进城市产业升级、提升城市形象、提高城市品质和推进社会进步这一更长远全局性的目标。急需摆脱过去很长一段时间仅注重"增长""效率"和"产出"的单一经济价值观，树立"以人为本"、可持续发展的多元价值观，以提高群众福祉、保障改善民生、完善城市功能、传承历史文化、保护生态环境、提升城市品质、彰显地方特色、提高城市内在活力以及构建宜居环境为根本目标，运用整治、改善、修补、修复、保存、保护以及再生等多种方式进行综合性的更新改造，实现社会、经济、生态、文化多维价值的协调统一，推动城市可持续与和谐全面发展。

(2) 由单一更新模式转向多元更新模式

在更新模式层面，从过去"自上而下"的单一更新模式，转向"自上而下"与"自下而上"双重驱动的多元更新模式。城市更新的内涵更加多元化和综合化，城市更新越来越注重社区参与和社会公平，并且以多方合作的伙伴关系为取向。以往城市更新模式单一，从一开始推倒重建、填空补实、拆一建多等实现计划目标的政府主导模式，到后来邻里复苏、旧城再开发、"退二进三"等实现经济目标的市场主导模式，再到考虑居民意见、公共参与的多方合作模式。城市更新的主体和目标都在不断多元化。城市更新越来越注重需求的差异化、层次化，融资模式多样化，产业升级市场化，更新模式更多元、类型更多样。

从参与主体来看，早期的城市更新是以政府主导的，房地产开发为主的城市更新，由于当地居民参与环节和途径的有限性，造成其在更新中利益空间的损失。近年来，国外的更新案例开始加强对社会动员、居民自建和社区参与式重建、邻里更新的关注。强调利用社会资源的再合理分配以减少弱势群体的边缘化差距，提倡发挥多元民间力量，肯定社会网络在促进城市融合中的积极作用。除公众参与外，还强调非政府组织在更新过程中的沟通作用。从具体方法来看，由早期单一的房地产主导型，逐步演化出旗舰项目激励型、大型赛事推动型、产业升级改造型以及其他多元化的更新形式。

从融资模式来看，目前，中国参与城市更新的企业在融资渠道上相对单一，棚户区改造主要以国有政策性银行贷款为主，尚未形成能够完全满足不同城市更新项目资金的融资方式，基金、信托市场等融资方式仍然不成熟。未来，城市更新融资模式将不再是传统的政府主导模式，融资模式将向 PPP 模式等市场化融资方式转变。融资主体逐步由政府演变为政府、企业、社区居民、民间机构共同参与的主体。

(3) 由物质更新转向综合更新

在更新思维层面，从过去规划设计主导的物质更新，转向多学科交叉和融合的社会、经济、文化、生态整体复兴的综合思维。随着城市功能的不断完善，城市更新的内容也由单一物质更新向寻求提供就业、解决城市贫困、改善财政、完善公共基础设施、吸引投资、发展经济、增加住房供应等系统综合的城市发展战略转变。随着新时期城市更新目标趋向更长远、更多元和更全局，以及城市更新成为当前和未来中国社会现代化进程中矛盾突出和集中的领域，城市更新不仅是极为专业的技术问题，同时也是错综复杂的社会问题和政策问题，任何专业、任何学科和任何部门都难以从单一角度破解这一复杂巨系统问题。国内外城市发展的不断探索实践，引起了经济学、管理学、社会学及其他相关学科研究者的广泛关注，各界对城市更新的研究也呈现多元化、多视角的复合性综合性研究态势。学者们分别从不同学科背景入手，对当前的更新时代背景、更新动力机制及更新指导策略、方法等不同方面进行了大量研究。随着不同发展时期更新目标的演化和丰富，以及受到多种新思潮和新主义的影响，近段时间内的城市更新在经济、制度、文化等方面出现了新的转向。

（4）由大片区拆建更新转向局部社区单元更新

过去，旧城改造主要是解决城市衰退中的物质性老化、功能性衰退和结构性衰退等问题，侧重于成片旧区推倒重建的物质性更新，更多精力集中于改善城市感观上的物质性老化。随着城市社会经济结构的变革，以及人们对城市改造内涵认识的不断深化，人们对城市的功能会有更多更高的要求。2021年，住房和城乡建设部提出转变城市开发建设方式，坚持“留改拆”并举、以保留利用提升为主，严管大拆大建，加强修缮改造，注重提升功能。人们将从成片旧区推倒重建的物质性改造，发展成为从城市功能和产业结构升级方面来推进的城市更新。

未来将细化城市更新单元，更加注重充分发挥社区平台作用，完善生活圈功能品质。以社区为基本生活单元，打造生活圈。首先以市民需求和社区文体为导向，对更新地区进行综合评估，重点关注社区公共开放空间、公共服务设施、住房保障、产业功能、历史风貌保护、生态环境、慢行系统、城市基础设施和社区安全等方面内容，明确生活圈中“缺什么”“补什么”，提供更加宜人的社区生活方式。

8.1.4 城市更新特征维度

社会、政治、文化、经济等制度共同组成了影响和制约城市更新实践开展的外部环境，从城市更新的内部运作来看，理解和认识当代城市更新特征的重要维度，可以分为十个方面（表8-4）。

城市更新的十个特征维度　　表8-4

认识角度	核心要素
更新目标	物质空间修补、专类空间供给、土地资源效率提升、历史文化保护、提升区域活力、城市功能结构调整、生态环境修复等
更新导向	供给导向（自上而下）、需求导向（自下而上）、供需双向对接
产权主体	公有产权（国有、集体）、私人产权、混合产权；单一产权人、多产权人等
更新规模	微空间、单体建筑、成片环境、城市片区等
更新对象	旧城镇、旧工厂、旧村庄等
参与主体	政府、国有/私有企业、产权人、社会组织、规划师、学者等
改造方式	拆除重建、改造整治、保护维护等
功能变更	功能不变、功能植入、功能置换等
土地流转	征收、租赁、出让、划拨、补差价转换等
安置模式	原址/就近回迁、异地回迁、货币补偿等

根据十个维度进行分类组合，可基本描述某个特定时期、特定地方的城市更新实践形式，并深层映射出其对应的制度背景和运作环境。例如，以上海 20 世纪 90 年代的住房更新运动为例，从上述维度概括其特征便是“以物质空间修补和住房专类空间供给为目标、自上而下为导向、政府为参与主体、通过功能不变更的拆除重建对私人产权对象进行的连片环境改造”。

8.1.5 常见项目分类

城市更新常按更新对象与更新规模进行分类，如在政策文件、媒体报道中常见的“三旧改造”，就属于按更新对象分类；“微改造”或拆迁重建，则属于按更新规模或更新力度分类。

（1）按更新对象划分：旧城镇、旧村庄和旧厂房

按照更新对象划分，城市更新项目常可分为旧城镇、旧村庄和旧厂房改造三种类型，即“三旧”改造。

旧城镇指城乡建成区内人居环境较差、基础设施配套不完善，土地以国有性质为主的城镇居民生活生产区域。旧城改造的地块，一般在完成拆迁补偿后由市自然资源部门按国有土地公开出让程序出让。

旧村庄指城乡建成区内人居环境较差、基础设施配套不完善，土地以集体所有性质为主的村集体成员聚居区域。旧村改造的地块，村集体可选择保留集体土地性质或按规定转为国有用地。其中，复建安置地块转为国有土地一般可采用划拨方式，融资地块转为国有土地可采用招拍挂公开出让或协议出让。

旧厂房指城乡建成区内建成较早的工业生产、产品加工制造用房和直接为工业生产服务的附属设施，以及工业物资存储用房等。旧厂房用地包括工业用地和仓储用地。旧厂房改造常见“工改工”“工改住、商”“工改 M0”等类型。“工改工”指旧的工业区，进行改造升级，升级后仍是工业区；“工改住、商”即工业用地改为居住用地、商业用地；“工改 M0”指工业用地改为新型产业用地，即融合研发、创意、设计、中试、无污染生产等新型产业功能以及相关配套服务的用地，M0 工改的产品较为多元化，包括新型产业用房、配套商业、配套宿舍等多种物业形态，在工改中相对较为稀缺。

在拆建类项目中，由于投入的人力物力较大，国有/私有房地产开发商往往作为参与主体。从项目周期来看，旧厂房改造周期最短，而一般“工改工”项目短于“工改住、商”项目。旧村、旧城改造周期长且不确定性高，主要由于拆迁权利人数量众多、产权复杂，谈判周期长，同时在项目立项和审批阶段，开发商需就项目容积率和规划等问题与政府沟通。例如深圳南山区大冲村改造项目，从开发商签订意向合作书到村民签约耗时 3 年、从签订意向合作书到项目首期开盘耗时 7 年。旧厂房改造业主结构相对简单，开发商一般只需要与原业主做好协商，配合政府政策执行即可。其中，“工改住、商”项目变现能力更强、利润更高，是开发商的关注重点，但由于规划审批环节政企双方在容积率和项目规划上有一定的博弈时间，项目周期比“工改工”项目更长。“工改工”项目周期短，但销售流动性差，开发商一般通过持有运营的方式取得回报。近年来，主要城市旧厂房改造项目占比呈现增高趋势，且“工改工”项目立项占比较高。

（2）按更新力度划分：整治类、改建类和拆建类

按照更新力度由弱到强，城市更新项目可分为整治类、改建类和拆建类三种类型。不

同城市命名略有不同，但实质相近，例如深圳将城市更新项目分为综合整治类、功能改变类和拆除重建类（分别对应整治、改建和拆建）；广州分为全面改造（对应拆建）和微改造（对应整治和改建）；中山分为微改造、局部改造和全面改造（分别对应整治、改建和拆建）。

整治类项目更新力度最弱，审批条件最宽松，多为政府主导进行。整治类项目不改变建筑主体结构和使用功能，以消除安全隐患、完善现状功能等为目的，一般不增加建筑面积。审批程序简化，主要由区政府负责审批、实施、竣工验收和后续监管。城镇老旧小区改造较多为整治类城市更新，改造资金主要来自市/区政府、权利人等。

改建类项目更新力度居中，一般需由市级城市更新管理部门审批，开发商一般可通过改造、持有运营等方式参与项目。改建类项目一般不改变土地使用权的权利主体和使用期限，在不全部拆除的前提下进行局部拆除或加建，可实施土地用途变更，部分城市可增加建筑面积（但一般会对建筑面积增幅设限，例如珠海要求不超过30%）。开发商可通过改造、持有运营等方式参与项目，代表案例如万科上海上生新所项目。

拆建类项目相对其他项目更新力度最强、审批最严格，是开发商参与城市更新的主要形式。拆建类项目对城市更新单元内原有建筑物进行拆除并重新规划建设，可能改变土地使用权的权利主体、可能变更部分土地性质。拆建类项目流程较复杂，审批机构涉及区、市城市更新管理部门，流程包括更新计划立项、专项规划审批、实施主体确认、用地出让等环节。拆建类项目一般分为政府主导、市场主导、政府和市场合作三种模式，每种模式下开发商资金压力和项目周期有所差异。

8.2 城市更新流程

城市更新是一个不断演变、内涵宏大的概念，在不同背景、时间、地区、主体、对象、规模、政策的情况下，城市更新项目的流程差异很大，因此，本节仅从较为宏观的角度概述其流程（图8-1）。

8.2.1 确定实施范围

各地区应当根据地区的现状，合理确定城市更新的应用范围。比较常见的有以下几类。

（1）老旧城区的整体更新

棚户区改造过后，各地的城市风貌有了很大改善，大量居民的居住条件得到了极大改善。但是，老城区的整体基础设施仍然普遍较为落后，配套公共服务、生态环境、老旧小区仍然需要进行投资，因此老旧城区的整体改造是城市更新的主要实施方向之一。老旧城区的更新，按其更新对象可以划分为旧城镇、旧厂房、旧村居的改造，而根据更新力度分类则可以分为拆建改造、微改造等。例如城市老旧小区的微改造行动，既属于对旧城镇的改造，也属于整治类更新。又如常见的城中村改造项目，既属于对旧村居的改造，也属于拆建类更新。

（2）城市人文风貌保护与更新

许多地区都对城市风貌的保护有非常急切的需求。修复山水城传统格局，保护具有历史文化价值的街区、建筑及其影响地段的传统格局和风貌，推进历史文化遗产活化利用与

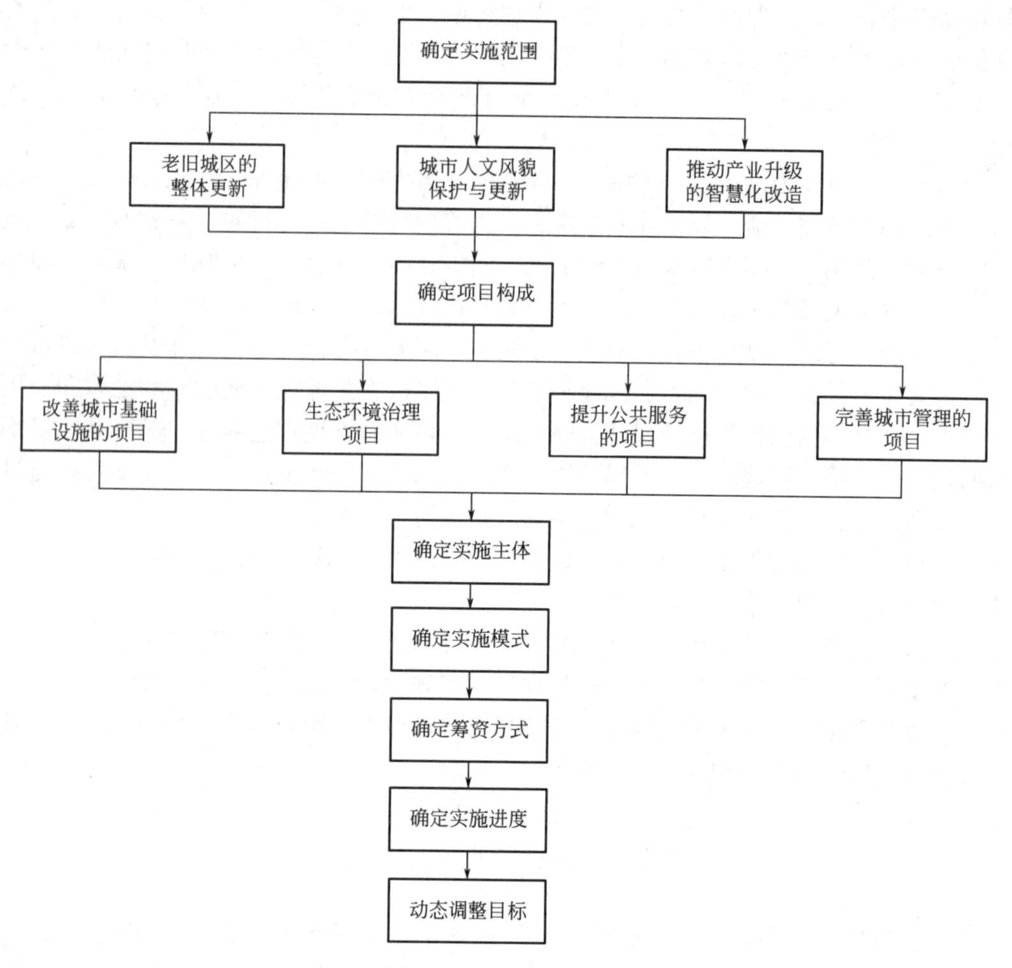

图 8-1　城市更新流程

完善城市功能结合，是许多地区城市建设的主要目标。该类更新项目往往目标更为综合，既要改善地区生态环境，也要保护其历史文脉，还要提升区域活力等。

（3）推动产业升级的智慧化改造

新型基础设施是城市地区未来的主要投资方向，在核心城区、高新园区、经济技术开发区，可以通过推动城市更新将这些区域进行智慧化改造。一方面是推动这些地区的新旧动能转换、产业升级；另一方面也是为当地发展新基建提供试点和经验。由于各地区的经济发展与主要需求不尽相同，在城市更新的实施范围与目标上将有很大差异，各地应当根据实际需求确定城市更新的应用范围。

8.2.2　确定项目构成

当各地确定了适合当地实际情况的实施范围以及总体的发展目标，就能以此为蓝本，梳理达到项目所需要进行的具体基础设施与公共服务投资，项目构成也自然诞生。改善城市基础设施的项目，涉及拆迁、保障性住房建设、租赁住房建设、老旧小区改造、道路升级与改造、更新管网；生态环境治理项目，涉及修复河湖水系和湿地等水体，保护城市山体自然风貌，完善城市生态系统，改造完善城市河道、堤防、水库、排水系统设施；提升公共服务的项目，包括新建或扩改建教育设施、医疗卫生设施、养老托育设施、社区公共服务设施；完善城市管理的项目，包括信息化、数字化、智能化的新型城市基础设施建设和改造。当项目构成确定，项目的总投资等也有了初步的经济数据，同时，也可对居民意见、拆迁难度、公共服务投入进行摸底，为后续工作、决策提供支撑。

8.2.3 确定实施主体

明确了项目构成之后，各地可根据实际情况来选择实施主体：政府投资范围的公益性项目多由政府部门作为项目的实施主体；半公益性的、资金能够自平衡的准公益性项目可由城投公司作为实施平台；市场化范畴的、适宜社会资本直接承接的项目可通过竞争性方式选择社会资本作为实施主体。

在新时代的城市更新项目中，往往是同时具有公益性、准公益性、经营性项目，因此实施主体可以有多个。根据不同的实施范围，将实施工作进行划分和分配，根据具体的工作内容选择适宜的实施主体。

8.2.4 确定实施模式

确定了实施主体后，还需确定实施城市更新的模式。以政府部门作为实施主体的，可采用政府投资、地方专项债券等模式实施；以城投公司作为实施主体的，可采用市场化运作、整体资金平衡、ABO等模式实施；以社会资本作为实施主体的，则考虑采用招商、PPP、混合改造等模式实施。

当城市更新项目的体量较大时，可根据项目的具体性质进行合理拆分、组合实施，促使项目更好、更快落地。

8.2.5 确定筹资方式

根据不同的实施主体、实施模式，项目资金渠道不一：以政府作为实施主体的，通过财政预算内资金、地方专项债券筹集；以城投公司作为主体的，可通过承接债券资金与配套融资、发行债券、政策性银行贷款、专项贷款等方式筹集资金；以开发企业作为实施主体的，可以通过商业性银行贷款、项目收益债、信托、投资基金等方式募资。在有相应金融政策时，也可根据成本更低的资金渠道、募资方式，来调整实施主体与实施范围。

8.2.6 确定实施进度

为避免资金到位时间与实施进度脱节，在实施城市更新项目的过程中，应当根据不同模式下资金到位的情况，合理调整实施进度，让资金与进度相匹配。既避免资金不到位可能性带来的负面问题，也是避免临时筹资带来的隐性债务、高成本债务。

8.2.7 动态调整目标

城市更新的实施目标应该是长远的、可持续的。实施目标也应根据资金情况、市场情况等进行动态调整。在“资金平衡”的基础上，公益性投入要量力而行，避免造成新增地方政府债务。反之，也不能过分逐利，尤其是政府主导的城市更新项目，需要在保护历史和文化的基础上，核心提升城市人居环境质量、人民生活质量、城市竞争力，而非商业化的盈利。在有盈余的基础上，地方政府也应加大基础设施与公共服务的投入，实现人民富裕、生活美好的根本性目标。

城市更新的涵盖范围很广，在不同的地区会呈现出完全不同的面貌，因此实施中切忌大干快上，也应避免生搬硬套。从核心理念上来说，城市更新项目原则上应当实现项目收益的自平衡，实现资源横向补偿的目标。各地应当根据各地的实际情况、对照本实施流程进行项目的推进，通过全流程、分步骤地运作，实现城市更新行动的目标。

8.3 城市更新典型投融资模式

城市更新是一项复杂的系统工程，在此过程中不可避免地面临一系列问题，包括资金、拆迁补偿、地价、拆迁安置、开发建设成本等，以上问题归根结底就是资金的问题，面对此问题各国在推进城市更新过程中进行了多方面的探索和尝试，积累了丰富的经验，在融资的方式和渠道上趋向多元化，另外，从融资主体来看逐步由政府占主导地位的城市更新融资方式演变为私人资本广泛参与的多元化方式，由传统的依靠政府财政投资逐渐向以市场化融资方式转变。

8.3.1 城市片区更新项目典型投融资模式

（1）城市片区更新项目的特点

城市片区项目更新，如片区综合整治、棚户区改造、老旧小区改造等公益性较强的民生项目，由于需要政府主导财政拨款、组织实施、动迁、建设、协调和仲裁等更新项目的各个阶段和各个方面，其投资主体往往是地方政府。政府直接投资，是典型、常用的投资模式。

（2）典型的投融资模式——政府直接投资（图8-2）

该模式下，地方政府作为主体利用财政预算资金对城市更新项目直接进行投资，通过市场化公开招标的方式，确定执行主体，完成如片区综合整治、棚户区改造、老旧小区改造等片区更新项目。其建设资金的主要来源是政府财政直接出资。在市场经济时期，政府内逐步分化出市政公司、城建公司、住房保障中心等经济部门承担委托动迁和工程等工作。地方政府直接出资模式主要针对公益性项目建设、维护，需要具备良好的财力基础，通过纳入政府投资预算体系，按照政府投资条例要求对外投资。

以典型的由政府主导的公益性城市更新项目棚户区改造为例，其投融资模式主要有政府购买模式和专项债券模式两种。棚户区改造是中央政府为改善城镇危旧住房、解决底层家庭住房条件与生活环境而推出的一项重大民生工程和发展工程。在政府购买棚户区改造服务模式中，多数情况是政府委托市场主体实施改造，财政直接出资一般用作项目资本金，市场主体可将政府购买服务的应收账款质押给金融机构申请贷款或在金融市场筹措资金。

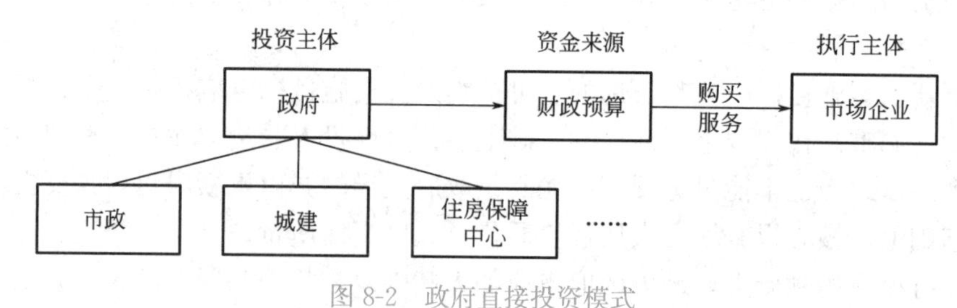

图8-2 政府直接投资模式

8.3.2 城中村更新项目典型投融资模式

（1）城中村更新项目的特点

城中村项目更新最早出现在深圳和广州城市更新早期阶段的拆建类城市更新中。地方政府在探索城市更新模式的过程中发现：整个改造项目涉及利益群体复杂且多，产权非常分散。为了避免产权分散导致推进难，政府不再作为改造的唯一组织主体，允许由权利主体（即村集体）自行实施、市场主体（即开发商）单独实施或权利主体与市场主体联合实施（即村集体和开发商联合）城市更新。市场主体主导模式，是该类型项目最常见的投融资模式。

（2）典型的投融资模式——市场主体主导（图 8-3）

市场主体主导模式是指在城市更新项目开发过程中政府通过出让用地红线，开发商按规划要求负责项目的拆迁、安置、建设的一种商业行为，是一种完全的市场化运作方式。企业主体利用金融市场，特别是资本市场进行融资。

自 20 世纪 90 年代开始，地方政府主要通过“毛地批租”的方式将更新改造地块出让给开发商进行房地产开发。在“毛地批租”模式下，政府与开发商签署协议，开发商通过政府划拨、出让等方式获得建设项目的土地使用权，并自筹资金或向银行贷款来筹措建设资金，最后建成楼盘一部分用于拆迁安置、剩余部分用于市场销售。该模式解决了当时更新改造的资金问题，不仅减轻了政府的财政压力，同时也加快了旧区改造的速度。但是采取这种“积极不干预”的政策后，政府向市场大幅让利，以房地产开发为导向的更新项目由于获益较高，导致政府需要配套的公共服务设施成本大幅增加。而对处于生态敏感区、历史文化保护区等需要由政府实施的公共利益开发项目，难以支付高标准的拆迁安置费用，导致实施困难，直接影响城市和公众的整体与长远利益。

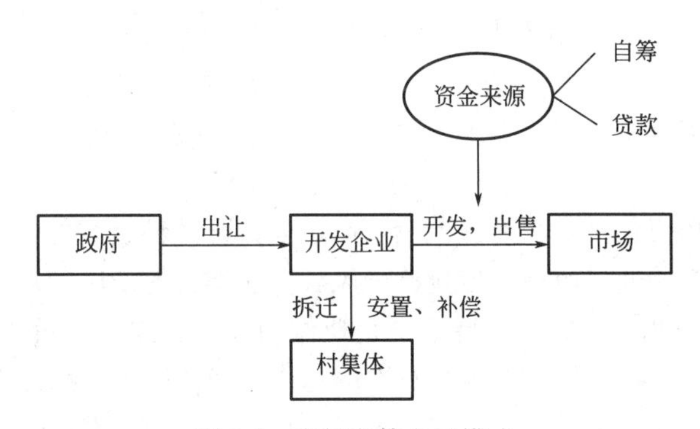

图 8-3　市场主体主导模式

8.3.3　工业遗址更新项目典型投融资模式

（1）工业遗址更新项目的特点

随着城市发展，工业企业及有关设施纷纷从城市中心迁出，大量的工业遗址出现，工业地块本身的功能和性质已不再适应其所处土地的价值。随着“退二进三”等政策的出台，工业遗址的更新改造，也成为常见的城市更新项目类型。

工业遗址更新，具有高度的历史人文性，其原有建筑往往象征着城市发展的历史，可能成为城市符号，也易形成特色产业。为了保留原有产业特色，原用地企业（多为地方国企）往往作为投资主体之一，同时为了获得资金及开发经验，往往需要引入合作方，因此 PPP 模式是该类项目的典型投融资模式。

（2）典型的投融资模式——PPP 模式（图 8-4）

地方国企作为城市更新项目的业主方，通过对外公开招标投标确定合作方，由地方国企与合作方按照约定股权比例成立项目公司，由地方国企与项目公司签订开发投资协议，以项目公司作为城市更新项目的投融资建设管理实施方。投资项目的资本金来源于股东出资，项目其他资金通过市场化融资获得。引入合作方模式可以用来解决城市更新项目建设过程的资金问题。

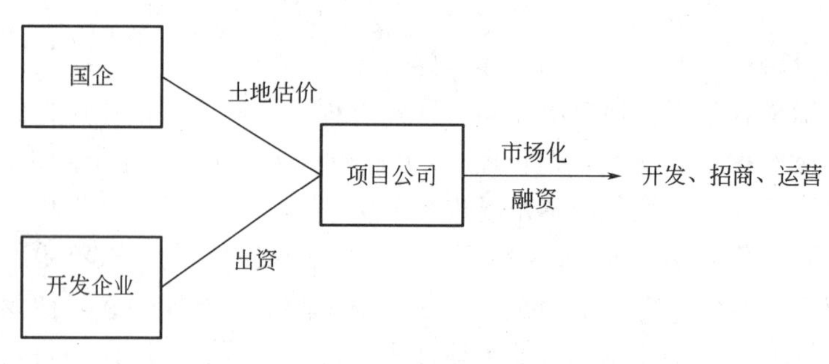

图 8-4　PPP 模式

8.3.4　历史文化街区更新项目典型投融资模式

(1) 历史文化街区更新项目的特点

我国在《历史文化名城名镇名村保护条例》中将历史文化街区定义为经省、自治区、直辖市人民政府核定公布的保存文物特别丰富、历史建筑集中成片、能够较完整和真实地体现传统格局和历史风貌，并具有一定规模的区域。总的来说，历史文化街区往往具有历史真实性、生活真实性和风貌完整性三个特征。

历史文化街区作为城市的一张文化名片，承担着观光、休闲、商务、居住的多重复合功能，按照主要空间功能使用的不同，可将历史文化街区的更新划分为商业类、居住类和景点类三种类型。

商业类或景点类历史街区，具有人流密度高，公共开放性强的特点，街区的历史遗迹往往受到了一定破坏，需要通过改造以恢复传统风貌。这类型的街区权属相对清晰，更新主要采取开发商主导模式，该模式最大的特征是企业作为设计、规划、投资、建设和运营主体，政府提供服务或合作，往往采取“商业先行”的运作与经营模式，由商业带动周边的公共设施、商务办公及居住功能的完善，因此这种模式有相对良好的资本运作及商业盈利机制。

居住类历史街区以居住为主，保留了一定的需要修复保护的历史建筑，如历史传统风格住宅、名人故居或异国风格历史建筑等。该类街区具有权属分散，产权、户籍、用地性质复杂的特征，更新活动中通常以居民和市场产业个体为设计、投资和运营主体，政府引导协作和完善基础设施建设。更新改造中居住仍是街区的主要功能，出于成片历史建筑保护的目的，将沿街面及少量建筑进行用于商业目的更新改造，通过招商出租获取收益。

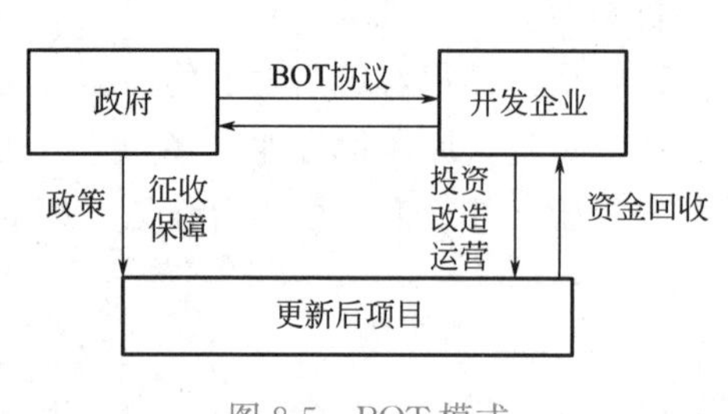

图 8-5　BOT 模式

针对历史文化街区的更新改造，总会面临保护与开发的矛盾，以广州永庆坊项目为典型案例的 BOT 模式，是该类型项目的一种典型投融资模式。

(2) 典型的投融资模式——BOT 模式（图 8-5）

BOT 模式下，政府与民间资本签署协议，利于市场资本参与城市的开发建设，让企业承担起政府的部分职能，同时分担开发建设中的部分风险，共享红利、合作共赢。政府给予企业一定年限的土地使用权，在此期间企业自负盈亏，以减轻政府的财政资金压力，且企业有权进行投资、开发建设与运营，期满后需交还给政府。

开发过程中，政府主要负责政策出台、项目立项、组织实施、保障权益，在开发中处于主导地位。而企业则是在政府的主导下承办，主要负责出资对巷道、广场等公共空间环境品质进行提升；修缮建筑外立面、建筑内部空间改造；招商运营、推广营销及后续物业管理。居民在更新过程中可充分参与，享受更新所带来的环境改善与房屋增值，并自主选择将私有物业出租给企业改造运营，或是改造自用或出租。

8.3.5 老旧小区更新项目典型投融资模式

(1) 老旧小区更新项目的特点

老旧小区一般是指建设年代久远，建设标准不高、功能配套不全、设施设备落后、没有长效管理机制的城市居住小区。老旧小区普遍存在房屋结构老化、年久失修、设施设备破损、配套设施不全、服务管理水平较低等问题。

老旧小区更新改造，以往常由政府作为投资主体，然而政府全权承包老旧小区改造过程有很多局限性：一是面积过大，无法全面覆盖；二是所需资金数额巨大，政府无力承担；三是改造成果不易保持，后期维护难度大。老旧小区改造是重大民生工程和发展工程，对满足人民群众美好生活需要、推动惠民生扩内需、推进城市更新和开发建设方式转型、促进经济高质量发展具有十分重要的意义。多元化筹集改造资金，引入社会资本参与其中，成为推进老旧小区改造的关键所在。

(2) 典型的投融资模式——社会资本参与模式（图 8-6）

政府引导社会资本参与整体改造社区基础设施，使政府的政策资金和社会资金协同发挥作用，以提供专业化的物业管理，为老旧小区改造可持续发展拓宽渠道。该模式由政府统筹协调，居民议事表达观点需求，引入社会企业进行小区基础设施投资建设并进行后期持续维护，居民对所享公共服务进行付费，企业由此获得现金流收入收回前期投资成本，获得利润收入。该模式引入优质产业，建立社区业态反哺机制，推进老旧小区有机更新，满足社区居民公共服务需求，同时推动社区产业转型升级。

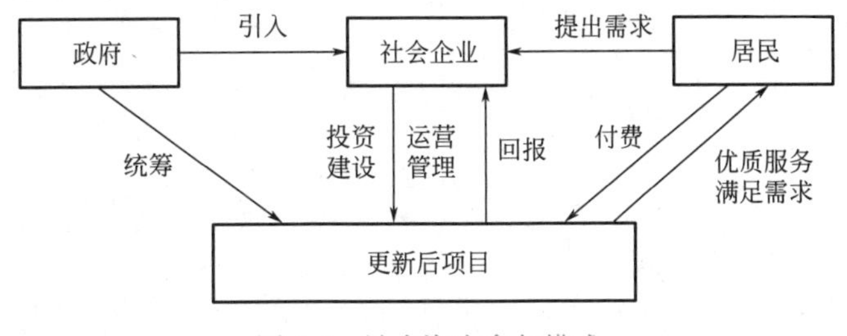

图 8-6 社会资本参与模式

8.3.6 其他典型投融资模式

(1) 城市开发基金模式。为弥补城市开发公司的不足，政府设立城市开发基金。城市开发基金由政府出资设立，主要目的是促进公益性项目改造，满足民间投资者对项目的收益性要求。当项目收益能力不足或无收益能力时，由基金对民间投资者进行补贴或无偿资助。

（2）社区企业家模式。社区企业家模式以住宅开发为主，在选择项目开发商时规定：只有居住在本社区，且大部分业务活动都集中在本地区的企业家才能优先参与旧城改造。

（3）社区发展拨款计划。社区发展拨款计划（Community Development Block Grant Program，简称“CDBG”）是一项以直接支持社区发展为核心目标的联邦政府年度拨款项目，用于支持地方社区的发展项目，具体包括为中低收入家庭建设的保障性住房项目、防止和消除贫困窟问题、完善社区发展的基础设施建设等城市更新内容。

（4）REITs融资模式，即信托组织通过发放受益凭证的形式筹集资金，用于不动产的开发和管理，再把投资收益回报给投资者，是近几年开始发展起来的新型融资模式。

复习思考题

1. 城市更新的内涵是什么？它的定义是如何不断发展的？
2. 对比西方国家的城市更新发展历程，中国的城市更新历程有何特点？
3. 可从哪些维度来理解城市更新？
4. 城市更新有哪些常见分类？
5. 请概述城市更新流程。
6. 从投资主体看，城市更新有哪些投融资模式？
7. 从融资渠道看，城市更新有哪些投融资模式？
8. 请简述城市更新项目的投融资模式发展趋势。

案例篇

第 9 章　城市土地开发典型案例

9.1　顺德东部新城城市土地一级开发项目

9.1.1　项目概况

顺德区位于佛山市境内，珠江三角洲中部，是珠江东西两岸门户，北邻广州，靠近香港、澳门，为广佛肇经济圈中连接广佛的核心区域。顺德东部新城前身是顺德新城区，开发建设历经 15 年，先后经过 3 次规划面积调整，从最初的 7 平方公里调整到现在的 70 平方公里，包括大良东部、容桂东北部、伦教东南部，是顺德传统的中心城区，也是顺德“一城三片区”的战略发展核心。顺德东部新城作为广佛经济圈重要组成部分，立足“开放、提质”的战略理念，加强与周边地区对接，参与珠三角一体化和粤港澳经济圈的职能分工，是地区性商务基地与生产性服务中心。

9.1.2　投融资方案

本项目由政府与社会资本共同建立项目公司，项目公司承继项目开发中相应的权利和义务，对土地进行融资、一级开发建设工作，在土地达到出让标准后移交给政府出让。政府通过财政预算支付项目公司和社会资本的成本及固定收益。在顺德东部新城城市土地一级开发中，项目资金来源主要分为注册资本金、项目资本金和债务性资金。

(1) 注册资本金

由中交城市投资控股有限公司（简称“中交城投”）与广东顺德东部新城投资开发有限公司（简称“顺德城投”）共同出资设立项目公司，作为项目投融资和建设管理平台，注册资本金人民币 2 亿元。其中顺德城投出资额为人民币 4000 万元，占项目公司注册资本金 20%，首次出资比例为 35%；中交城投出资额为人民币 16000 万元，首次出资比例 35%。

(2) 项目资本金

项目资本金由顺德城投与中交城投按股权比例（20∶80）出资，以项目公司作为融资主体，负责该项目债务性资金的筹集。项目资本金暂按人民币 12 亿元考虑，通过设立产业基金、发放股东贷款的形式筹集。

(3) 债务性资金

在本案例中，顺德项目静态总投资为 69.47 亿元，除去项目资本金部分，其余部分通过银团贷款的方式分散风险，筹集资金。银团贷款以工商银行佛山分行作为银团贷款牵头行，组建中交城投东部新城发展有限公司顺德东部新城城市综合开发项目 I 片区银团，银团金额不超过 58 亿元。其中工行参贷份额为 15 亿元，融资期限 8 年。

本项目融资方案交易结构如图 9-1 所示。

本项目的资金回流方案如下：政府在获得土地出让收入后，将一部分资金作为土地一级开发成本支付给项目公司，由此，项目公司可收回部分投资，在偿还金融机构的部分债

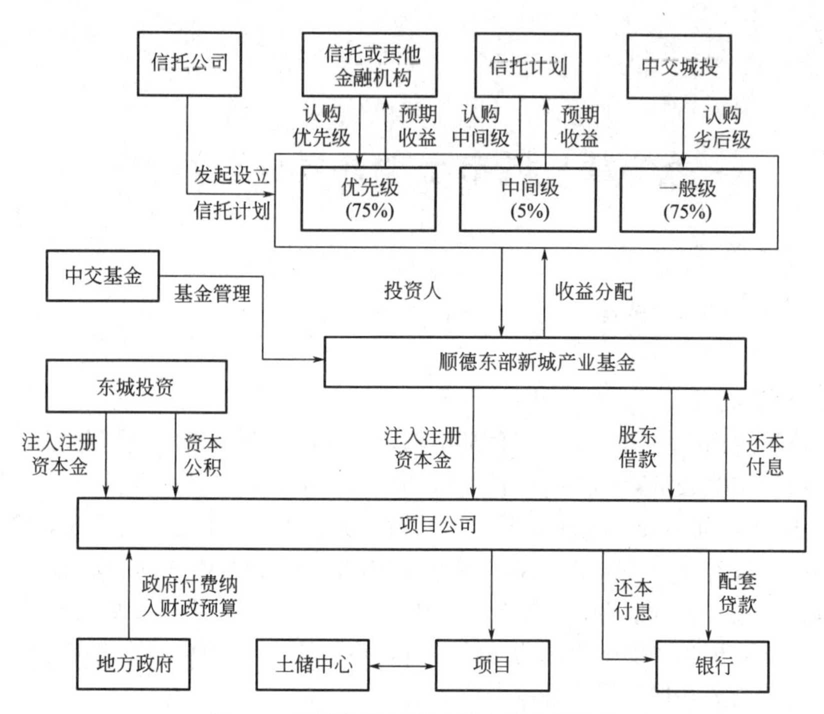

图9-1　顺德东部新城融资方案交易结构

务后继续投资于下一地块的土地一级开发中，实现项目的滚动开发；另一部分资金作为股权收益支付给社会资本；余下部分则作为政府获得的土地增值收益。

9.1.3　投融资模式选择评析

PPP项目融资是以项目为主体的融资活动，可以吸引更多企业将社会资本投入到项目中，分散政府财务风险、降低项目的风险。同时，企业专业的技术和管理团队的参与，能够有效开展项目建设，提高项目的效率，减轻项目初期中政府的投资风险及负担。然而，PPP融资模式对资金的需求量大、期限长，资金成本高。目前实践的PPP项目案例显示，银行贷款是主要融资工具，而各种稳定、高效的资金渠道包括基金、信托、债权、股票等融资工具，则由于土地一级开发项目所需要的融资额大和融资期限长等问题，较少进入到土地一级开发中。

本案例是PPP模式在土地一级开发中的应用。在土地一级开发中引入PPP模式具有现实意义。它拓宽了土地一级开发项目的融资渠道、推进了资源优势互补、盘活了社会资本。由于该模式广泛应用于基础设施建设，为相关企业积累了实践经验，加之不断完善的政策环境，推动了PPP模式应用的健康规范发展。

9.2　郑东新区中央商务区土地二级开发实例

9.2.1　项目概况

郑东新区中央商务区（CBD）经河南省发改委规划建设，于2013年3月29日成立，由商务外环路、如意东路、龙湖金融中心外环路、如意西路围合成“如意型”区域，规划面积7.1平方公里。作为加快城区经济发展和现代高端服务业基地建设的突破口，CBD按照“四集一转”要求，落实“一带一路”倡议，以打造郑东新区金融城核心区为目标，实施金融保险集群发展、产业项目集中布局，全力建设金融服务改革创新试验区、中原经济区金融集聚区、总部经济中心、高端商务商业中心、综合会展中心。

9.2.2 投融资方案

在开发建设时期，郑州 CBD 由政府担保、垫资建设，前期开发几乎无成本。以郑州 CBD 项目中的龙湖金融中心为例，龙湖金融中心是由中交投资发展有限公司建设的，中交（郑州）投资发展有限公司是河南东龙控股有限公司和中国交通建设集团合资成立的子公司。该项目的具体的投融资过程（图 9-2）如下：

首先，组建项目公司，竞拍土地使用权。中国交通建设集团和河南东龙控股有限公司联合组建中交（郑州）投资发展有限公司，通过招拍挂方式获得龙湖金融中心的地块，土地开发使用权成本在 667 万～900 万元之间，该部分资金由中国交通建设集团垫资。随后，项目公司筹资建设。初始的建设资金由注册资本金、股东借款、银行贷款共同组成。在建设的过程中，中交投资发展有限公司与建筑商协商，通过中标商自己垫资的方式来建设，签订相关协议，在房屋出售时还款。最后，建设完毕时进行资金回收支付。写字楼进行出租出售，收回的资金，一部分支付给建筑商，另一部分偿还银行贷款。如果写字楼没有完全出售，不能覆盖成本，管委会将以高于成本价的 7%进行回购。

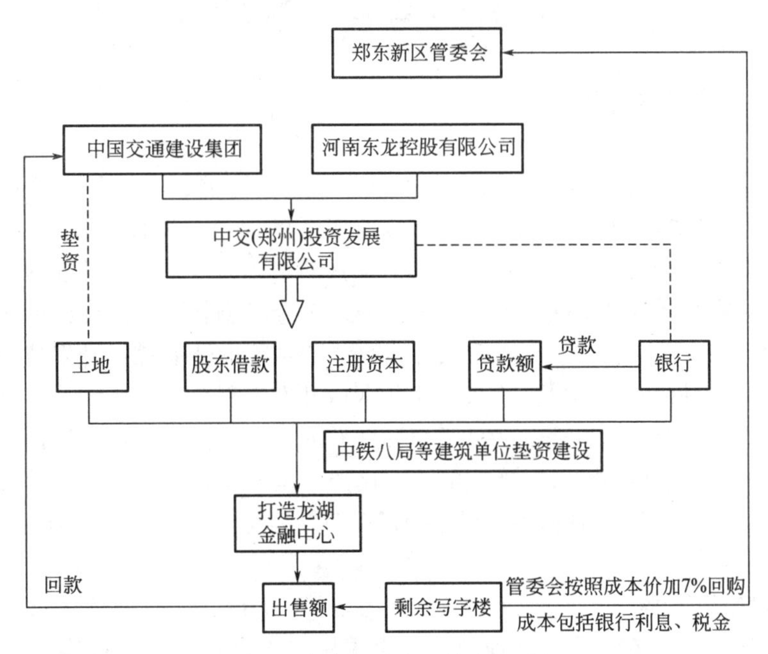

图 9-2 龙湖金融中心投融资过程

9.2.3 投融资模式选择评析

在龙湖金融中心投融资过程中，管委会通过运用央企的资金力量和专业的建设力量来开发郑东 CBD。该模式的优势是能够最大化保证管委会的意图，同时能够利用社会资金力量去更好地完成大规模的建设开发。郑东新区在开发建设龙湖区时，管委会与中国交通建设集团共同注资成立项目开发公司，在开发的过程中，由于建筑公司的竞争作用，建筑方预先支付建设所需要的建材、器材等，使得项目开发公司在项目建设之初节省了近 1/3 的资金支出。该项目以建设完成后的楼宇出售、出租的资金为收入来源，若项目在完成后，出现亏损，财政可以以超出建设成本 7%的价格进行回购，资金收到后，再由中交向建筑方支付。因此，中交（郑州）投资发展有限公司和建筑商至少可以获得超过成本 7%的利润。

在郑东新区 CBD 开发建设投融资方式中，虽然具有值得借鉴之处，但也存在以下缺陷。

（1）与金融机构合作方式单一

由于我国资本市场发展有限，建设资金的主体来源于政府信用为担保的信贷资金，如商业银行贷款、政策性银行贷款。由于 CBD 的开发建设需要大量资金，单纯依靠银行贷款的融资成本较高。并且随着开发力度的逐步增大，政府投入的财政资金等会产生不足，除信贷资金外，还需不断尝试新的融资工具，拓宽与金融机构的合作方式，从而进一步补充政府融资、银行信贷融资。

（2）未能充分吸引民间资本

我国在城市建设、基础设施建设中，很少撬动社会资金的杠杆，而民间资金也希望参与政府项目的建设开发。由于各种准入门槛或者信息不对称，民间资本在社会建设中投资很少。因此，吸引民间资金，在 PPP 和产业基金、BOT 等方面可以设定一定的规则与民间资金共同开发建设 CBD，从而减少融资成本，增加企业建设活力。

9.3　上海陆家嘴的土地开发实例

9.3.1　上海陆家嘴概况

2006 年上海市推出了《上海国际金融中心建设“十一五”规划》，成为上海建设国际金融中心的首个行动指南。2007 年浦东新区推出了《上海浦东金融核心功能区发展“十一五”规划》，规划要求浦东配合上海国际金融中心的建设，发挥金融核心功能区优势，打造全国乃至世界级金融资产管理中心。同时加强浦东作为金融核心功能区金融机构的集聚、资金的集聚和金融人才的集聚，将浦东建设成为金融创新、金融标准制定、金融生态环境的先行地区。在这一背景下，位于浦东发展中心地位的陆家嘴的开发成为上海打造现代化国际金融中心目标的一项具有重大意义的区域开发工程。

陆家嘴位于上海浦东新区西侧，处于黄浦江和苏州河的交汇处，与浦西的外滩地区隔江而对，西面和北面紧靠黄浦江，东面到浦东南路，南面至东昌路，现有跨江隧道、地铁和轮渡等连接到浦西地区，总占地面积约 1.74 平方公里，总开发建筑面积 418.27 万平方米。

9.3.2　投融资方案

在陆家嘴开发的市场化运作过程中，首次采用“资金空转、土地实转”的融资方式（图 9-3）。国有资产管理部门代表政府，将注册资金注入城市开发公司，城市开发公司完成工商登记后将资金用于购买政府成片出让土地的使用权，政府土地资源管理局收到土地使用权出让金后，上缴国有资产管理部门，由此资金进行一轮运转，待开发的成片土地完成了实际的出让手续，为城市开发公司的实质运作创造了机会。

9.3.3　投融资模式选择评析

陆家嘴开发所采取的“资金空转、土地实转”的方式，是由当时的政府支持和推动下的大规模城市土地开发在融资方式上的一种创新。该模式与土地划拨的最大区别在于，划

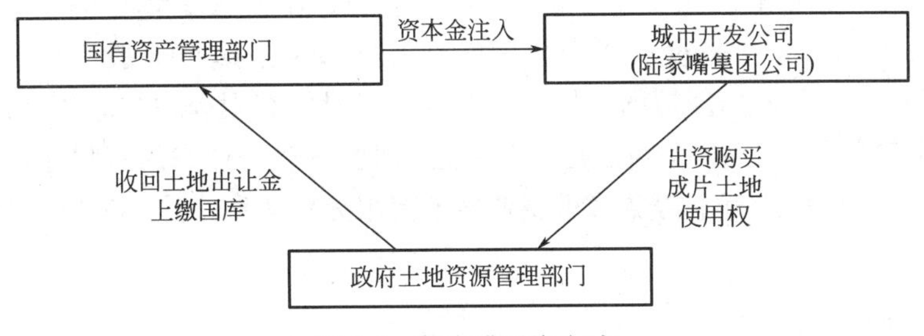

图 9-3 陆家嘴融资方式

拨的土地不能有偿转让、出租和抵押，而空转到手的土地，却能够经过国有公司开发后，进入土地二级市场，通过以地合资、以地集股、以地抵押和以地招商等方式，使土地资本与国内外金融资本、社会资本相结合，大规模地筹集资金。“土地空转”的融资方式，使土地的有偿使用得以实现，而对土地价值的提前预支，避免了资金的直接投入，降低了土地开发成本。然而，资金空转的方式存在增加金融机构风险的问题，由于银行系统间、各金融机构之间互相以信用担保，若一端发生严重问题，可能牵涉多个金融机构，产生系统性风险。

9.4 上海市弘安里项目：政府主导、国企实施/市区联手、政企合作、以区为主

9.4.1 项目概况

弘安里项目对应的地块为虹口区 17 街坊地块。该地块属于虹口区四川北路街道，包括四川北路街道 HK193-02、HK193-03（地下部分）。该地块与北外滩街道 HK300-02、HK300-03（地下部、历史风貌保护旧改项目）打包出让，但程序上是以一幅国有建设用地使用权出让。

弘安里项目涉及动迁居民产证 2599 证，居住建筑面积 64275.01 平方米；动迁非居产证 11 证，建筑面积 768.76 平方米；动迁单位产证 74 证，建筑面积 5900.01 平方米，是虹口区旧改历史上最大的单体地块。

该项目于 2019 年 5 月启动，规划建筑面积 10.84 万平方米，涉及居民 2690 证、3010 户，企事业单位 58 证，建设期为 5 年，运营期为 10 年。

9.4.2 投融资方案

2019 年 3 月，上海地产（集团）有限公司旗下上海城市更新建设发展有限公司和上海虹房（集团）有限公司（以下简称“虹房集团”），按照 60%和 40%比例分别出资，成立上海虹口城市更新建设发展有限公司（以下简称“虹更公司”），负责虹口区 17 街坊改造实施工作。

2020 年 11 月 18 日，上海北外滩（集团）有限公司（以下简称“北外滩集团”）入股虹更公司。虹房集团与北外滩集团均为虹口区区管国有企业，同在一个国资体系内，虹口区国有资产监督管理委员会同意将虹房集团持有的虹更公司 20%股权以非公开协议转让的方式转让给北外滩集团（虹国资委〔2020〕52 号）。转让后，虹房集团和北外滩集团各持有虹更公司 20%股权。

2021 年 1 月，成立上海弘安里企业发展有限公司，作为弘安里项目的项目公司。

2021 年 8 月 13 日，上海弘安里企业发展有限公司转让其 80%股权（及债权），受让方为苏州招恺置业有限公司。招商局蛇口工业区控股股份有限公司与苏州融志铭置业有限责任公司分别持股 51%与 49%（图 9-4）。受让上海弘安里企业发展有限公司 80%股权后，两公司将按照比例分别持有上海弘安里企业发展有限公司 40.8%与 39.2%股权。

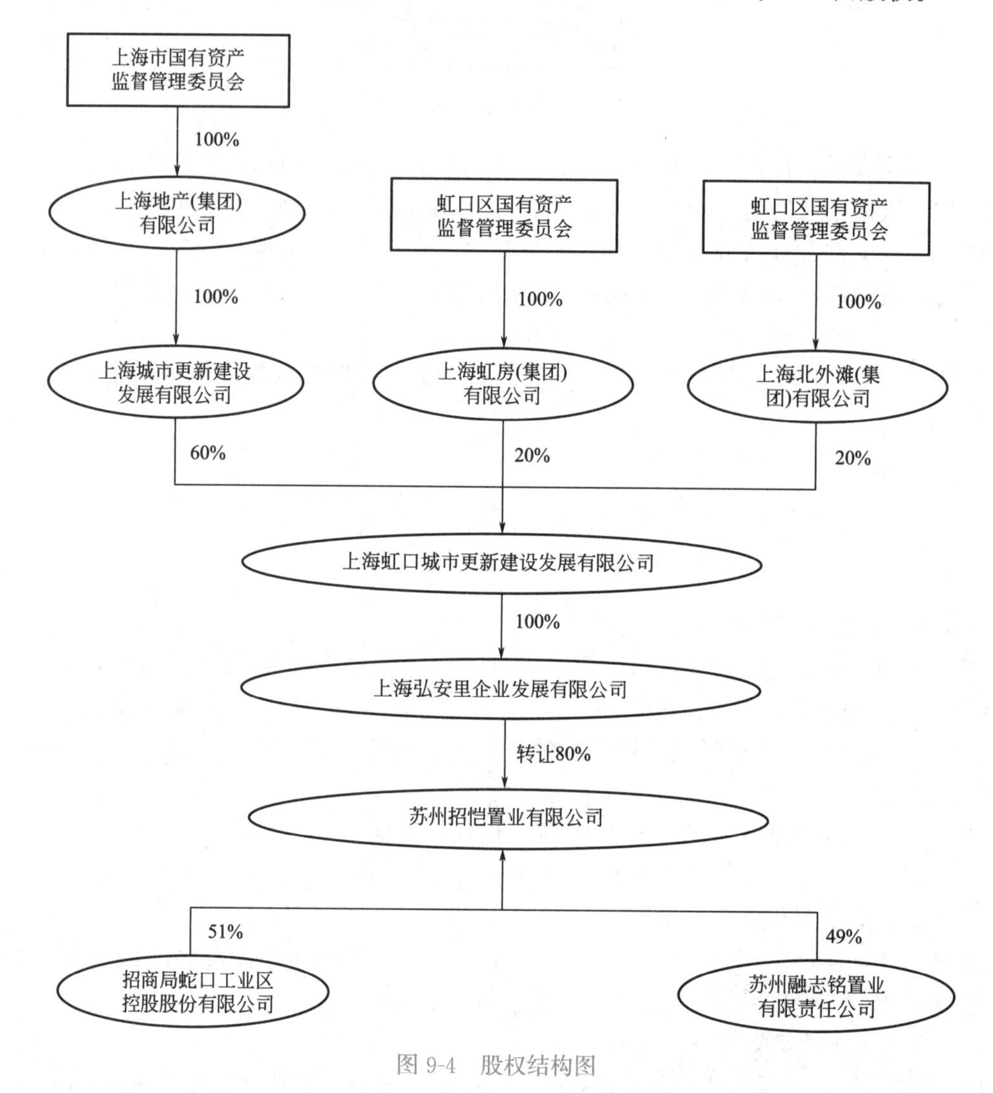

图 9-4　股权结构图

该项目总投资 153.90 亿元，其中一级开发部分投资 143.51 亿元、二级开发部分投资 10.38 亿元。项目资金通过资本金（自有资金）、债券资金、银行贷款方式解决，其中，20%项目资本金为 30.78 亿元，由虹口更新公司股东按股比出资；债券资金 30 亿元；剩余资金通过银行贷款方式解决。

9.4.3　投融资选择模式评析

土地使用权抵押是目前参与旧区改造企业融资的主要途径。由于 17 街坊地块尚未出让，虹更公司无法按照一般房地产项目审批流程办理银行贷款等融资手续。17 街坊属于风貌保护项目，《上海市住房保障和房屋管理局关于限制已出租公有住房抵押登记的通知》

（沪房管权［2008］34号）明确规定："公有住房产权人不得将已出租公有住房设定抵押并申请房地产抵押登记。"虹更公司等开发企业仅拥有房屋的使用权而没有产权，因此无法抵押融资。

本项目的解决办法是实行"预供地"制度。旧改项目前期征收达到一定程度时，如完成"一轮征询"，旧改开发企业向市旧改办和规划资源管理部门提出"预供地"申请，批准后由市、区规划资源管理部门出具《旧区改造项目地块预供地意见书》。旧改开发企业根据意见书向银行申请办理抵押贷款手续。

"预供地"制度一定程度上绕开了以政府储备土地违规融资，不致形成隐性债务。但现行土地政策下，形成净地前的征收和必要的基础设施建设等工作必须由政府负责，属于政府行为，市场主体不允许介入，即使是属地国企。虹更公司在17街坊地块形成净地前投入的资金，由其自身通过市场化方式获得并投入且不需政府融资担保，资金回报依靠二级开发。

9.5 徐州市贾汪区城市更新项目：EOD模式

9.5.1 项目概况

贾汪区地处徐州市东北部，辖区面积约为612 km^2，人口约50万，区内自然条件优越，一面邻水、三面环山，森林覆盖率达32%，林地资源丰富，建成区绿化率42%。因煤炭资源的开发，贾汪区称为"百年煤城"。贾汪区是徐州市"一纵一横"生产力布局的重要组成部分，主导产业为制造业、冶金业、煤炭化工业、电力能源和建材业等，延伸产业链主要为生物医药、新材料、新能源汽车、高端制造业。

贾汪区对煤炭资源的无节制开采和无序利用引发了一系列问题，作为"矿竭城衰"的典型地区，其城市更新发展面临复杂的现实问题。生态问题包括：（1）环境污染严重，生态承载力脆弱；（2）矿渣污染土壤，土地功能退化；（3）大面积地表塌陷，耕地资源紧张。发展问题包括：（1）产业"休克式转型"，经济发展受阻；（2）产业结构单一，依赖资源型产业；（3）城市布局混乱，基础设施缺失；（4）地方财政困难，历史遗留问题多。

9.5.2 投融资方案

从整体上看，EOD投融资模式在贾汪区生态环境治理中的应用可分为生态治理部分和产业导入部分。

在生态治理部分，政府通过市场化手段引入投资建设主体，联合平台公司成立综合服务商——EOD项目公司。该项目公司作为总承包单位，负责贾汪区生态保护与治理项目的统筹实施、资本运作和风险规避，同时兼管生态治理相关工程及资产的运营与管理，构建可行的商业模式，结合项目依托的水体、土地、森林等资源，提高其持续经营能力。项目本金根据股权分配，按比例由社会资本和有政府背书的平台公司联合出资。

在产业导入部分，通过EOD项目公司完善多元化的投融资运作。在塌陷区整治、棚户区改造、生态环境改善、水利工程等领域，推广运用PPP模式，拓宽投融资渠道，引导和支持各类社会资本参与建设和经营，缓解政府财政压力。同时，鼓励符合条件的环保型企业以发行债券和上市等多种资本运作方式融资发展，以灵活多元的投融资体系支撑贾汪区的城市更新。

其 EOD 模式运作图如图 9-5 所示。

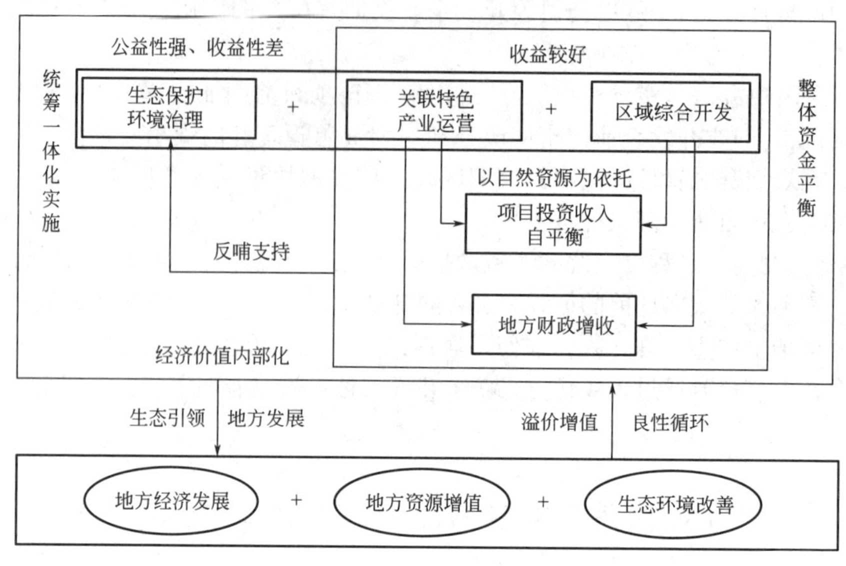

图 9-5　EOD 模式运作

9.5.3　投融资选择模式评析

以 EOD 模式运行生态环境恢复治理等基础性工程，推进节能减排，构建生态屏障，是贾汪区城市更新的有效途径。

（1）减少能源生态占用，实现节能减排

向贾汪区内的生产企业推广环保技术和设备，严格执行前置能耗审批和强制性清洁生产审核。从源头控制高污染高耗能的产业，如推进化工、水泥和钢铁等产业节能减排，从根本上减少能源消费的生态占用。

（2）提高生态承载力，构建生态屏障

科学开展生态评估，精准划定重点限制、禁止开发区域，确立主体功能区生态发展战略，形成可持续发展的国土空间格局。对生态保护红线禁建区进行严格控制，着重加强自然保护区的建设，强化生态空间管控，保护城市绿地，凸显生态廊道的作用，构建生态安全屏障。引导社会资本参与，采用 EOD 模式，结合煤炭开采塌陷地修复、采石宕口整治及固体废弃物无害处理等修复工程，重点对潘安湖湿地公园、大洞山市级森林生态自然保护区等原有生态保护区进行提升改造，提高生态系统的韧性和生态承载力，凸显生境的多样性。

（3）降低生态赤字，抓好综合修复

深入开展水体、土壤和空气的污染防治。加强水环境综合整治，针对农用地的土壤污染情况开展排查与治理行动改善空气环境质量，通过技术和设备的更新和运用降低空气中的烟粉尘、二氧化硫和建筑扬尘含量。

9.6　湔江美谷项目：ABO 模式

9.6.1　项目概况

湔江美谷项目位于成都市彭州市龙门山湔江河谷生态旅游区，距彭州市 12 公里，距成都市40公里，主要包括通济镇、丹景山镇、湔江流域及天台山等部分区域，合作范围约34平方公里。项目的具体内容包括项目整体开发策划、土地征拆资金筹措、土地平整及相关工程投融资建设、片区综合运维、产业的引导和培育、片区宣传营销和品牌塑造等。估算片区静态总投资约152亿元，合作期18年，分期滚动开发。

在综合考虑项目总体规模、资金投入需求、用地保障、土地市场需求等因素的基础上，项目整体合作期限为2021—2038年，共计18年。其中，建设年份为2021—2035年，资金支付年份为2021—2037年。

9.6.2　投融资方案

项目以片区封闭运作为原则，采用“投资建设运营一体化”的片区综合开发模式实施（图9-6）。

（1）彭州市政府授权管委会作为湔江河谷片区综合开发建设的管理主体，授权湔江投资集团作为片区综合开发运营商，明确湔江投资集团的投资建设运营权利及资金来源保障。

（2）湔江投资集团采取公开招商方式，引入片区开发社会投资人，并与其签订投资协议，合资组建项目公司，项目公司获得本项目投资开发权。

（3）项目公司负责按照经审核通过的年度投资计划开展资金筹措、规划设计、工程招标、项目建设、产业招商、土地营销等工作，具体表现为通过合法合规方式选择勘察、设计、采购、施工、监理、咨询等单位，实施项目。

（4）湔江投资集团以合作范围内实现的土地出让收入、新增税源产生的税收及基础设施配套费等地方留存部分，与其在合作范围内合法取得的新增经营净收益、特许经营收入共同作为资金来源，按约定进行支付。

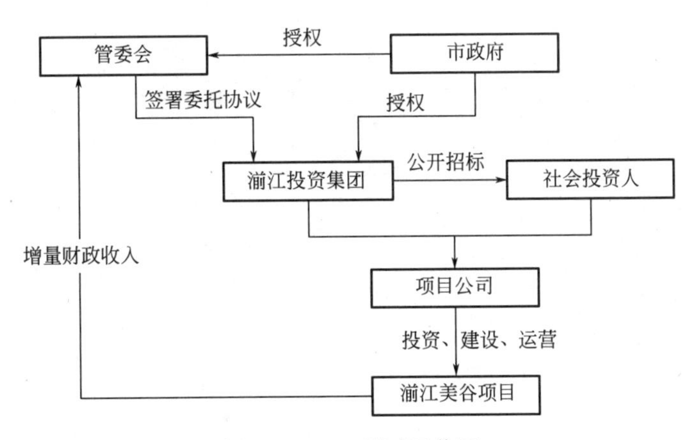

图9-6　ABO模式运作图

9.6.3　投融资选择模式评析

湔江美谷综合开发项目采用“投资建设运营一体化”的片区综合开发模式实施，其实质仍为ABO模式，与常规ABO模式区别仅限于“两标并一标”，即EPC招标阶段。目前市场主流ABO项目往往表现为“以收定支”和“固定收益率”相结合的形式。收益来源为片区内新增土地出让收入和税收收入地方留存部分，其实质为政府财政资金，市场化融资难度大。

该项目采用 ABO 模式具有以下优势：①通过与属地国企的合作弥补了对社会资本吸引力不强的公共服务领域的市场；②由企业垫资建设，减轻政府前期建设的财政压力，保证城市建设按部就班地进行；③地方政府和被授权企业各司其职，政府主要负责整体规划和监督，企业负责融资、建设和运营工作，提高了项目的工作效率，避免了冗杂的工作审批流程。

复习思考题

1. 顺德东部新城城市土地一级开发项目采用的 PPP 融资模式有何优势？
2. 简述“资金空转、土地实转”模式的创新性。
3. 简述弘安里项目如何进行融资，这种方式有何优势。
4. 与其他投融资模式相比，EOD 模式有哪些特点？
5. 与其他投融资模式相比，ABO 模式有哪些特点？
6. 对比本章不同的城市土地开发项目案例，谈谈你的看法。

第 10 章　城市基础设施开发投融资模式典型案例

10.1　和田县自来水厂投融资模式：财政投入十政府债券融资

10.1.1　项目概况

供水工程是城镇基础设施的重要组成部分，是保证工业生产和人民生活需要的必要设施。新疆维吾尔自治区和田县供水量不足、水资源浪费的问题由来已久。和田县给水厂原规模为 2.4 万吨/天，水厂的服务面积为 22.04 平方公里，不仅供水量小于用水量，供水普及率也不到 50%，无法保障全面供水。因此开辟新的水源地，建立新的配水厂，完善配水管网已成为当务之急。根据和田县发展改革部门文件《关于和田县自来水厂日处理 3 万吨建设项目立项的批复》（和县发改［2019］302 号），和田县自来水厂日处理 3 万吨建设项目正式立项，建设年限为 1 年，开工时间为 2020 年 8 月，竣工时间为 2021 年 5 月。

本给水项目工程服务范围为和田经济新区，南至湿地公园，西至天山路，东至 X626，北至垃圾转运站。新建取水泵房 20 座，新建日处理 3 万吨自来水厂 1 座，新建 DN500 输水管线 1 公里，DN200～DN400 配水管线 5 公里。该项目总投资约为 11500 万元，其中工程建设费用 9651.47 万元，工程建设其他费用 1197.58 万元，基本预备费 650.95 万元。

10.1.2　投融资方案

（1）项目融资计划

本项目采用发行专项债券的融资方式，发行 7000 万元地方政府专项债券，同时申请 1500 万元抗疫特别国债。地方政府专项债券 15 年期，预计利率 4.5%/年，融资费率 0.113%，每年付息，到期还本。特别国债 10 年期，自 2025 年起每年归还 20%，利息由中央财政负担。特别国债及专项债券与总投资之间的差额 3000 万元通过财政预算安排资金补足。至 2039 年，共支付专项债券本息及融资费用合计为 13308 万元，支付特别国债本金 1500 万元。项目投融资方案见图 10-1。

债券发行按照“专项管理、分账核算、专款专用、跟踪问效”的原则，加强项目资金管理，确保资金安全、规范、有效使用。

（2）建设期资金平衡方案

建设期为 10 个月，自 2020 年 8 月至 2021 年 5 月。2020 年 7 月取得特别国债资金 1500 万元，2020 年 8 月取得专项债券资金 7000 万元。同时财政部门于 2020 年度预算安排 3000 万元用于支付建设资金、预算 113 万元用于支付建设期专项债券利息及融资费用。

（3）项目运营收益

本项目和田县自来水厂近期供水能力为 30000 立方米/天，年生产规模为 1095×10^4 立方米。取购水率为 80%，即 24000 立方米/天，年销售水量为 876×10^4 立方米，根据和田县自来水收费标准，基本水价按 2.20 元/立方米进行测算，计算出达产年本项目年营业

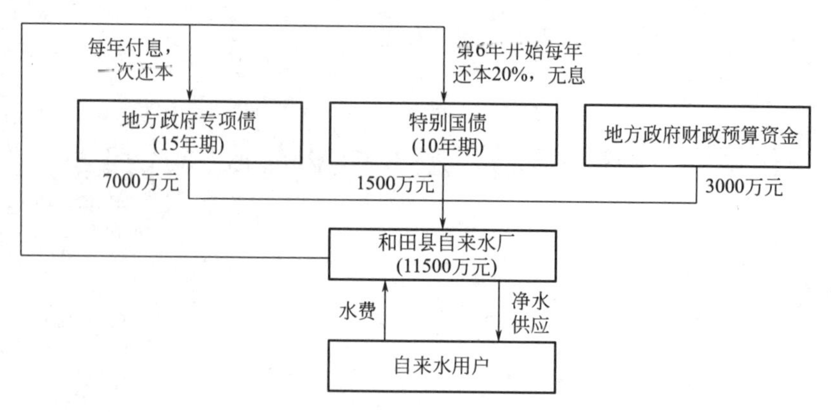

图 10-1　自来水厂项目投融资方案示意图

收入为 1927.2 万元/年，债券存续期内收入为 26017.20 万元。

（4）现金流分析

根据资金投入及运营净收益与项目进度，专项债券利率暂按 4.5%/年计算，债券按年支付利息，到期后一次偿还本金（发行费用为债券发行金额的 0.113%），特别国债自第 6 年开始每年归还本金 20%，无利息。

10.1.3　投融资模式选择评析

本项目采用“财政投入＋政府债券融资”的投融资模式。基于财政部对地方政府发行项目收益与融资自求平衡的专项债券的要求，根据对当前国内融资环境的研究，和田县自来水厂日处理 3 万吨建设项目通过发行项目收益与融资自求平衡的地方政府专项债券融资方式有助于以相对更优惠的融资成本完成筹措。此外，发行专项债券还有助于深化财政与金融互动，引导社会资本加大投入，更好地发挥专项债券促进经济社会可持续健康发展的积极作用。同时，项目经营收益为项目提供了充足、稳定的现金流入，充分满足债券发行还本付息的要求。因此发行收益与融资自求平衡的专项债券的融资模式是该项目较优的资金解决方案。

10.2　深圳地铁 4 号线二期项目：BOT 模式

10.2.1　项目概况

深圳地铁 4 号线分为一至三期工程。2004 年 12 月 28 日，深圳地铁 4 号线一期工程（福民站至少年宫站）正式开通，全线共设 5 个地铁站，是当时深圳地铁网络中唯一南北纵横的铁路线。为了进一步便利深圳的南北交通并为广深港高速铁路的接入提供必要准备，2005 年 5 月 26 日，深圳市政府宣布 4 号线二期工程由香港地铁有限公司（简称港铁公司）全资投资承建及营运，从少年宫站向北延伸，经莲花北、梅林地区到达龙华的清湖站，长约 16 公里，共新增 16 个车站。2005 年 11 月 4 日，深圳地铁 4 号线二期工程正式开工，并于 2011 年 6 月 16 日全线建成通车，由港铁公司负责管理和营运。2016 年 9 月 1 日，深圳地铁 4 号线三期主体工程开始围挡建设并于 2020 年 10 月 28 日开通运营。深圳地铁 4 号线连接广深港高铁、深圳地铁 1、2、3、5 号线、香港东铁线，成为深圳地铁路网中交会站最多的路线。

深圳地铁4号线全长31.3公里，共设23个站点，其中14座地下站，1座地面站和8座高架站，分为一至三期工程。一期工程共5个车站，全长约4.5公里，从福田口岸至少年宫站，全部资金由政府提供。二期续建工程是一期工程的北向延伸，线路总长约15.939公里，其中地下线约5.089公里，高架线约10.336公里，其他是地面线及车站。二期工程全线共设10个车站，包括2个地下站，7个高架站，1个地面站，由港铁公司负责进行二期续建工程的全额投资。三期工程线路正线全长10.791公里，全线共设8座车站，其中高架站1座（清湖北站），其他7站为地下站。

10.2.2 投融资方案

深圳轨道交通4号线二期工程是通过应用BOT融资模式进行融资建设运营的项目，总投资预算约59亿元人民币。本项目最终由中标的港铁公司与深圳市政府合作完成。项目投融资过程如下：

（1）成立BOT融资项目的专设公司

2004年1月，深圳市政府与香港地铁公司签订了原则性协议，协议中说明：港铁公司作为全权负责的投资者，可以根据协议相关规定组建项目专设公司，随后项目的资金筹集、施工建设、管理运营方面均由其负责。2004年3月1日，项目专设公司在深圳注册成立。

（2）由专设公司向具体金融机构进行融资

在招标成功之后，以港铁公司为首，与其他社会投资人共同组建了深圳地铁4号线项目的专设公司，并由港铁公司全权负责。在融资方面，项目专设公司需要向金融机构获取大量的贷款，相应地，此部分贷款需要提供担保。由于具有政府授予的特许权，在项目建设完成后，项目专设公司具有特许经营权，从而获得足够稳定的现金流入。同时，对于该准经营性项目，政府也会进行优惠补贴。上述财务收益都是融资时可靠的担保条件。

在随后具体的BOT融资项目建设中，主要依靠港铁公司自身的资金以及签订合同的融资银行所带来的资金进行建设。

（3）专设公司与政府正式签订特许权协议

2005年5月26日，深圳市政府与专设公司签订了《深圳轨道交通4号线特许经营协议》。协议基本规定了以下内容：①确定了4号线二期建设运营的主体为港铁公司，投资总额大约为59亿元人民币。②项目专设公司负责4号线二期工程的设计、施工、监理，深圳市政府则只根据协议对项目起监督作用。专设公司也负责4号线一期工程的运营维护，并需要支付地铁一期设施的维护费用，且此类工程在实施之前需要向深圳市政府报备。③在特许经营期以内，专设公司对其进行运营，可以开展在商务部批准的范围之内的相关商业活动。④深圳市政府需根据相关法律及协议，对专设公司在其经营期内对自身和地铁的经营状况、关联交易以及地铁沿线的地块分工等进行全方位的监督管理。⑤在建设用地的出让和使用方面，项目专设公司在不支付地价的情况下获得土地的使用权，政府以划拨的形式将土地交付给专设公司。土地的使用费及征地时的相应拆迁费均由专设公司进行承担，而具体的征地以及拆迁等工作，均由深圳市政府负责完成。在土地的前期工作完成之后，深圳市政府将土地按期交付给项目专设公司。

（4）项目融资基本框架

根据深港达成的原则性协议，以授予特许经营权的方式由港铁公司投资、建设、运营深圳地铁 4 号线 35 年，其中建设期 5 年，运营期 30 年。港铁公司负责筹集 4 号线二期工程的全额资金，为了保障 4 号线的统一运营，深圳市政府需将 4 号线一期工程租赁给港铁公司运营。深圳地铁 4 号线二期项目将以资本金投入、银行贷款、轨道交通运营收入及沿线站点部分土地开发的增值收益等作为重要现金来源，由港铁公司负责建设、开发、运营 4 号线 30 年。综上，深圳地铁 4 号线二期工程的投融资结构如图 10-2 所示。

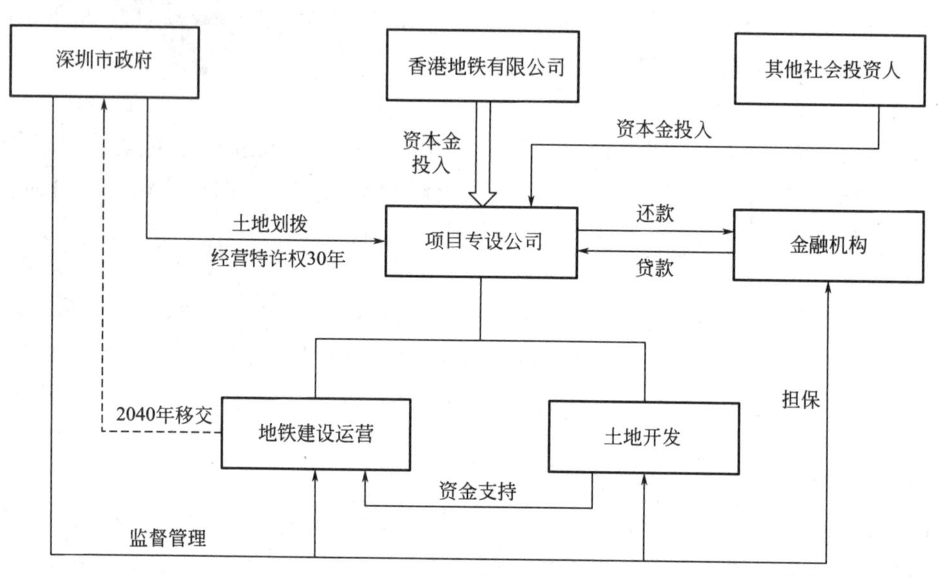

图 10-2　深圳地铁 4 号线二期工程投融资结构示意

10.2.3　投融资模式选择评析

深圳地铁 4 号线二期工程耗资约 59 亿元，若全部由政府进行出资，那么将给政府带来巨大的财政负担。通过引入社会资本并对其进行市场化运作，不仅能使社会资本投资到正确的领域，还能解决政府财政压力较大的问题。而且，特许权协议的签订分担了深圳市政府 BOT 融资项目的风险，4 号线二期工程的运营风险将由项目公司和政府部门共同承担。最后，BOT 融资模式的选择能够给深圳地铁 4 号线二期工程的全生命周期建设过程提供强有力的保障。

10.3　港珠澳大桥项目：政府全额出资本金＋银行贷款

10.3.1　项目概况

港珠澳大桥是连接香港、广东珠海和澳门的桥隧工程，位于中国广东省珠江口伶仃洋海域内，为珠江三角洲地区环线高速公路南环段，东起香港国际机场附近的香港口岸人工岛，西跨南海伶仃洋水域接珠海和澳门人工岛，止于珠海洪湾立交。桥隧全长 55 公里，其中主桥 29.6 公里、香港口岸至珠澳口岸 41.6 公里。2009 年 12 月 15 日，大桥正式开工建设，2018 年 10 月 24 日正式通车运营。

港珠澳大桥东接香港特别行政区、西连广东省珠海市和澳门特别行政区，是《国家高速公路网规划》中“珠江三角洲地区环线”的重要组成部分和跨越伶仃洋海域的关键工程，也是“一国两制”条件下首项涉及内地和港澳两个特别行政区合作共建的超大型基础设施项目。港珠澳大桥的建设将在香港与珠江西岸地区及澳门之间形成便捷的公路运输通道，对于促进粤港澳地区经济一体化、完善国家高速公路网及综合运输网、改善珠江西岸地区投资环境、拓展区域经济发展空间、提升珠江三角洲区域综合竞争力等方面，具有重要的意义和深远的影响。

10.3.2　投融资方案

港珠澳大桥建设原定的投融资模式是采用企业投资、政府补贴的 BOT 模式，但 BOT 模式使得政府失去特许权年限内对港珠澳大桥所有权和经营权的控制，且对于私人投资者来说，BOT 模式投资回报率不确定，成本回收期过长，很难吸引社会资本，因此迟迟未达成共识。2008 年 8 月，中央政府决定对大桥主体工程予以资金支持，这一决定使得港珠澳大桥主体工程的投融资模式发生了深刻变化。

经过粤港澳三地政府长达近五年的探讨，2008 年 11 月 27 日，在港珠澳大桥前期工作协调小组第九次会议上，最终就投融资方案达成基本共识，确定项目海中桥隧主体工程采用“政府全部出资本金，资本金以外部分由粤港澳三方共同组建的项目管理机构通过贷款解决”的融资方式（图 10-3）。按照粤港澳三地经济效益费用比相等原则的投资责任分摊比例，香港为 50.2%，澳门为 14.7%，广东为 35.1%，在资本金占项目资本总额 35%的情况下，香港、澳门、广东各自分配投资 67.5 亿元人民币、19.8 亿元人民币和 47.2 亿元人民币。中央政府对海中桥隧主体工程给予资金支持，内地资本金由 47.2 亿元人民币提高至 70 亿元人民币，其中广东政府 47.2 亿元人民币，中央政府 22.8 亿元人民币，香港、澳门特区政府的出资额不变，得到项目资本金总额为 157.3 亿元人民币，资本金比例达到三方最终比例为内地：香港：澳门=44.5%：42.9%：12.6%。

对于项目资本金以外的部分，即项目建设期所需的 218.7 亿元人民币，由粤港澳三地共同组建的项目管理机构通过银行贷款解决，大桥建成后，实行收费还贷，项目性质为政府出资收费还贷性公路，粤港澳三地政府分别负责口岸及连接线的投资。

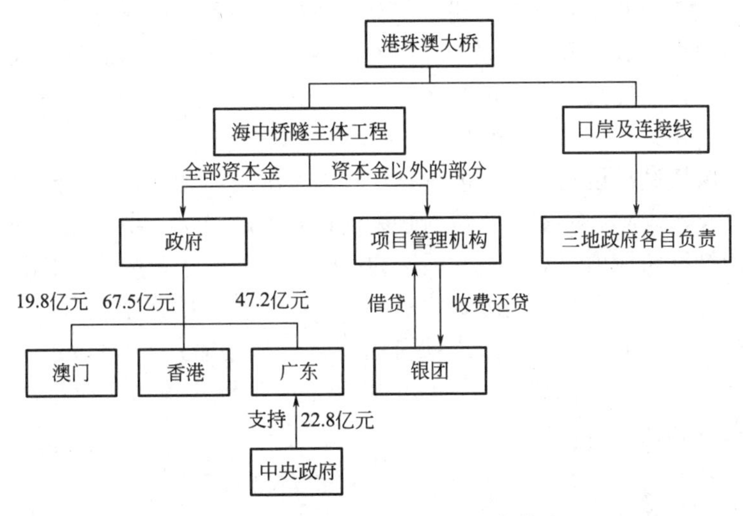

图 10-3　港珠澳大桥项目投融资模式

10.3.3　投融资模式选择评析

作为超大型跨境交通基础设施项目，在“一国两制”背景下，港珠澳大桥前期投融资方案深刻反映了不同政治经济体制下多主体合作开展工程前期决策的复杂性和艰巨性。港珠澳大桥前期投融资方案及实施建议需要在特定的背景下针对工程建设的实际需要进行研究，需要在粤港澳三地法律框架下不断寻求最终的、可行的解决方案。纵观投融资决策历程，港珠澳大桥投融资方案为我国大型跨境工程的投融资模式研究积累了宝贵的经验，其中最突出的有两点：

（1）桥隧主体政府投资，统一建设

港珠澳大桥作为连接粤港澳三地的跨海通道，政治意义重大，因此港珠澳大桥的建设不能只考虑经济利益，还有政治方面的影响。粤港澳三地的政治制度、经济制度和法律体系不同，对基础设施工程的投资理念也存在差异，若采用社会资本主导进行社会资本融资，牵扯的利益方较多，协调难度大，技术难度大，将会导致很多不可控的风险。

采用政府全额出资本金的融资模式，在建设阶段，可以优化项目整体审批流程，有利于缩短项目前期准备时间，提高政府投资效率，且政府作为投资主体可以降低融资成本，中央的参与也可以增强项目的融资能力。在运营阶段，政府出资建设能够保证政府对港珠澳大桥所有权及经营权的控制，能够从整体社会经济效益的角度来经营管理，合理调整大桥收费政策，从而保证港珠澳大桥的公益性。

（2）科学运用定性与定量相结合的决策方法，均衡投融资决策主体利益

对于涉及多个利益主体与利益关系的港珠澳大桥工程，既要使港珠澳大桥对国民经济全局有利，又要兼顾各个利益主体的利益，而且不同的利益主体之间会有不同的利益偏好，如何处理这些利益偏好之间的矛盾在港珠澳大桥的投融资决策中显得尤为重要。

在确定资本金投资分摊比例的问题上，为了更好地平衡粤港澳三地政府的责、权、利关系，港珠澳大桥决策者首先运用定性的方法提出4种资本金分摊原则，即：按三地均摊、按属地分摊、按效益对等原则分摊和按效益费用比相同分摊。然后采用定量的方法，计算每种原则下三方具体的出资比例，之后又从经济效益费用分析的角度，计算出每种原则下三方的经济内部收益率和社会折现率。最后通过对数据的对比分析，选出对三方政府均有利的“按效益费用比相同分摊原则”作为最终的投资责任分摊原则，这种分摊原则虽然不能保证三方获益程度最大化，但却保证了三方共赢，不会使任何一方的利益受到明显损失。

总而言之，跨境基础设施项目一般具有比较重要的政治意义，中央政府很有可能和必要对跨境项目的建设承担一些责任，包括政策支持和财政支持。中央政府的协调既有助于更准确和快速地把握跨境项目对政治和国家的影响，也能够让跨境项目相关各方和社会明晰中央政府的考虑，可以提高前期决策效率。此外，跨境项目可能涉及内地、香港、澳门中两个及以上的行政区域，很多决策事项可能超越了某一地方行政区域地方政府的权限，中央政府的直接介入能够提高决策及协调的效率，并保证决策协调机制的独立性和公平性，有效平衡各方利益。

10.4　沪杭甬杭徽高速公路项目：公募REITs模式

10.4.1　项目概况

杭徽高速公路（浙江段）总长122.245公里，东起杭州留下至临安昱岭关，分为昌昱

段、汪昌段、留汪段，于 2006 年实现全线通车。全线按双向四车道高速公路标准，实行全封闭、全立交。

杭徽高速是国家高速公路网 G56 杭瑞高速的重要组成部分，也是浙江省公路规划“两纵两横十八连三绕三通道”的一连，杭徽高速公路（浙江段）具有特殊的区位优势，项目所在地杭州是公募 REITs 重点支持地区长江三角洲的发达城市于创新高地。杭徽高速（浙江段）自 2006 年实现通车以来，高速公路的车流量情况稳定，整体呈逐年递增趋势。整体来看，杭徽高速浙江段沿线地区的经济发展水平较高，旅游资源丰富，具有较好的发展前景和较高的区域外溢效应，对项目公路车流量和通行费收入形成了良好保障。

浙江沪杭甬公司经营的高速公路集中于长三角经济带，项目多已进入成熟运营期，依靠每年的通行费收入取得经营收益，然而若仅依靠此进行资金回收，其周期可能长达几十年，不利于公司的资金周转和资金循环，也无法满足公司大额的资金需求。存量高速公路项目亟待盘活，以在不增加企业债务的情况下，快速回收资金，启动新建项目。而杭徽高速公路的经营特性具备利用 REITs 实现资金盘活的条件，能够助力杭徽高速项目实现资产盘活，使资产快速变现，满足沪杭甬公司存量盘活、转量为增的发展需求。

2021 年 6 月 21 日，以浙江沪杭甬高速公路股份有限公司旗下杭徽高速（浙江段）为底层资产的“浙商证券沪杭甬杭徽高速封闭式基础设施证券投资基金”在上海证券交易所成功上市，成为全国首批 9 单基础设施公募 REITs 项目之一，也是浙江省首单公募 REITs。

10.4.2 投融资方案

沪杭甬杭徽高速 REITs 项目采用的是“公募基金＋基础设施资产支持证券”的产品结构，这也是与我国现有政策及法律规定相匹配的最佳策略，具体结构如图 10-4 所示。杭徽高速 REITs 主要涉及“公募基金-ABS-项目公司-底层资产”四层结构，利用股债交割实现 REITs 基金对底层资产的穿透控制。

（1）股债结构搭建

公募 REITs 不同于以往的公募基金，REITs 投资的最终标的是基础设施资产，但受制于公募基金只能投资于证券的相关规定，采用“公募基金＋ABS”架构实现对底层资产的穿透控制是最优方式。“ABS-项目公司-底层资产”即传统的资产证券化模式，在此过程中要求实现 ABS 对项目公司 100%的所有权，沪杭甬行会高速 REITs 采用的是“股＋债”结构搭建方式，主要是考虑到：一是“税盾效应”（指由于权益融资者所支付的股利在税后列支，而债务融资者所承担的利息则在税前列支，因此，债务融资具有省税作用）；二是将部分相对不稳定的收费权转换为相对稳定的债权，进而达到稳定基础资产现金流的效果；三是减少项目公司的资金沉淀，进而降低折旧摊销影响，满足投资者的收益分配需求。具体来说，该 REITs 通过浙江杭徽公司的股东减资进而形成杭徽公司的应付减资款，这也是首批公募 REITs 中唯一一只采用该方式实现股债重组结构搭建的 REITs 产品。

（2）外部管理模式分析

在杭徽高速 REITs 的委托代理链条中，沪杭甬公司作为主要原始权益人，在战略配售中购买了 51%的份额，是最大的受益人和委托人。并且，沪杭甬公司又直接受到 REITs 管理人浙商资管的委托负有对杭徽高速公路项目的运营管理责任，充当代理人的角色。在这种双重角色的限制下，沪杭甬公司作为杭徽高速 REITs 的主要发起人，既是委

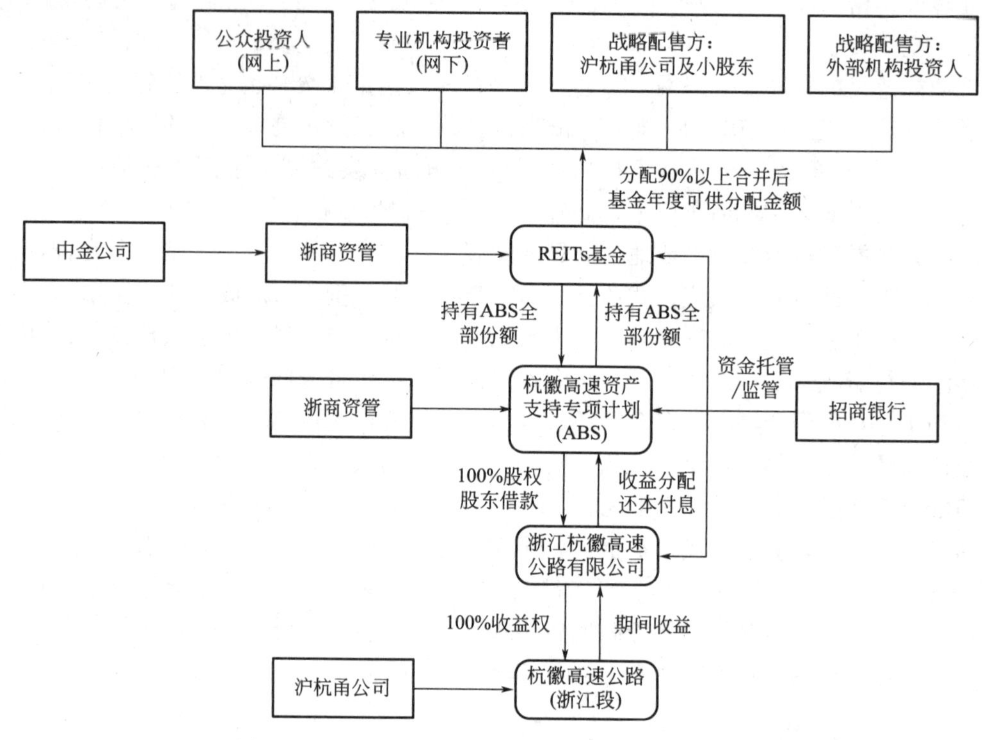

图 10-4　沪杭甬杭徽高速公路公募 REITs 融资模式

托人，又是代理人，能够激发沪杭甬公司管理底层资产的内生动力，形成有力的内生激励。与此同时，通过这种方式，要求原始权益人参与战略配售，使得 REITs 大小股东的利益“捆绑”在一起，制约了信息不对称的不利影响，保护了其他投资者的利益，给予了广大投资者以信心提振，助力 REITs 项目顺利推进。

10.4.3　投融资模式选择分析

公募 REITs 是一种深度的资产证券化工具，同时面向投资者公开募集资金、上市流通交易，对底层资产的要求高，不仅对运营年限和相关资质有所限制，而且要求持续、稳定的现金流支撑。杭徽高速的竞争优势决定了其在未来具有较好的发展前景，能够为 REITs 基金的将来收益提供保障，与此同时，杭徽高速过往的运营情况和财务情况表现优秀，现金流具有稳定性和成长性，能够在资产评估中取得较高估值溢价，进而实现底层资产的超额变现。杭徽高速的稳定和优质运营能够增强投资者对杭徽 REITs 后续发展的信心，激发 REITs 投资新动能，为企业引入社会资本提振信心。由此可见，高速公路企业要想走通 REITs 这条新的融资渠道，实现资产的有效盘活，要把底层资产的质量放在管理目标的第一位，包括加强项目的合规性管理、运营情况综合管理以及项目资金管理等，打造优质的高速公路资产是发行 REITs 的基础前提。

高速公路行业经过多年来的加速建设，积累了大量的存量资产，并且行业的整体负债率持续增加，存量资产盘活、转存为增是解决行业融资问题的重要方向。高速公路 REITs 能够实现优质高速公路资产的快速变现，打通存量与增量转变的资金循环，缓解资金压力并降低财务风险。同时，公募 REITs 在我国尚处于起步试点阶段。对企业而言，发行 REITs 处于强有力的政策机遇期，也契合企业扩大融资渠道和轻资产转型的需求。尤其是对于拥有进入成熟运营期的高速公路的企业来说，其资产特性与REITs底层资产要求高度匹配，在REITs发行上更加具有优势。

复习思考题

1. 地方政府专项债与一般债有何区别?

2. 根据和田县自来水厂项目的经济属性，除了采用“财政投入＋政府债券”投融资模式外，还可以采用哪些投融资模式?请说明理由。

3. 若和田县自来水厂项目采用“财政投入＋银行贷款”投融资模式，请根据该项目总投资和测算的运营收益、成本计算其最大贷款能力。

4. 深圳地铁4号线二期工程本质上属于资源补偿型BOT投融资模式，请问该模式在我国推行存在哪些可能的障碍因素?

5. 简述基础设施公募REITs融资模式的创新性。

6. 对比本章不同的城市基础设施开发投融资模式，谈谈你的看法。

第 11 章　城市功能区开发投融资典型案例

城市的开发要秉承“以人为本”和“可持续发展”原则。开发模式要因地制宜，结合实际。城市功能区开发的投融资模式需多元化发展。本章详细阐述不同模式下的城市功能区开发典型案例。

11.1　华夏幸福固安工业园区新型城镇化项目：PPP 模式

11.1.1　项目概况

2002 年以来，按照工业园区建设和新型城镇化的总体要求，华夏幸福基业股份有限公司与固安县政府通力合作，坚持以产兴城、产城融合、城乡一体的理念，采取政府主导、企业运作、合作共赢的市场化运作方式，倾力打造产业高度聚集、城市功能完善、生态环境优美的产业新城，成功探索出以设计、投资、建设、运营一体化为主要特征的固安工业园区新型城镇化 PPP 模式，并在河北省香河、大厂、怀来、任丘等京津周边的一些县市区逐步推广。

固安工业园区地处河北省廊坊市固安县，与北京大兴区隔永定河相望，距天安门正南 50 公里，园区总面积 34.68 平方公里，是经国家公告（2006 年）的省级工业园区。

2002 年，固安县人民政府与华夏幸福基业股份有限公司（简称“华夏幸福公司”）签订协议，正式确立了政府与社会资本合作（PPP）模式。2016 年 5 月，固安县人民政府决定推动实施河北省廊坊市固安县“固安高新区综合开发 PPP 项目”，总投资 834075 万元，招募社会资本在高新区开展综合开发活动，包括规划、建设、运营、融资、产业招商和企业发展服务等，致力于将高新区建成拥有完善的基础设施、完备的公共服务体系、蓬勃发展的产业集群的产业新城。目前，项目处于执行阶段。该项目在 30 年的项目期内，综合开发的内容涉及园区规划设计、土地整理、基础设施和公共设施的建设和运营，产业的引入、运营和发展，覆盖了园区发展的全生命周期，以期实现区域产业、经济、社会的可持续发展。

11.1.2　投融资方案

（1）政企合作

固安县政府与华夏幸福公司签订排他性的特许经营协议，设立三浦威特园区建设发展有限公司（简称“三浦威特”）作为双方合作的项目公司，华夏幸福公司向项目公司投入注册资本金与项目开发资金。项目公司三浦威特作为投资及开发主体，负责固安工业园区的设计、投资、建设、运营、维护一体化市场运作，着力打造区域品牌；固安工业园区管委会履行政府职能，负责决策重大事项、制定规范标准、提供政策支持，以及基础设施及公共服务价格和质量的监管等，以保证公共利益最大化。

（2）特许经营

通过特许协议，固安县政府将特许经营权授予三浦威特，双方形成了长期稳定的合作关系。三浦威特作为华夏幸福公司的全资公司，负责固安工业园区的项目融资，并通过资本市场运作等方式筹集、垫付初期投入资金。此外，三浦威特与多家金融机构建立融资协调机制，进一步拓宽了融资渠道（图 11-1）。

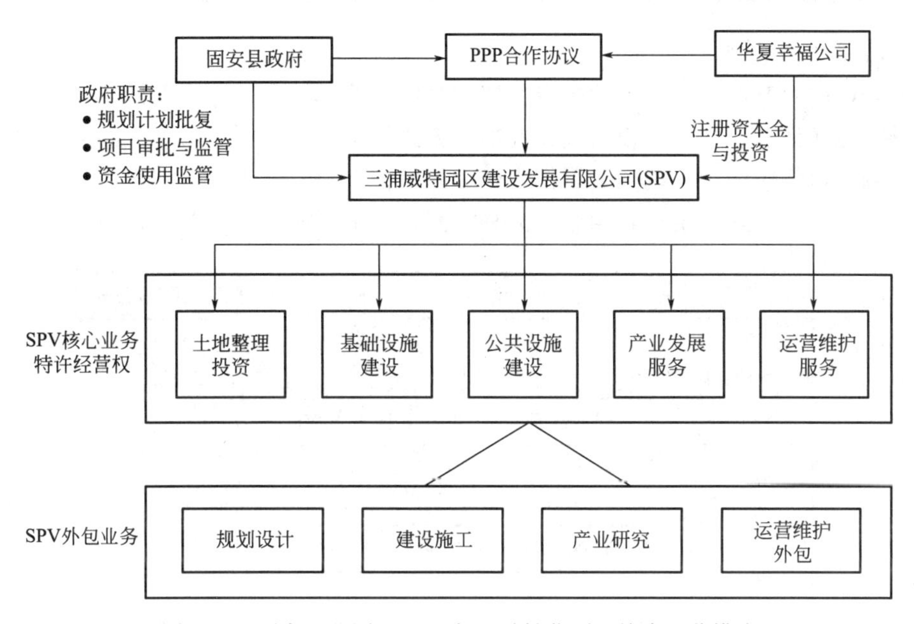

图 11-1 固安工业园区 PPP 新型城镇化项目特许经营模式

（3）提供公共产品和服务

基于政府的特许经营权，华夏幸福公司为固安工业园区投资、建设、开发、运营提供一揽子公共产品和服务，包括土地整理投资、基础设施建设、公共设施建设、产业发展服务以及咨询、运营服务等，如表 11-1 所示。2014 年华夏幸福公司在固安工业园区内累计投资超过 160 亿元，其中，基础设施和公共服务设施投资占到近 40%。

固安工业园区 PPP 新型城镇化项目华夏幸福公司业务类型 表 11-1

业务类型	代表业务或约定
土地整理投资	土地整理直接投资安置房规划设计及建设
基础设施建设	道路管网（道路工程、热力管网、桥梁） 景观节点等魅力建设 厂站（热源厂、污水处理厂、自来水厂）
公共设施建设	公园体系（中央公园、滨水公园、门户公园、市民广场） 经营性公建（学校、医院） 非经营性公建（体育文化设施） 规划展馆
产业发展服务	招商引资、形成落地投、后期产业服务
咨询服务	三大规划 详规、专项策划/设计

续表

业务类型	代表业务或约定
运营服务	城市运营 公共设施运营 专项运营

(4) 收益回报机制

双方合作的收益回报模式是使用者付费和政府付费相结合。固安县政府对华夏幸福公司的基础设施建设和土地开发投资按成本加成方式给予110%补偿；对于提供的外包服务，按约定比例支付相应费用。两项费用作为企业回报，上限不高于园区财政收入增量的企业分享部分。若财政收入不增加，则企业无利润回报，不形成政府债务，如图 11-2 所示。

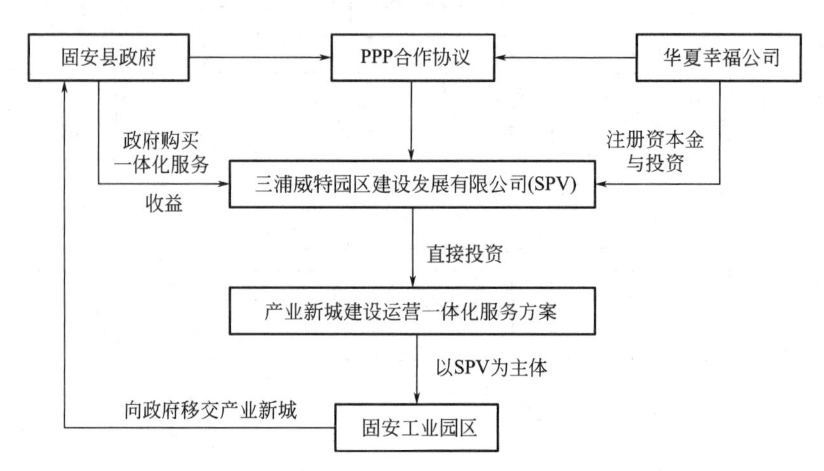

图 11-2　固安工业园区 PPP 新型城镇化项目收益回报机制

(5) 风险分担机制

社会资本利润回报以固安工业园区增量财政收入为基础，县政府不承担债务和经营风险，仅承担机会风险。华夏幸福公司通过市场化融资，以固安工业园区整体经营效果回收成本，获取企业盈利，同时承担政策、经营和债务等风险，不承担机会风险。

11.1.3　投融资选择模式评析

固安工业园区新型城镇化 PPP 模式的主要创新点在于：使用在基础设施和公用设施建设基础上的整体式外包合作方式，形成了“产城融合”的整体开发建设机制，提供了工业园区开发建设和区域经济发展的综合解决方案。

(1) 整体式外包

传统的单一 PPP 项目，对于一些没有收益或收益较低的项目，社会资本参与意愿不强，项目建设主要依靠政府投入。固安工业园区新型城镇化采用综合开发模式，对整个区域进行整体规划，统筹考虑基础设施和公共服务设施建设，统筹建设民生项目、商业项目和产业项目，既防止纯公益项目不被社会资本问津，也克服了盈利项目被社会资本过度追逐的弊端，从而推动区域经济社会实现可持续发展。

在政企双方合作过程中，固安县政府实际上是购买了华夏幸福公司提供的一揽子建设和外包服务。该操作模式不仅避免了因投资主体众多而增加的投资、建设、运营成本，而且减少了分散投资的违约风险，形成规模经济效应和委托代理避险效应。

(2)“产城融合”整体开发机制

为提高固安工业园区核心竞争力，政府和社会资本构建起平等、契约、诚信、共赢的机制，保证了园区建设运营的良性运转。固安县政府在推进新型城镇化的同时，统筹考虑城乡结合问题，加快新农村建设，进行产业链优化配置，实现了产城融合发展。

在“产城融合”整体开发机制下，政府和社会资本有效地构建了互信平台，从“一事一议”变为以 PPP 机制为核心的协商制度，减少了操作成本，提高了城市建设与公共服务的质量和效率。通过整体开发模式，对整个区域进行整体规划，实现公益性与经营性项目的统筹平衡。

(3) 工业园区和区域经济发展综合解决方案

政企双方坚持以“产业高度聚集、城市功能完善、生态环境优美”作为共同发展目标，以市场化运作机制破解园区建设资金筹措难题、以专业化招商破解区域经济发展难题、以构建全链条创新生态体系破解开发区转型升级难题，使兼备产业基地和城市功能的工业园区成为新型城镇化的重要载体和平台。

固安工业园区新型城镇化在整体推进过程中较好解决了园区建设中的一些难题，该 PPP 模式正在固安县新兴产业示范区和其他县市区复制，具有较高的借鉴推广价值。

11.2 上海迪士尼项目：PPP 模式

11.2.1 项目概况

上海迪士尼全称为上海迪士尼度假区，位于上海市浦东新区黄赵路 310 号，占地面积约 3.9 平方公里，包括上海迪士尼乐园、迪士尼小镇和 2 家带有主题风格的酒店。

上海迪士尼乐园占地面积 1.16 平方公里，于 2016 年 6 月 16 日正式开园，是中国内地首座迪士尼主题乐园，也是中国规模最大的现代服务业中外合作项目之一，是一座具有纯正迪士尼风格并融汇中国风的主题乐园，以奇幻童话城堡为中心，四周分布七个主题园区，分别为米奇大街、奇想花园、探险岛、宝藏湾、明日世界、梦幻世界、迪士尼·皮克斯玩具总动员。主入口正对一片中心湖，两旁是商业娱乐设施和酒店。

2009 年 1 月，迪士尼与上海市政府签订《项目建议书》，宣布将联合上海市政府在浦东兴建全球第 6 个迪士尼乐园。2010 年 11 月 5 日，上海申迪（集团）有限公司与华特迪士尼公司签署上海迪士尼乐园项目合作协议，标志着上海迪士尼乐园项目正式启动。

2009 年 11 月 23 日，国家发展改革委在网站上发布：“2009 年 10 月，经报请国务院同意，发展改革委正式批复核准上海迪士尼乐园项目。该项目由中方公司和美方公司共同投资建设。项目建设地址位于上海市浦东新区川沙新镇，占地 116 公顷。项目建设内容包括游乐区、后勤配套区、公共事业区和一个停车场。”

11.2.2 投融资方案

2010 年 8 月，负责上海迪士尼建设、开发、运营工作的上海申迪（集团）有限公司（以下简称“上海申迪集团”）宣布成立，其注册资本为 120 亿元人民币，股东主要为上海锦江国际控股公司、上海广播电影电视发展有限公司、上海陆家嘴集团有限公司，股权比例分别为 25%、30%、45%，此公司均为国有资本控股企业。上海申迪集团与华特迪士尼公司共同投资设立了三家企业（图 11-3）。其中两家是业主公司，其一是上海国际主题乐园有限公司，注册资金为 171.36 亿元，中美双方持股比例分别为 57%和 43%，主要负责主题乐园的开发、建设与经营以及园区内提供服务等；其二是上海国际主题乐园配套设施有限公司，注册资金为 31.68 亿元，其持股比例中方占 57%，美方占 43%，主要负责酒店、餐饮、零售、娱乐等配套设施的开发、建设与经营。第三家是管理公司——上海国际主题乐园和度假区管理有限公司，注册资金为 2000 万元，其中，中方持股为 30%，美方为 70%，主要职责是对主题乐园项目与设施进行开发、建设和经营，管理日常乐园的全部事宜。上海迪士尼项目初始成立时，采用的是股权融资方式，由中美两方按比例出资，成立专门负责上海迪士尼经营活动的中外合资的集团公司。

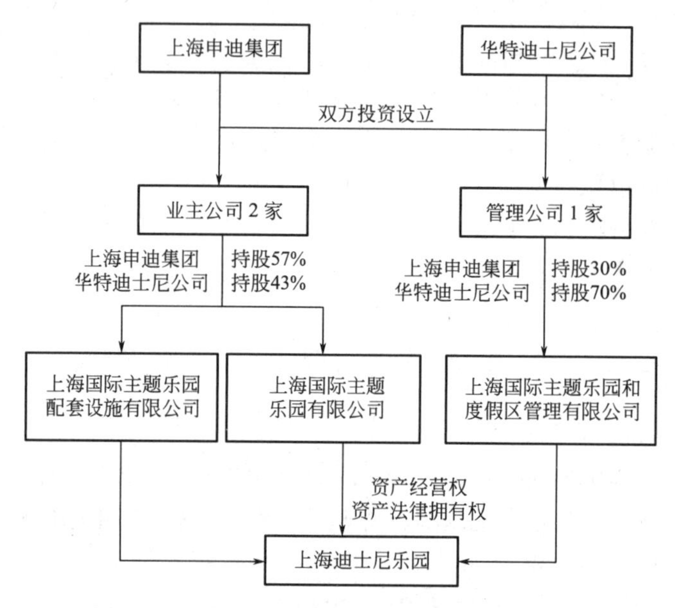

图 11-3　上海迪士尼乐园主要出资方及股权结构

上海迪士尼项目的公共配套设施建设融资由上海市人民政府的财政投入完成，其主题乐园部分计划投资 245 亿元人民币，酒店及零售、餐饮、娱乐部分计划投资 45 亿元人民币。上海市政府联合区域旅游度假区建设迪士尼乐园旅游度假区，该度假区及其周边公共配套建设的投资约为 720 亿元人民币。

上海迪士尼项目主要采用借贷融资方式，其银行信贷融资主要由国家开发银行、浦东发展银行、交通银行这三家银行牵头，以及中国银行、中国农业银行、中国工商银行、中国建设银行等商业银行联合提供银团贷款。2011 年 7 月国家开发银行首先提供了 20 亿元的土地储备贷款。截至 2013 年，上海迪士尼第一期建设已经吸收 120 亿元银行贷款。

直接融资上，上海国际集团公司牵头发起设立上海国和现代服务业股权投资基金（以下简称“国和基金”），并于 2011 年上半年成功募集 50 亿元人民币。上海陆家嘴（集团）有限公司同样是此基金的发起人之一，国和基金宣称要参与上海迪士尼的建造过程。

11.2.3　投融资选择模式评析

（1）降低财务杠杆，减少偿债风险，抢占行业竞争中优势地位

上海迪士尼首期建设在初建阶段总投资共达 339 亿元人民币。先行成立的上海申迪集

团与迪士尼公司采用注资的方式提供67%的资金来源，剩下33%的资金采用银团贷款方式解决，融资产权比率达3∶7，举债较为稳健，这样的资本结构对于项目的初期运营是非常有利的。采用相对稳健的财务政策，高股权占比，低财务杠杆，可以减少支付利息费用的压力，节省流动资金进行投资建设，从而保证上海迪士尼在激烈的市场竞争中处于优势地位。

（2）银团贷款替代政府贷款，减轻政府压力，拓宽融资渠道

本项目的贷款银团共由12家银行组成，其中，国家开发银行、上海浦东发展银行和交通银行是共同委托安排行；中国银行、中国工商银行、中国农业银行和中国建设银行则担任银团联合牵头行；其他参加行有中国进出口银行、中信银行、华夏银行、上海银行和上海农村商业银行。采用银团贷款的方式不仅为上海迪士尼的巨额融资开辟了渠道，还分散了贷款机构的风险。

（3）中方注资管理公司，中西方管理模式巧妙融合，提升项目运营效率

上海申迪集团和迪士尼公司在协议的基础上成立了两家业主公司和一家管理公司，三家中外合资公司共同建设、管理和经营迪士尼项目。上海申迪集团在管理公司中拥有30%的股份，这与以往迪士尼公司全资成立的管理公司相比，意味着上海市政府可以掌握部分运营管理项目的权利，双方发挥各自优势力量共同推进项目实施。此方式是上海迪士尼度假区PPP融资的一大亮点，在迪士尼全球乐园中首次采用。

11.3 北运河生态文化项目：EOD模式

11.3.1 项目概况

京杭大运河作为世界上里程最长、工程最大、修建年代最古老的运河，是中国古代劳动人民创造的一项伟大工程，是中国文化地位的象征之一。北运河是世界文化遗产京杭大运河七段之一，作为京杭大运河的重要组成部分，也是海河流域的一条支流，流经北京市、河北省和天津市。

1992年，中信国安与河北省香河县政府合作，以世界文化遗产京杭大运河为依托，着眼于京畿文化传承、生态文化资源价值提升和地方产业发展，投资建设了以中华营城文化传承、民俗文化展示、旅游观光和会议会展为核心功能的国家4A级景区“中信国安第一城”。

伴随着周边区域快速的城镇化过程，北运河流域的生态环境压力与日俱增，加上周边基础设施配套不完善，导致区域产业发展与京津冀区域的协同联动效应不明显的矛盾更加突出，急需一种创新的理念和模式来推动区域发展和中信国安第一城项目的转型升级。

为实现区域价值的最大化，中信国安以EOD模式的核心理念为基础，对区域可开发土地进行创新开发。目前，北运河生态文化项目主动融入国家京津冀协同发展战略，以区域的产业发展规划、北京市通州区与河北省北三县空间规划协同、区域生态基底及产业发展现状为发展契机和突破口，结合中信国安第一城现有业态的转型升级，因地制宜地选择了文化、养老、旅游、影视等新兴产业作为发展方向，率先将中信国安第一城打造成以文化创意、亲子旅游、国学康养和影视科创等产业为核心的中信国安第一城文旅小镇。以中信国安第一城小镇作为核心和引擎，向拓展区辐射，带动区域产业发展实现区域的多元化、综合化发展。

11.3.2　投融资方案

EOD 模式中，将区域内的生态、产业、土地开发打包进行通盘筹划，不针对单一项目进行 PPP 融资，通过产业发展的价值增益和土地整理增值取得的利润来平衡前期的生态建设投入资金，并获取剩余的收益。在资本方融资过程中，可以通过发行生态建设债券，设立生态建设和产业发展基金，实施政府与社会资本合作、特许经营等投资方式、财政贴息等政策，鼓励和引导民间资本、政策性金融资源、商业金融资源和资本市场直接融资等多种方式的融资。在政府与社会资本合作模式的基础上，以财政支持为基础，形成政策性金融引导，促进商业性金融积极参与、直接融资途径相配合的多元化、可持续的 EOD 模式创新投融资体制。

按照 EOD 模式生态引领的理念，中信国安以 PPP 模式参与了北运河香河段生态综合整治 PPP 项目的设计、投资、建设和运营。在运河生态文化项目的实施过程中，中信国安根据国家金融政策和不同的项目类型尝试、探索了多种融资模式，包括从国家奖补资金、专项建设基金、政策性金融、商业银行融资等多种途径获得资金支持，较好地满足了项目生态建设和产业协同方面的资金需求。随着项目的推进深入，中信国安着力探索政府引导基金、产业发展基金、ABS 模式、REITs 等途径以支持项目实施。项目融资结构如图 11-4 所示。

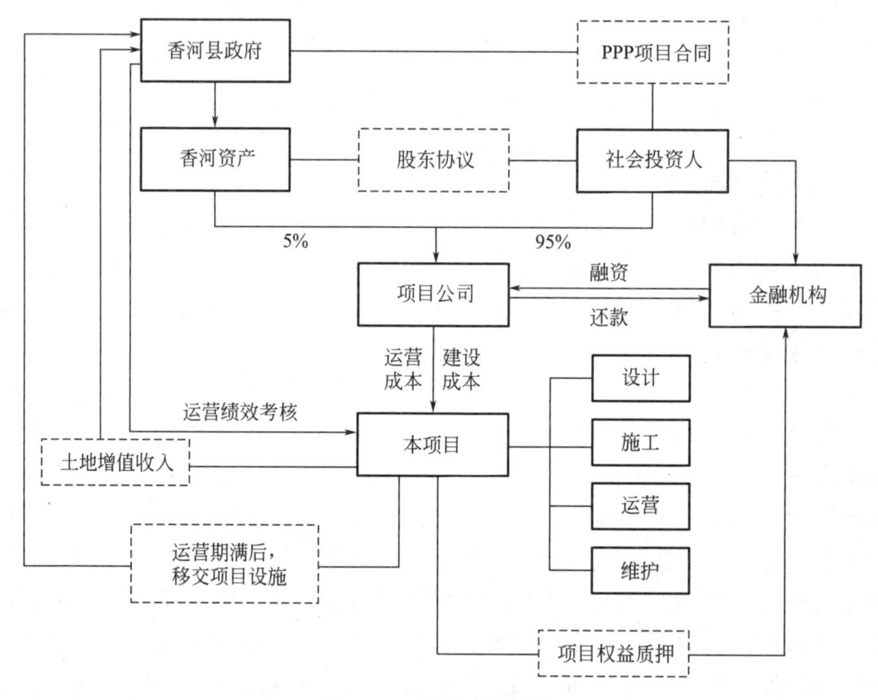

图 11-4　项目融资结构

11.3.3　投融资选择模式评析

EOD 模式通过生态资源经营、价值增益、产业发展等途径，促进政府改变负债式发展方式，支持项目实施落地，实现可持续发展。

在北运河生态文化项目中，通过对区域生态、城市基础设施和公共服务设施建设投资，提升区域内的土地资源、旅游资源、产业资源的潜在价值，增强对高附加值产业（如中高端的教育、医疗、养老、休闲旅游、文化创意等产业）的吸引力，并以上述资源的增值部分和高附加值产业发展带来的财政收入增加部分，覆盖前期区域生态建设、城市基础设施和公共服务设施建设投资的成本和收益。在此过程中，通过 PPP 模式进行上述建设，政府仅投入较少的财政资金作为前期引导，撬动社会资本、政策性金融机构和商业性金融机构的资金，将其投入到生态建设、土地开发和产业发展的全过程中。EOD 模式以上述各个环节的资源经营和价值增益部分作为城市发展的前期建设投入和收益，推动城镇化发展方式转变，改变地方政府负债式的发展模式。

11.4 蓟运河（蓟州段）全域水系治理、生态修复、环境提升及产业综合开发项目：EOD模式

11.4.1 项目概况

蓟运河（蓟州段）全域水系治理、生态修复、环境提升及产业综合开发项目位于天津市蓟州区。蓟州区位于天津市北部，地处京津冀地区腹地，全区面积 1590 平方公里，常住人口 90 余万人。蓟州区属于生态涵养发展区域。其功能定位为：保障生态安全和农产品供给的重要区域，天津市重要的风景旅游区，人与自然和谐相处的示范区，未来城市空间拓展的后备区域。生态涵养发展区域要充分发挥资源优势，坚持保护优先、适度开发、集约开发的原则，进一步优化城镇布局，发展适宜产业，加强生态建设和环境保护，成为农村居民安居乐业、生态环境优美的地区。

蓟运河项目内容包括蓟运河（蓟州段）全流域规划提升和产业策划导入、水系治理、生态修复、环境提升及基础公共设施建设等，可分为两部分：流域治理部分及产业导入部分。

流域治理部分主要涵盖蓟州区全域水系综合治理和重点矿山修复等建设内容。包括：以一湖一库一河一洼（环秀湖湿地公园、于桥水库、州河湿地公园、青甸洼）为重点的蓟州全域水系综合治理项目，以小龙扒等为重点的矿山修复项目。重点实施七大工程：即水污染防治工程、水资源配置工程、河库水系综合整治与生态修复工程、饮用水源地保护工程、山区水土流失保护工程、蓄滞洪区综合整治工程、流域智慧化工程。

产业导入部分是指公司将结合蓟州区自然资源及中国交建企业资源，借助流域综合治理，导入高端产业、文化研创、生态科教、康养运动、教育文化、休闲度假、智慧农业、博物馆、培训中心等产业开发项目。

11.4.2 投融资方案

蓟州区政府采用引入投资建设人的方式确定合法投资建设主体，与区政府指定的平台公司依法成立流域投资公司，通过投资主体一体化带动流域治理及产业开发一体化。流域投资公司负责流域生态保护与修复项目的总体实施、投融资运作和风险防控，受托运营管理流域内相关工程和资产，综合开发利用区域内相关水资源、土地资源等其他资源，构建可行的商业模式，提高持续经营能力。

项目总体合作期限为 20 年，资金构成为项目资本金 30%、融资 70%。其中，资本金由股东股权出资，争取中央财政水利发展资金、中央预算内资金和天津市有关专项资金；融资主要向国家开发银行（简称“国开行”）、中国农业发展银行（简称“农发行”）等金融机构申请项目中长期贷款，同时积极争取国际金融机构贷款、保险资金，并逐步创新

资本运作手段。

流域投资公司负责全面筹资融资工作，统筹政府用于项目的资金，受托运营管理流域内相关工程和资产，综合开发利用区域内相关水资源、土地资源等其他相关生态资源，构建可行的商业模式，提高企业持续运营能力。项目运作模式如图 11-5 所示。

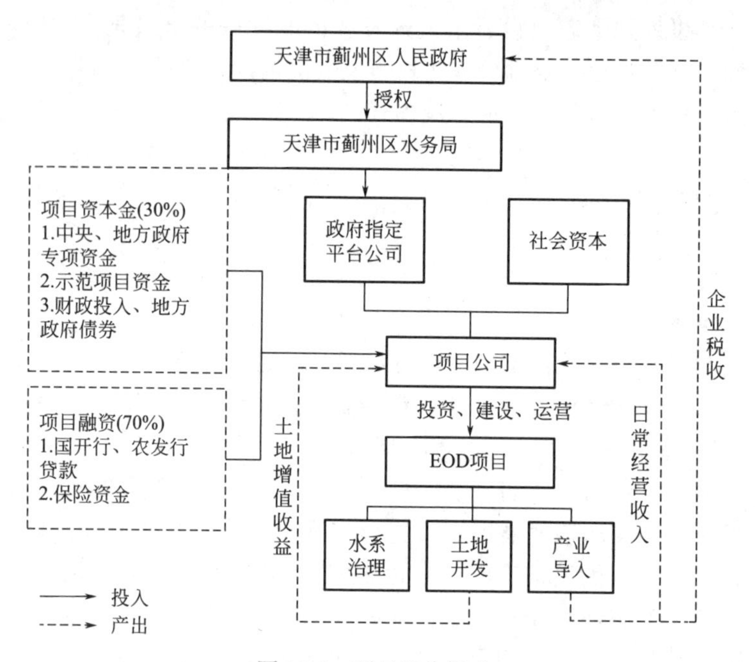

图 11-5　项目运作模式

11.4.3　投融资选择模式评析

蓟运河项目以政府为主导，采取市场化运作的 EOD 项目实施方式。通过政府和市场两手发力，构建上下联动、政府协调、市场运作的长效机制。

政府为社会资本方的利益提供一定程度的保障：在资金筹措方面，争取中央及地方专项资金，同时安排财政投入，为项目融资落地奠定良好基础；在回报来源方面，不仅通过水系治理专项资金对社会资本予以补助，还允许社会资本按比例分享土地增值收益，通过土地增值收益、经营性资产盘活等方式促进项目生态价值实现，通过股权转让方式为社会资本退出提供具体路径。

采用生态环境部倡导的 EOD 模式，通过实施蓟运河（蓟州段）全流域的水系治理、生态修复、环境提升等工程，全面改善蓟运河（蓟州段）全流域的生态环境，提升环境承载力，并结合规划提升和产业策划，导入地方发展需求的产业，把环境资源转化为发展资源、把生态优势转化为经济优势，加快蓟州区经济结构调整和产业结构升级，将为蓟州区高质量、可持续发展奠定良好基础。

复习思考题

1. 华夏幸福固安工业园区新型城镇化项目采用 PPP 融资模式有何优势？
2. 简述 EOD 模式的创新性。
3. 对比本章不同的城市功能区开发投融资典型案例，谈谈你的看法。

第 12 章　城市更新投融资典型案例

城投公司作为政府的代理机构，承担旧城改造的具体事务，成为直接的融资平台。在国家加大力度控制地方政府债务风险的背景下，传统依赖政府信用的融资模式已无法满足新形势下旧城改造的要求，因此，需要在投融资模式上进行创新，预计未来将构建以市场为主、政府引导的金融支持方式稳步推进城市更新活动。

城市更新的投融资模式也需要多元化发展。下面介绍一些较为典型的城市更新投融资案例。

12.1　广西梧州河东棚户区改造开发案例：政府购买服务融资模式

12.1.1　项目概况

棚户区是指城市中结构简陋、居住拥挤、基础设施不健全、环境较恶劣、存在明显的安全隐患的房屋集中的地方。棚户区的存在不仅造成居民生活的不便，也给社会管理带来了困难。我国从 20 世纪 80 年代开始关注棚户区改造问题，后续分别在 2009 年、2013 年和 2014 年提出分步达成的意见。国务院于 2013 年 7 月下发《国务院关于加快棚户区改造工作的意见》，提出 2013 年至 2017 年五年改造城市棚户区 800 万户。随后在 2014 年 8 月又发布了《国务院办公厅关于进一步加强棚户区改造工作的通知》，要求进一步加大棚户区改造工作的力度，力争超额完成 2014 年的目标任务。

广西梧州河东现存骑楼群有街道 22 条，总长 7 公里，骑楼建筑 560 幢，保存完好，规模庞大，在我国十分罕见，是岭南文化和珠江文化的发祥地，见证了梧州近现代百年商贸繁华。随着水上运输产业的式微，梧州的发展也逐渐衰败，人口流失严重，城区内人口密度大，基础设施不足。2018 年 10 月 13 日，万秀区人民政府发布了《市河东旧城棚户区改造项目范围内房屋实施征收决定》，标志着河东旧城棚户区改造项目正式启动。首批改造项目总占地约 93 亩，建筑面积 14 万平方米，涉及居民 1964 户，片区内基础设施落后、破旧老化、环境秩序和卫生状况差，人口居住密度大、房屋建设使用年限长、房屋抗震等级低，治安和消防隐患大。

河东旧城棚户区改造项目属于分期开发，截至 2022 年，河东旧城棚户区改造一期工程已准备收官，待二期工程资金到位将开启河东旧城棚户区改造二期工程。

12.1.2　投融资方案

政府购买服务是旧棚户改造的重要融资手段之一，而河东旧城棚户区改造项目是广西梧州市重点推动的棚户区改造项目之一，项目涉及拆迁居民 2700 多户，整体投资需要 10.25 亿元，面对巨大资金压力，梧州市选择了政府购买服务，大大节约了项目的建设资金成本。梧州市河东旧城棚户区改造投融资方案如下：由梧州市政府和园林管理局（购买主体）与市属企业金鼎公司（承接主体）签订了政府购买服务合同，由金鼎公司进行整个河东旧城棚户区的拆迁补偿等工作，所需资金由该公司通过《应收账款质押合同》向国家开发银行贷款，政府购买服务的采购资金纳入财政预算，梧州市市政和园林管理局将在 25 年内分期将服务费用支付给企业，企业通过还本付息偿债资金专户向国开行还本付息。简单来说，就是政府分期付款给有能力的企业，企业获得国家开发银行的贷款资金后则负责相应棚户区的拆迁、补偿、异地建房等工作。广西梧州棚户区改造政府购买服务融资模式与路径详见图 12-1。

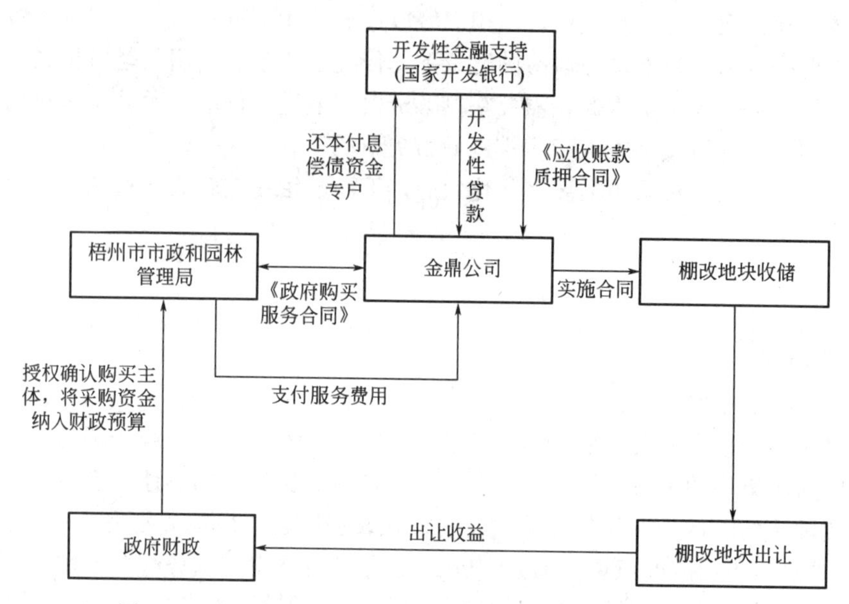

图 12-1　广西梧州棚户区改造政府购买服务融资模式与路径

12.1.3　投融资选择模式评析

政府购买服务模式是指政府分期付款给有能力的企业，企业获得国开行贷款资金后则负责相应棚户区的拆迁、补偿、异地建房等工作。其特点在于采购资金纳入政府财政预算，分期向企业支付服务费用，购买主体承担风险，而承接主体主要职责是履行合同，收取服务费用，国家开发银行的贷款以承接主体的未来现金流为背书，切割了政府债务风险。政府能够发挥组织和增信优势，而企业作为市场主体运营效率较高，国家开发银行棚改贷款期限长、利率低，三者有机结合能够降低棚改成本，提高棚改效率。

但是在推广过程中也存在一些问题，由于地方政府会出现“预算下达”“编制政府采购实施计划”“合理测算安排政府购买服务所需支出”等政府购买服务体系要求事项落实不到位现象，所以将导致该类项目可能因为没有明确的资金来源而无法如期纳入预算，进而加大政府债务负担和财政风险。

12.2　包头北梁棚户区改造开发案例：PPP 融资模式

12.2.1　项目概况

北梁地区位于内蒙古自治区包头市东河区，有着丰富的历史文化遗产，现存福徽寺等 11 处宗教场所，召梁等 28 条历史街巷。随着城市中心的转移，北梁区人气下降，经济增长动力不足，用地结构也因为计划经济形成千篇一律的功能分区。老北梁区以居住为主，兼有部分单位用地，北梁区90%以上的房屋为超过50年的危旧房屋，人均住房面积不足15平方米，建筑墙体破损现象严重。由于北梁地区处于大青山南坡，道路狭窄，坑洼不平，市政基础设施匮乏，供水、排污、环卫等基础设施严重滞后，供热、燃气等公用设施在改造前处于空白，没有必需的消防设施和消防通道。自2003年起，包头市、东河区两级政府就开始关注北梁棚户区改造的问题，该问题在2011年和2013年也受到中央的高度重视，国务院在2013年发布《关于加快棚户区改造工作意见》，将其确定为“四年规划，三年全面完成”的工作目标。

北梁棚户区搬迁改造坚持“政府主导、市场运作、金融支持、滚动发展”的运作模式，坚持“先规划后建设、先安置后拆迁”的实施步骤和“异地搬迁为主，局部原地改造为辅，统筹兼顾居民就业”的工作方式，在注重工程建设质量的前提下，加快推动整体搬迁改造进程，切实做到和谐搬迁、人民群众满意搬迁，尽快实现北梁棚户区居民“忧居”变“宜居”的总体目标。

12.2.2　投融资方案

包头市政府与开发银行联手，探索改造运作方式，编制系统性融资规划，大力拓宽融资渠道，做强多元化的投融资主体，综合运用多种金融工具，创新投融资模式，推进北梁旧城更新项目顺利实施。具体做法如下：

一是拓宽融资渠道，通过多元化融资融智，有效整合财政资金与市场化方式引入的社会资金和专业能力，从土地、资金集约利用入手，做大做强投融资主体，成立政府与社会资本合资的项目股份公司——包头市保障性住房发展建设投资有限公司，同时负责整个项目的经营运作，为债权人提供基本的偿债基础以及为公司的股东提供基本的收益保障。

二是创新融资方式，结合项目特点和客户需要，发挥开发性金融的引导作用，国开行充分利用银行债券和投贷协同优势，推动“三个专项”为北梁旧城更新项目量身定做产品组合，破解北梁旧城更新融资难题。

产品如下：①专项贷款。国开行加大专项贷款投放力度，确保棚户区改造资金按期足额到位，发放10亿元过桥贷款弥补项目资金短期投入不足，后续再发放100多亿元的中长期贷款解决滚动开发资金需求，有效解决了包头市政府配套资金难以按时到位和后续资金不足等现实问题，对加快北梁旧城更新工作具有重要意义。②专项债券。创新债贷统筹新模式，积极协助包头市发行“债贷组合”专项债券，共同谋划发放20亿元企业债券解决期限错配问题，实现均衡、稳定、平衡的项目现金流。③专项基金。通过会同包头市政府研究探索设立北梁棚户区改造专项基金等措施，引导社会资金投入，加大北梁旧城更新项目支持力度，融资模式与路径详见图12-2。

12.2.3　投融资模式选择评析

此模式的特点在于投资主体和开发主体都是政企合作成立的“公私合营”公司，负责“融资＋融智”。与开发性金融公司国家开发银行合作实现投资主体多元化、投资运营一体化、融资方式多元化的融资格局。政府和企业“风险共担，利益共享”，企业虽然会有政府可行性缺口补助，但主是通过高质量、高效率的运营，从使用者付费中获得利益；当然企业也面临着由于经营不善而无法满足合同要求导致经济损失的风险。政府能够履行为社会提供公共服务的职能，并获得土地价值上升带来的相关收益。

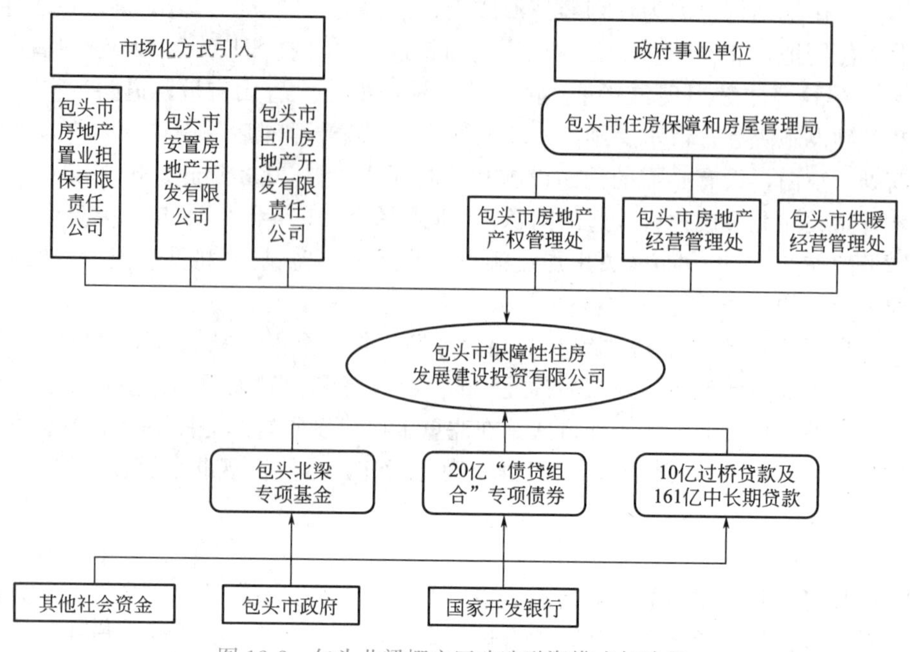

图 12-2　包头北梁棚户区改造融资模式与路径

通过“公私合营”模式，整合社会土地、资金、技术等多方面的优质资源，实现投融资主体多元化，并提升项目运营能力，一方面发挥融资增信作用，另一方面提高了盈利潜力，为采取发债、多种形式贷款、专项基金等综合融资路径奠定基础。该模式的运行，首先需要政府将一部分风险及利益分享出去，如何降低风险，提高收益，则需要企业通过高效率的运营能力解决。其次，该模式涉及的合同结构及流程比较复杂，对于融资容易的项目不太适用，因此这种模式适用于项目难度大、资金需求大、有使用者付费环节的项目。

12.3　北京劲松北社区的更新改造开发方案：社会资本参与

12.3.1　项目概况

劲松街道位于北京市朝阳区东三环劲松桥西侧，处于 CBD 核心区周边，劲松小区始建于 20 世纪 70 年代末，是改革开放后北京市第一批成建制楼房住宅区，目前楼龄超过 40 年，超过 60%的居民是老年人，老龄化问题较严重。该小区配套服务项目不全、室外管线老化、停车管理无序、架空线凌乱、养老设施不足，物业管理缺乏，整体居住环境与人民群众的期望存在着较大差距。

劲松街道将劲松一、二区（劲松北社区）作为老旧小区的改造试点，引入民营企业——愿景明德（北京）控股集团有限公司（简称“愿景集团”）出资整体改造社区基础设施，使政府的政策资金和社会资金协同发挥作用，以提供专业化的物业管理，探索出“劲松模式”。该模式的核心是“区级统筹、街乡主导、社区协调、居民议事、企业运作”的“五方联动”机制。该模式由区级政府在战略上统筹协调，在街乡政府主持领导下，社区居委会协调需求，居民议事表达观点需求，配合老旧小区综合整治专项资金等，由第三方愿景集团对小区基础设施投资建设并进行后期持续维护，居民对所享公共服务进行付费，企业由此获得现金流收入收回前期投资成本，并在后期获得利润收入。

12.3.2　投融资方案

除了市、区两级财政资金负担“基础类”改造费用外，社会资本方愿景集团前期对“自选类”改造项目一次性投入3000余万元，根据居民议事结果进行项目规划、设计施工。为在未来实现项目“微利可持续”运营，朝阳区房管局、劲松街道授权社会资本对1698平方米的社区闲置低效空间进行改造提升，统筹提供相关服务和闲置资源的运营权，通过后续物业服务的使用者付费、停车管理收费、多种经营项目以及未来计划落地的养老、托幼等业态获得收益，流程图详见图12-3。

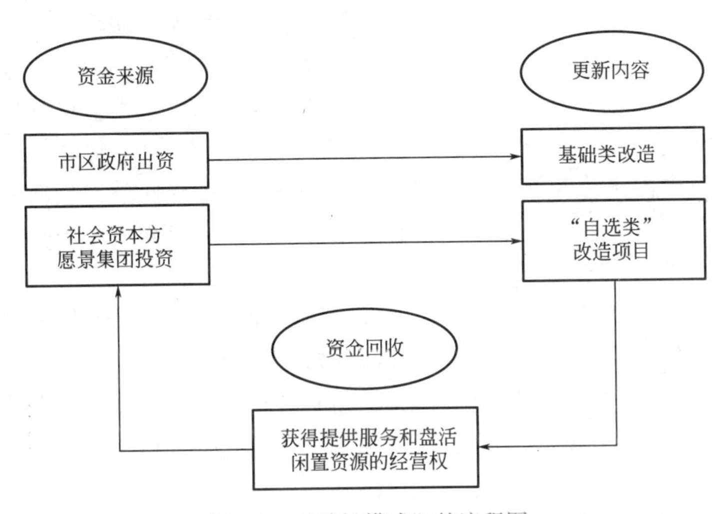

图12-3　“劲松模式”的流程图

12.3.3　投融资模式选择评析

借助社会资本改造城镇老旧小区是未来的主要发展方向。北京市劲松北社区改造项目是全国首次由社会资本参与并主导的老旧小区改造运营的成功实践，也是北京首个通过正规“双过半”程序引入专业化物业管理公司持续深度运营的老旧小区。所谓“双过半”程序，是指按《物权法》规定，对于选聘物业服务企业或者其他管理人等重要事项，应当经专有部分（即产权证记载面积）占建筑物总面积过半数的业主且占总人数过半数的业主同意。

“劲松模式”预计10年左右收回成本，企业的投资利润能够达到6%～8%。从事后效果看改造成效得到了广泛认可，社会示范效应显著，北京市住房和城乡建设委员会印发的《2020年老旧小区综合整治工作方案》明确提出要在全市范围内推广“劲松模式”。

“劲松模式”充分体现了政府引导、市场为主、居民参与的运作特征，在某种程度上提供了一种借助社会资本有效改造城镇老旧小区的解决方案。针对居民日常生活中的痛点难点，此次改造旨在对社区进行有机更新，更新范围从对楼本体单一改造扩展至对整个社区的综合整治。在引入社会资本后，成立由区政府、街道、居委会、业主和开发企业多方参与的工作平台，协同推进项目改造。基于前期所开展的入户调研、意见征集等深入扎实的工作，项目改造方案不仅有效回应了居民实际需求，而且通过整合现有资源保障了后期运营管理上的可持续发展。

该模式之所以取得较好效果，得益于资方与政府、居民共同就制度设计、改造方案、政策落实等方面保持密切沟通，通过适度创新、盘活存量资源等方式，让短期投入在中长期稳定回报中实现项目资金的平衡，最终在可持续运营中确保改造成果的长期效益最大化。

12.4　北京新街高和改造开发方案：类 REITs

12.4.1　项目概况

新街高和项目位于繁华的北京新街口北大街与北二环路交叉口，距离后海仅 600 米，其前身是二环里新街口区域的老牌商业星街坊购物中心。星街坊购物中心考虑到原有周边商业环境与居住社区氛围的因素，主要引入儿童娱乐、儿童培训、餐饮、零售等满足社区消费的普通业态，商业模式较为传统，缺乏创新活力与市场竞争力。尽管地处北京核心区域，但平均租金仅为 3.5 元/（平方米・天），低于周边项目平均水平，是典型的低效楼宇。但是其具有优越的区位和便利的交通优势，毗邻金融街与西单，联动中关村商圈及西直门商务区，项目地铁交会，各方资源交集汇聚。优越的区位和便利的交通优势，客观上决定了其改造升级的价值增量空间。

高和资本对新街高和进行了近两年全方位的改造和升级，目前项目总面积达到 2.8 万平方米，地上共 6 层，并从原本的小型批发商业物业转变为金融与科技创新办公物业，实现“腾笼换鸟”。作为中关村和金融街辐射相交的产业交叉区，新街高和吸引了大量优质金融企业入驻，同时，部分创新型科技文化类企业也将新街高和作为发展基地。目前新街高和入驻企业中，金融类占比达到 50%，科技类 23%，文化类 11%，政府机构 4%，其他各类企业占比 12%。其中不乏大量优质客户，如中国人寿北京分公司、招商局仁和人寿、中融国基等。改造后运营首年即实现租金收入 2 倍增长，租金水平从收购前的 4.5～5 元/（平方米・天）变为 10.2 元/（平方米・天）；截至 2018 年第一季度，新街高和整体出租率达到 90%。

12.4.2　投融资方案

2018 年，国内首单城市更新类 REITs——“高和城市更新权益型房托一号资产支持专项计划”获上交所无异议函。该产品以北京西北二环内的新街高和为标的，拟发行金额 9.5 亿元，首次实现城市更新基金投资人通过证券交易所私募 REITs 退出的完整闭环。借助 REITs 这类金融工具，可以把流动性较低的、非证券形态的房地产投资，直接转化为资本市场上的证券资产。

高和城市更新类 REITs 总规模 9.5 亿元，其中优先级 A 档规模 4.3 亿元，获 AAA 评级；优先级 B 档规模为 1.2 亿元，获 AA+评级；劣后级规模 4 亿元，占比 42.1%。高和城市更新类 REITs 模式以城市更新实现腾笼换鸟、以资产证券化提高流动性、以创新内容实现高附加值三方协同实现城市更新的模式优化。投融资方案如图 12-4 所示。

12.4.3　投融资模式选择评析

随着城市规模的扩大，北京中心新增土地已处于极度稀缺的状态，北京发展进入“减量建设”与“产业升级”并存的时代，对现有建筑的升级改造与创新利用，成为下一轮城市发展的新增长点。

城市更新类 REITs 通过提供物业管理、租赁管理等服务，或者通过输出品牌价值来

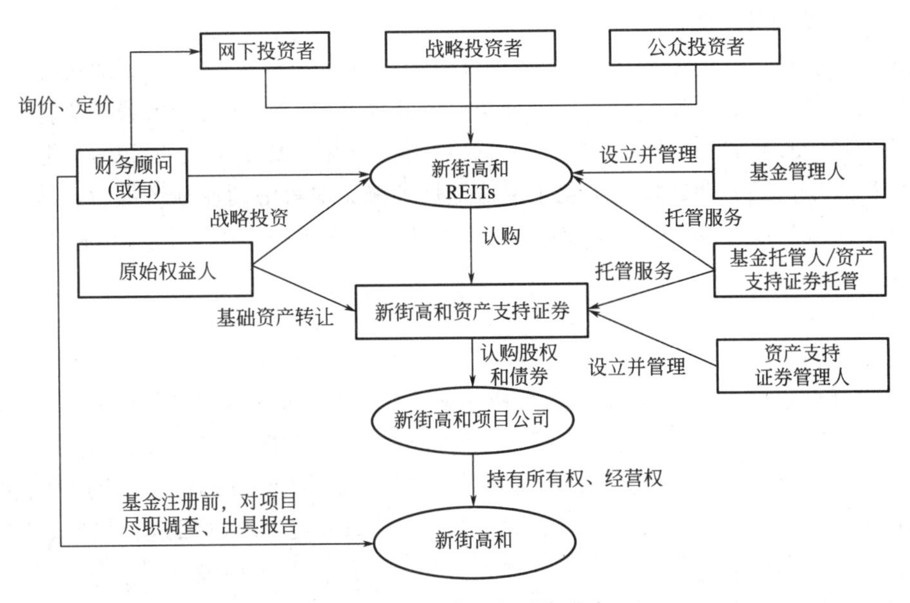

图 12-4　新街高和投融资方案

获取经营收益，也可以通过对物业升级改造后转租来获取租金价差，从开发端实现房地产企业的轻资产运营。这种运营相对于投入大量房屋开发建造成本的重资产运营模式，前期投入成本较少，为企业提供跨越式发展和低风险低成本的条件，也有助于打造企业自身的核心竞争力。

新街高和作为首个尝试用市场资源专业化运作实现城市更新产业升级的商业项目，探索实践“低效资产高效利用”的市场化运作模式，为北京“疏解整治促提升”树立了城市更新新样板。

12.5　何棠下村旧城改造开发案例：PPP＋类 REITs 融资模式

12.5.1　项目概况

何棠下村位于广州市黄埔区中新知识城核心区域龙湖街，南临洋田村、旺村，北临佛塱村、枫下村，东至埔心村、迳下村，西至黄田村。广州开发区城市更新工作领导小组 2019 年第六次会议审议同意《黄埔区龙湖街何棠下旧村改造实施方案》，改造范围（拆旧范围）内总户数为 5490 户，总人数 8114 人。改造范围（拆旧范围）内现状实测总建筑面积 110.34 万平方米，其中村民住宅 104.52 万平方米，集体物业 5.77 万平方米，历史文保 478.17 平方米。另有集体经营性收入场地用地面积 3526.7 平方米（地上建筑面积 4055.86 平方米），国有经营性收入场地用地面积 16830 平方米（建筑面积 4378.71 平方米）。

何棠下村地理区位极其优越，位于广州市中新知识城的起步区和核心地带，体量大，且交通条件优越，旧城改造将为环九龙湖经济带的开发建设释放巨大体量的优势土地，为重大产业项目提供建设空间。何棠下村的旧城改造项目，有利于推动当地城乡改造建设、提升居民的生活品质，对实现知识城高质量发展起到了积极的带动作用。

12.5.2　投融资方案

何棠下村改造工程总成本 133.6197 亿元，旧改项目范围内复建安置地块和融资地块均规定转为国有用地，复建地块和融资地块中的其他部分产权归村个人或村集体或政府所有，融资地块中住宅产权归社会资本所有。项目拟采用“PPP＋类 REITs”组合融资模式，分两期开发，第一期建设包括整个复建地块和融资地块中商业地产部分，从《黄埔区龙湖街何棠下旧村改造实施方案》得知，商业用地占总用地 11.05%，预计建筑面积为 50.82 万平方米。

（1）建设期

建设期采用 PPP 融资，政府出资方为广州市城市更新局平台公司，乙方为广州市景腾房地产投资有限公司（以下简称“景腾公司”），签订出资协议，合同订立后，成立 SPV 项目公司，协议中规定政府出资 10%，景腾公司出资 90%，股权按 1 ∶ 9 分配，SPV 公司注册资本金总额不低于项目总投资的 20%，接着广州城市更新局平台公司与 SPV 项目公司签订《PPP 项目合同》，合同规定：景腾公司对本项目进行投资、融资、设计、建设、运营及移交，复建地块建成后无偿移交政府，对于商业地产政府给予 10 年特许经营权。其运作模式如图 12-5 所示。

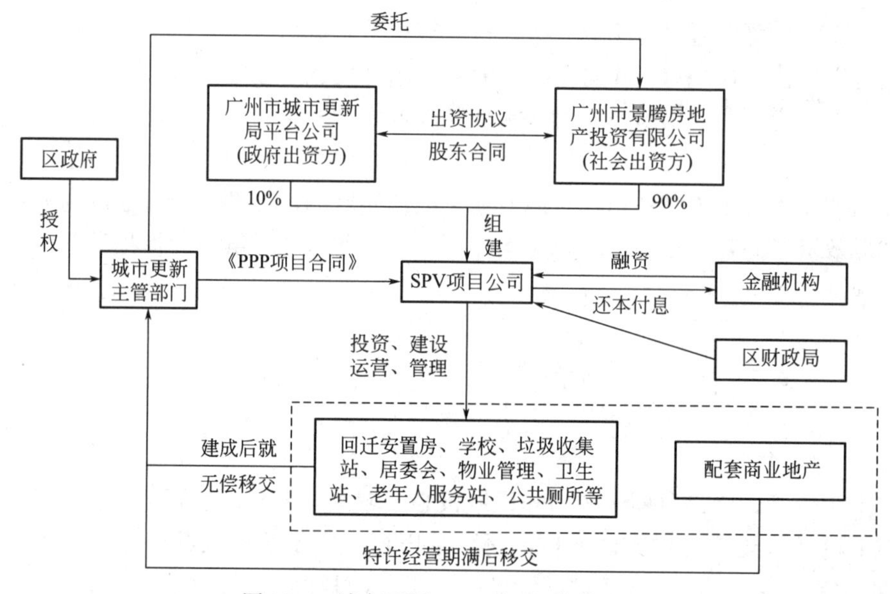

图 12-5　城市更新 PPP 项目运作模式图

（2）运营期

商业地产建成后每年产生稳定的租金收益，运营 3 年后景腾公司将商业地产作为标的，打包成基础资产进行“类 REITs”融资，如图 12-6 所示。实施步骤如下：①计划管理人（渤海汇金）成立“何棠下村资产支持专项计划”，投资人把认购资金汇到募集资金账户，等到专项计划成立后，专项计划管理人再把募集资金汇入到专项计划账户（广州银行）。②景腾公司对项目公司进行出资，实缴金额一般小于认缴金额，这样景腾公司不需要大量的过桥资金，从而持有项目公司的股权和债权。③景腾公司把基础资产转让给专项计划，专项计划向景腾公司支付对价款（资产评估机构：戴德梁行；律师事务所：中伦；

评级机构：联合信用；会计师事务所：立信）。④渤海汇金向项目公司发放借款，专项计划账户把资金汇入到项目公司的监管账户，完成借款发放后，接下来项目公司完成应收账款的质押和不动产的抵押，至此，渤海汇金实现对项目公司的股权及债券控制。⑤专项计划委托房地产管理团队进行商业地产的日常运营管理。⑥项目公司向专项计划支付租金收益。⑦专项计划向投资者分红。

特许经营权期满后商业地产无偿转交给政府，由城市更新主管部门平台公司委托运营团队进行日常管理，具体运作模式如图 12-7 所示。

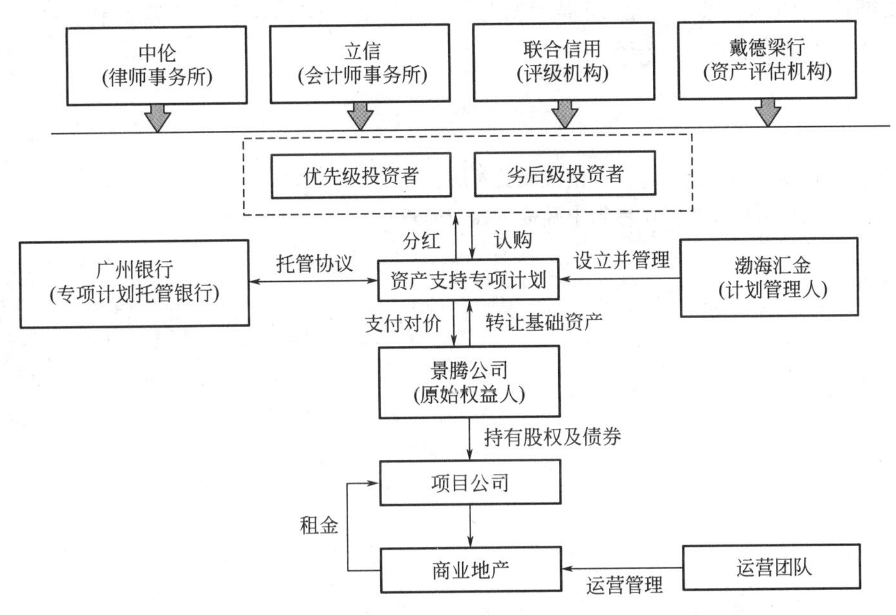

图 12-6 城市更新类 REITs 运作模式——原始权益人退出前

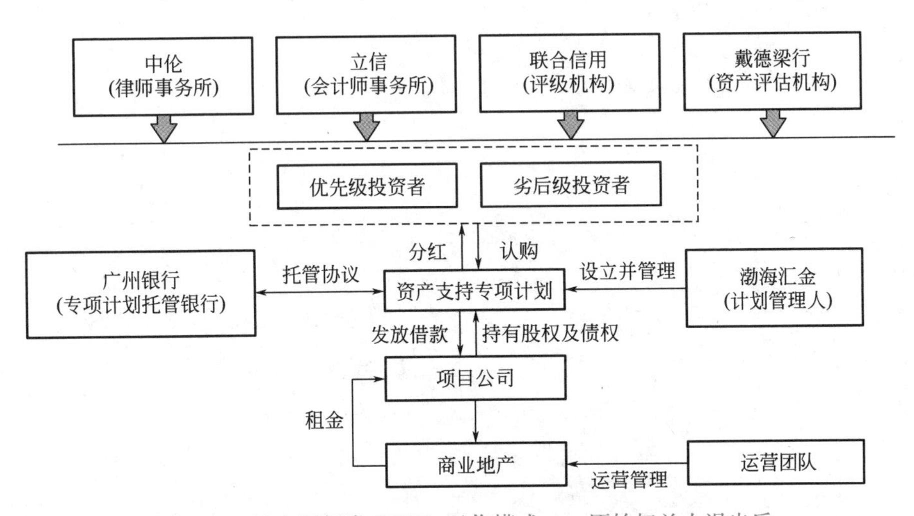

图 12-7 城市更新类 REITs 运作模式——原始权益人退出后

12.5.3 投融资模式选择评析

城市更新是提升城市品质、实现新时代城市高质量发展的重要战略安排。但政府资金紧张问题严重阻碍了城市更新项目的成功落地。“PPP＋类 REITs”组合融资模式能盘活资产，快速地将城市更新项目所产生的未来收益“变现”，达到拓宽融资渠道，缓解资金压力，减少融资成本的目的，真正实现风险共担和利益共享，从而确保资金的可持续，为处于融资困境的城市更新项目提供新方向，对进一步完善城市更新融资市场、盘活资产具有一定的参考价值。其中，城市更新类 REITs 通过提供物业管理等服务，或者通过输出品牌价值来获取经营收益，也可以通过对物业升级改造后转租来获取租金价差，从开发端实现房地产企业的轻资产运营。这种运营相对于投入大量房屋开发建造成本的重资产运营模式，前期投入成本较少，为企业提供跨越式发展和低风险快速收回成本的条件，也能够有助于打造企业自身的核心竞争力。

复习思考题

1. 阅读本章城市更新投融资案例，谈谈你的看法。
2. 还有哪些案例可以反映城市更新中融资模式的创新？

参考文献

[1] 北京京投土地项目管理咨询股份有限公司．城市土地开发与管理[M]．北京：中国建筑工业出版社，2006.

[2] 毕宝德．土地经济学[M]．7版．北京：中国人民大学出版社，2016.

[3] 陈格霞．城市化进程中土地开发模式梳理分析——以深圳市为例[J]．城市建筑，2020，17(15)：37-38.

[4] 陈玲玲，刘东，高新阳．特许经营公共基础设施PPP项目融资模式分析[J]．建筑经济，2021，42(06)：82-85.

[5] 陈玲燕，王幼松，李嘉鸿．城市更新项目“PPP+类REITs”融资模式探究[J]．建筑经济，2023，44(01)：45-52.

[6] 陈伦盛．“十三五”时期新型城镇化投融资模式的改革与创新[J]．经济纵横，2015(06)：6-9.

[7] 陈平．政府投资法律问题研究[M]．重庆：重庆出版集团，2006.

[8] 陈小祥，纪宏，岳隽，等．对城市更新融资体系的几点思考[J]．特区经济，2012(08)：132-134.

[9] 陈则明．城市更新理念的演变和我国城市更新的需求[J]．城市问题，2000(01)：11-13.

[10] 陈仲常，姜建慧，龚锐．城市基础设施现代化评价模型研究[J]．经济与管理研究，2010(6)：70-76.

[11] 程连于．PPP模式与我国民间投资问题研究[J]．河南社会科学，2009，17(3)：117-119.

[12] 邓小鹏，袁竞峰，李启明．保障性住房PPP项目的价值流分析[J]．建筑经济，2012(12)：35-39.

[13] 丁凡，伍江．城市更新相关概念的演进及在当今的现实意义[J]．城市规划学刊，2017(06)：87-95.

[14] 丁仁军．城市综合开发运营模式比较研究[J]．建筑经济，2020，41(06)：100-103.

[15] 董玛力，陈田，王丽艳．西方城市更新发展历程和政策演变[J]．人文地理，2009，24(05)：42-46.

[16] 段树明，李海博，罗柳．ABO模式片区综合开发项目探析——以湔江美谷项目为例[J]．交通企业管理，2022，37(01)：91-94.

[17] 方可．西方城市更新的发展历程及其启示[J]．城市规划汇刊，1998(01)：59-61.

[18] 冯念一，陆建忠，朱嫱．对保障性住房建设模式的思考[J]．建筑经济，2007(08)：27-30.

[19] 苟明中．日本TOD模式的站城一体综合开发经验与启示[J]．城市轨道交通研究，2021，24(07)：8-15.

[20] 国研经济研究院课题组，中信国安城市课题组．EOD·生态引领发展模式研究(以中信国安实践为例)[M]．北京：中信出版社，2018.

[21] 何芳，张青松，王斯伟．旧城改造投融资模式创新案例与分析借鉴——以政府债务风险控制为背景[J]．中国房地产，2017(36)：50-59.

[22] 何镜堂，蒋邢辉．“和谐社会”下建筑与城市设计的几点探讨[J]．建筑学报，2006(02)：76-77.

[23] 何立峰．认真贯彻《政府投资条例》，依法更好发挥政府投资作用[EB/OL]．(2019-05-06)[2021-08-11]．http://www.gov.cn/zhengce/2019-05/06/content_5388902.htm.

[24] 胡海峰，陈世金．创新融资模式 化解新型城镇化融资困境[J]．经济学动态，2014(07)：57-69.

[25] 黄健文，徐莹．从“旧城改建”到“三旧改造”——对我国旧城改造的历程与相关称谓回顾[J]．华中

建筑，2010，28(11)：146-147+150.
[26] 黄静，王诤诤．上海市旧区改造的模式创新研究：来自美国城市更新三方合作伙伴关系的经验[J]. 城市发展研究，2015，22(01)：86-93.
[27] 简迎辉，包敏．PPP模式内涵及其选择影响因素研究[J]. 项目管理技术，2014，12(12)：24-28.
[28] 姜杰，贾莎莎，于永川．论城市更新的管理[J]. 城市发展研究，2009，16(04)：56-62.
[29] 蒋时节．基础设施投资与城市化进程[M]. 北京：中国建筑工业出版社，2010.
[30] 金凤君．基础设施与经济社会空间组织[M]. 北京：科学出版社，2012.
[31] 金双华，于征莆．政府住房保障政策国际经验及借鉴[J]. 地方财政研究，2021(06)：92-100.
[32] 李春城，孙平，蔡亦如，等．投资体制改革的理论与实践[M]. 成都：四川大学出版社，2004.
[33] 李建波，张京祥．中西方城市更新演化比较研究[J]. 城市问题，2003(05)：68-71+49.
[34] 李晶．保障性住房建设：现状、影响及融资模式[J]. 国际融资，2010(11)：26-28.
[35] 李靖伟．我国城市国有土地使用权出让制度研究[D]. 长春：东北师范大学，2009.
[36] 李开秀．新型城镇化市场化投资模式的最新研究动态[J]. 经济师，2016，7：39-41.
[37] 李蒙，洪轻驹．中美房地产开发模式对比研究[J]. 建筑经济，2012(11)：64-66.
[38] 李敏．雇佣双赢：私营企业雇佣冲突管理[M]. 北京：经济科学出版社，2003.
[39] 李强．基础设施投资与经济增长的关系研究[M]. 改革与战略，2010，26(9)：47-49.
[40] 李仁真，杨心怡．论亚投行与传统多边开发银行的竞争、互补与合作[J]. 湖北社会科学，2020，10：66-72+162.
[41] 李荣，马莉萍．流域治理领域生态环境导向的开发(EOD)模式研究——以蓟运河EOD项目为例[J]. 城市建设理论研究(电子版)，2023(19)：203-206.
[42] 李婉月．我国房地产企业信托投资基金融资模式的研究[D]. 昆明：云南财经大学，2020.
[43] 李小鹏等．地方政府投融资模式研究[M]. 北京：机械工业出版社，2014.
[44] 李一花．中国地方政府投资研究[M]. 北京：经济科学出版社，2003.
[45] 李哲．中国房地产开发企业投资行为研究[D]. 大连：东北财经大学，2009.
[46] 连涛．新形势下城市更新改造项目的融资策略探讨[J]. 中国住宅设施，2021(04)：37-38.
[47] 梁嘉敏．REITs融资模式在南宁市保障性住房建设中的应用研究[D]. 南宁：广西大学，2020.
[48] 梁明淑，朱蓉蓉，孟德建．以IOD模式驱动城市高质量发展[N]. 中华工商时报，2021.
[49] 梁玉杰．沪杭甬杭徽高速REITs案例研究[D]. 郑州：郑州大学，2022.
[50] 廖俊平．《房地产开发经营与管理》学习辅导——房地产估价师执业资格考试课程系列辅导之三[J]. 中国房地产，1996(09)：46-51.
[51] 林坚，乔治洋，叶子君．城市开发边界的"划"与"用"——我国14个大城市开发边界划定试点进展分析与思考[J]. 城市规划学刊，2017(02)：37-43.
[52] 刘冰．城市开发与土地经济[J]. 城市规划学刊，2020(05)：120-122.
[53] 刘贵文，罗丹，李世龙．文化主导下的城市更新政策路径演变与建议——基于政府角色分析[J]. 建筑经济，2017，38(09)：85-89.
[54] 刘俊．城市更新概念·模式·推动力[J]. 中外建筑，1998(02)：7-9+6.
[55] 刘湃．新时期我国政府投资研究[M]. 大连：东北财经大学出版社，2011.
[56] 刘生龙．基础设施与经济发展[M]. 北京：清华大学出版社，2011.
[57] 刘昕宇．上海市保障性住房资金可持续性研究[D]. 上海：上海师范大学，2021.
[58] 刘玉平．国有资产管理与评估[M]. 北京：经济科学出版社，2004.
[59] 刘柱成，贺蕾．ABO模式之思考[J]. 经济研究导刊，2020(31)：68-69.
[60] 龙登贵．深圳市拆除重建类城市更新流程体系简述[J]. 现代经济信息，2018(12)：475-477.
[61] 罗翔．从城市更新到城市复兴：规划理念与国际经验[J]. 规划师，2013，29(05)：11-16.

[62] 罗育中．城市基础设施建设投融资模式构成要素分析[J]. 财经界，2020(17)：25-26.
[63] 骆永民．城乡基础设施均等化供给研究[M]. 北京：经济科学出版社，2009.
[64] 马秀岩．投资经济学[M]. 大连：东北财经大学出版社，2007.
[65] 闵师林．当前我国城市土地再开发实证研究——以上海浦东新区为例[J]. 中国房地产，2005(02)：29-32.
[66] 倪虹．以发展保障性租赁住房为突破口．破解大城市住房突出问题[J]. 行政管理改革，2021(09)：44-49.
[67] 牛建高，王志勇．新编企业投资学[M]. 大连：东北财经大学出版社，2004.
[68] 牛永有，李互武，富永年．财政学[M]. 上海：复旦大学出版社，2013.
[69] 欧阳卫民．发展与金融——国家开发银行 26 年的实践探索[J]. 中国金融，2020(Z1)，31-33.
[70] 帕齐·希利，苏珊·巴雷特，林剑云．关于土地和房地产开发过程中结构与能动作用的研究思路[J]. 国际城市规划，2008(03)：70-77.
[71] 潘胜强，马超群．城市基础设施发展水平评价指标体系[J]. 系统工程，2007，25(7)：88-91.
[72] 皮亚彬，李超．地区竞争、土地供给结构与中国城市住房价格[J]. 财贸经济，2020，41(05)：116-130.
[73] 亓霞，张炳才，伊超．国内外民间资本参与旧城改造融资模式比较研究[J]. 价值工程，2013，32(13)：163-164.
[74] 祁玉清．分级分类规范和拓展政府投资方式[J]. 宏观经济管理，2020(2)：21-28.
[75] 秦虹，苏鑫．城市更新[M]. 北京：中信出版社，2018.
[76] 上海建筑设计研究院有限公司．区域整体开发的设计总控[M]. 上海：上海科学技术出版社，2021.
[77] 宋家泰，顾朝林．城镇体系规划的理论与方法初探[J]. 地理学报，1988(02)：97-107.
[78] 唐燕，杨东，祝贺．城市更新制度建设：广州、深圳、上海的比较[M]. 北京：清华大学出版社，2019.
[79] 同济大学建筑与城市空间研究所，株式会社日本设计．东京城市更新经验：城市再开发重大案例研究[M]. 上海：同济大学出版社，2019.
[80] 王安．通过政府有效投资激发社会投资活力[EB/OL]. (2019-09-05)[2021-08-11]. http://www.moj.gov.cn/pub/sfbgw/zcjd/201905/t20190505_390220.html.
[81] 王坤岩，杜风霞．城市公共基础设施效益三维度评价研究[M]. 北京：企业管理出版社，2017.
[82] 王丽娅．政府资本与民间资本在基础设施领域投资范围的划分[J]. 社会科学辑刊，2004(03)：57-62.
[83] 王学东．国有资本运营机制重构论[M]. 北京：中国经济出版社，2001.
[84] 王志刚，吴学增．站城一体化(TOD)的理论与实践[M]. 北京：中国建筑工业出版社，2020.
[85] 温锋华，姜玲．我国城市建设的投融资模式与政府行为创新[J]. 改革，2013(06)：144-150.
[86] 吴善麟，易冰，李洪波，等．马克思主义经济理论与当代实践[M]. 南京：南京大学出版社，1995.
[87] 吴永林．企业投资学[M]. 长沙：中南大学出版社，1998.
[88] 吴智刚，周素红．快速城市化地区城市土地开发模式比较分析[J]. 中国土地科学，2006(01)：27-33.
[89] 夏南凯，王耀武．城市开发导论[M]. 上海：同济大学出版社，2008.
[90] 夏南凯．城市经济与城市开发[M]. 北京：中国建筑工业出版社，2003.
[91] 谢进城，张东．投资学导论[M]. 北京：中国财政经济出版社，2002.
[92] 徐晖，冯秀丽，范园园．城市土地开发约束与支持的协调度评价——以浙江省为例[J]. 中国土地科学，2018，32(06)：68-74.
[93] 徐青．中国城市土地一级开发研究[M]. 北京：中国经济出版社，2012.

[94] 徐文舸．我国城市更新投融资模式研究[J]. 贵州财经大学学报：2021(04)：55-64.

[95] 鄢璐，赵奥．上海迪士尼投融资模式与发展战略研究[J]. 合作经济与科技，2016(13)：58-60.

[96] 阳建强，陈月．1949—2019 年中国城市更新的发展与回顾[J]. 城市规划，2020，44(02)：9-19+31.

[97] 阳建强．中国城市更新的现况、特征及趋向[J]. 城市规划，2000(04)：53-55+63-64.

[98] 阳建强．走向持续的城市更新——基于价值取向与复杂系统的理性思考[J]. 城市规划，2018，42(06)：68-78.

[99] 杨华．中国保障性住房融资模式探讨——以日本经验为借鉴[J]. 财政研究，2013(10)：77-80.

[100] 杨家学．房地产开发流程[M]. 北京：法律出版社，2010.

[101] 杨军．土地储备风险管理的研究[J]. 上海：同济大学，2016.

[102] 杨清可，段学军，李平星，等．江苏省土地开发度与利用效益的空间特征及协调分析[J]. 地理科学，2017，37(11)：1696-1704.

[103] 袁利平．棚户区改造的融资模式选择研究[J]. 建筑经济，2016，37(07)：86-90.

[104] 翟斌庆，伍美琴．城市更新理念与中国城市现实[J]. 城市规划学刊，2009(02)：75-82.

[105] 占松林．生态环保项目 EOD 运作模式研究[J]. 中国工程咨询，2021(02)：70-74.

[106] 张兵，林永新，刘宛，等．"城市开发边界"政策与国家的空间治理[J]. 城市规划学刊，2014(03)：20-27.

[107] 张舰．我国特大城市基础设施发展水平及分布特征口[J]. 城市问题，2012，(6)：36-40.

[108] 张勤，华芳，王沈玉．杭州城市开发边界划定与实施研究[J]. 城市规划学刊，2016(01)：28-36.

[109] 张秀利，祝志勇．城镇化对政府投资与民间投资的差异性影响[J]. 中国人口：资源与环境，2014，24(2)：54-59.

[110] 赵全厚，杨元杰，赵璧，等．地方政府投融资管理模式比较研究[J]. 经济研究参考，2011(10)：9-18.

[111] 赵亚博，臧鹏，朱雪梅．国内外城市更新研究的最新进展[J]. 城市发展研究，2019，26(10)：42-48.

[112] 郑思齐，孙伟增，吴璟，等．"以地生财，以财养地"——中国特色城市建设投融资模式研究[J]. 经济研究，2014，49(8)：14-27.

[113] 中共中央国务院．《国家新型城镇化规划(2014—2020 年)》[EB/OL]. (2014-03-17)[2021-09-12] http：//www.gov.cn/xinwen/2014-03/17/content _ 2639873.htm.

[114] 周诚．土地经济学原理[M]. 北京：商务印书馆，2003.

[115] 庄惟敏．建筑策划导论[M]. 北京：中国水利水电出版社，2001.

[116] 庄焰，王京元，吕慎．深圳地铁 4 号线二期工程项目融资模式研究[J]. 建筑经济，2006(09)：19-22.

[117] CERVERO R. Transit oriented development in Copenhagen，Demark：from the finger plan to Orestad [J]. Journal of Transport Geography，2012，22：251-261.

[118] LIU R. Agent-based simulation research on urban land development of San Diego[J]. Current Urban Studies，2020，8(04)：658.

[119] O'BRIEN P，PIKE A. 'Deal or no deal?' Governing urban infrastructure funding and financing in the UK City Deals[J]. Urban Studies，2019，56(7)：1448-1476.

[120] OLARU D，SMITH B，TAPLIN JHE. Residential location and transit-oriented development in an ewrail corridor[J]. Transportation Research Part A：Policy and Practice，2011，45(3)：219-237.

[121] SOARES CGP，TEIXEIRA A. Risk assessment in maritime transportation[J]. Reliability Engineering & System Safety，2001，74(3)：299-309.